高等职业院校数字媒体·艺术设计精品课程系列教材

三维动画全流程活页式项目化教程（Maya 2023 版）

袁懿磊　周　璇　主　编

刘志明　谢猛军　杨　斌　宋　昕　副主编

电子工业出版社

Publishing House of Electronics Industry

北京·BEIJING

内 容 简 介

本书基于使用 Maya 制作专门的商业项目案例编写而成。本书共有 5 个项目，每个项目都包含丰富的 Maya 基础知识、案例制作过程的详细讲解和活动页设计。项目 1 为 Maya 基础篇，项目 2 为三维动画模型篇，项目 3 为三维动画材质与贴图篇，项目 4 为三维动画动作篇，项目 5 为三维动画灯光渲染篇。本书是一本活页式教材，特别是在项目 2～项目 5 中介绍了丰富的三维动画制作案例，案例可以分为卡通类和写实类两种，学生可以根据项目制作流程搭配活动页进行学习。本书根据两种类型的案例进行系统讲解，搭配活动页，将纸质书稿与数字化的学习视频内容融合起来，让学习过程变得更简单、易懂。本书融入了课程思政元素，加强对社会主义核心价值观的学习引导。此外，为提升学生的专业技能，本书还融入了考取"1+X"数字创意建模职业技能等级证书（简称"1+X"证书）的相关知识点。

本书内容专业，讲解详尽，不仅适合 Maya 动画设计行业人员阅读，而且适合高等院校游戏设计、数字媒体技术设计等相关专业师生使用。

图书在版编目（CIP）数据

三维动画全流程活页式项目化教程：Maya 2023 版 / 袁懿磊，周璇主编. —北京：电子工业出版社，2023.9

ISBN 978-7-121-46205-4

Ⅰ. ①三… Ⅱ. ①袁… ②周… Ⅲ. ①三维动画软件－教材 Ⅳ. ①TP317.48

中国国家版本馆 CIP 数据核字（2023）第 158343 号

责任编辑：左　雅
印　　刷：天津千鹤文化传播有限公司
装　　订：天津千鹤文化传播有限公司
出版发行：电子工业出版社
　　　　　北京市海淀区万寿路 173 信箱　　　　邮编：100036
开　本：787×1 092　　1/16　　印张：15.5　　字数：397 千字
版　次：2023 年 9 月第 1 版
印　次：2024 年 9 月第 3 次印刷
定　价：49.00 元

前　言

Maya 是一款功能十分强大的软件，常被用于创建规模宏大的场景、复杂的角色和炫酷的特效。无论是为逼真的数字设置动画还是为可爱的卡通角色设置动画，Maya 都提供了相关动画工具，可以让制作出的三维动画变得栩栩如生。

本书以"三维模型制作"课程为依托，该课程是广东科学技术职业学院校级首批金课建设项目。目前，已在"智慧职教"网站上建设三维模型基础在线开放课程。同时，本书结合考取"1+X"证书的相关知识点，选取了符合行业工作岗位需要的案例，是一本针对三维动画制作专业技能的实用型教材。

本书将中华民族传统文化和社会主义核心价值观融入案例，在做好课程资源建设的同时，不断丰富书中内容，梳理案例内容，将案例以活动页形式展开。本书采用活动页可分可合的形式来对课程内容进行讲授，课堂效果良好。本书配套相关的立体化课程资源，已建设 4600 分钟以上时长的微课视频和 1560 个颗粒化资源。

本书是针对 Maya 的特色教材，采用"教""学""做"一体化的模式，选取专门的商业项目案例，结合课程思政元素，对接考取"1+X"证书的需求，符合当前职业教育的要求。本书重点介绍了动漫行业两种类型三维动画的制作流程，还介绍了三维动画制作中的模型、材质与贴图、动作、灯光渲染的相关案例。

本书的参考学时为 64 学时，建议采用理论与实践一体化的教学模式。各项目的参考学时见下面的学时分配表。

项　目	课 程 内 容	学　时
项目 1	Maya 基础篇	20
项目 2	三维动画模型篇	12
项目 3	三维动画材质与贴图篇	16
项目 4	三维动画动作篇	8
项目 5	三维动画灯光渲染篇	8

本书是由广东科学技术职业学院艺术设计学院数字媒体艺术设计教研室联合中国动漫集团有限公司、完美世界教育科技（北京）有限公司、珠海沙盒网络科技有限公司、浙江中科视传科技有限公司共同制作的一本关于三维动画全流程活页式项目化教程。

本书由袁懿磊、周璇担任主编，刘志明、谢猛军、杨斌、宋昕担任副主编。

为了方便学生进行学习交流，随书附赠了相关电子资源，学生可登录华信教育资源网（www.hxedu.com.cn）免费注册后下载。

编　者

目　　录

项目 1 Maya 基础篇

Maya 是由 Autodesk 公司提供的一款三维动画软件，它的应用领域有影视动画、电影、特技、游戏，以及广告包装等。可以说，Maya 是一款功能十分强大的软件。1998 年，Maya 推出了 Maya 1.0，随着多年的不断完善与更新，Maya 陆续更新了许多版本，Maya 2023 是目前在行业中使用得比较多的版本。本书主要使用 Maya 2023 进行讲解。学生通过学习 Maya 相关案例，可以了解中华民族传统文化和生活常识，提高课程思政能力，进而快速掌握 Maya 的基础知识。

【能力要求】

（1）掌握识别三维动画制作技术的能力。

（2）掌握 Maya 基本操作的相关技术（"1+X"证书）。

（3）掌握 Maya 制作工具的基本功能（"1+X"证书）。

（4）掌握 Maya 制作工具的建模方法（"1+X"证书）。

（5）掌握 Maya 制作工具中材质与贴图的使用方法（"1+X"证书）。

（6）掌握 Maya 制作工具中灯光的使用方法（"1+X"证书）。

（7）掌握 Maya 制作工具中摄影机的使用方法（"1+X"证书）。

（8）掌握 Maya 制作工具中动画使用的基本流程（"1+X"证书）。

（9）掌握 Maya 制作工具中渲染输出的基本流程（"1+X"证书）。

（10）熟悉使用 ZBrush 制作模型的基本流程（"1+X"证书）。

（11）熟悉 Substance Painter 的使用方法（"1+X"证书）。

【学习导览】

本项目思维导图如下。

- 项目1 Maya基础篇
  - 1.1 Maya概述及应用领域
  - 1.2 Maya 2023功能概述
  - 1.3 三维动画制作全流程
  - 1.4 Maya实操基础
  - 1.5 模型制作
  - 1.6 UV贴图制作
  - 1.7 灯光制作
  - 1.8 材质与贴图制作
  - 1.9 摄影机制作
  - 1.10 动画制作
  - 1.11 渲染输出设置
  - 1.12 ZBrush基础
  - 1.13 Substance Painter基础

1.1　Maya 概述及应用领域

教学目标

了解 Maya 的应用领域，通过相关作品，了解 Maya 在制作过程中的要求。

教学重点和难点

（1）了解 Maya。

（2）熟知 Maya 的应用领域。

1.1.1　Maya 概述

自从 1982 年 AutoCAD 面世以来，Autodesk 公司就在不断地为全球的建筑设计、数字动画、虚拟现实及影视特效等行业提供先进的软件技术，并帮助各行各业的设计师设计制作了大量优秀的数字可视化作品。现在，Autodesk 公司已经发展成为一家生产多样化数字产品的软件公司。其推出的 Maya 系列软件在三维动画、数字建模和虚拟仿真等方面表现突出，获得了广大设计师及制作公司的高度认可，并帮助广大设计师及制作公司获得了业内认可的多项大奖。目前，Autodesk 公司出品的 Maya 最新版本为 Maya 2023，本书以该版本为例进行案例讲解，力求由浅入深地详细剖析 Maya 2023 的基础操作及中、高级技术，以使学生制作出高品质的静帧及动画作品。图 1-1 所示为 Maya 2023 启动界面。

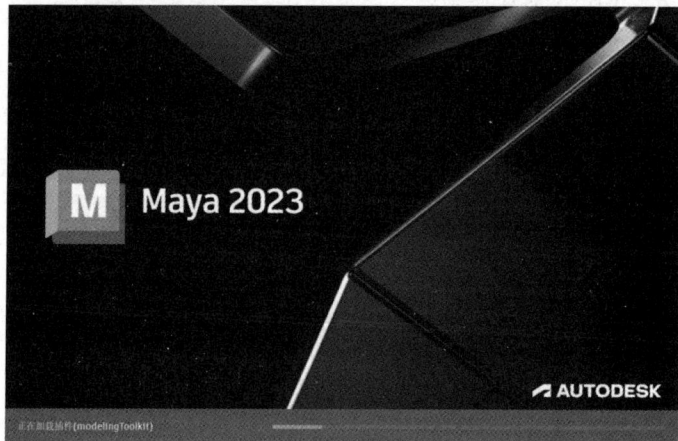

图 1-1　Maya 2023 启动界面

1.1.2　Maya 应用领域

Maya 为用户提供了多种不同类型的建模方式，配合功能强大的 Arnold Renderer，可以帮助从事影视制作领域、游戏领域、产品设计领域、建筑领域工作的设计师顺利完成项目的制作。

1．影视制作领域

Maya 在电影特效制作中应用相当广泛，星球大战前传系列电影作品就是使用 Maya 制作特效的，此外《蜘蛛人》《指环王》《侏罗纪公园》《海底总动员》《头文字 D》等电影作品均使用 Maya 制作特效。图 1-2 所示为使用 Maya 制作完成的静帧图像。

2．游戏领域

随着移动设备的大量使用，游戏不再像以往那样只能在台式机上才可以安装并运行。越来越多的游戏公司开始考虑将自己的游戏产品移植到手机或平板电脑上，以使玩家可以随时随地进行游戏，而好的游戏不仅需要动人的情景、有趣的关卡设计，而且需要华丽的美术视觉效果。图 1-3 所示为使用 Maya 制作完成的游戏画面。

图 1-2　静帧图像　　　　　　　　　图 1-3　游戏画面

3．产品设计领域

目前，三维图像设计技术已经渗入人们的生活。一些广告商、房地产项目开发商等都开始利用三维图像设计技术来表现他们的产品，而使用 Maya 无疑是非常好的选择。这是因为 Maya 是世界上被广泛使用的一款三维动画软件。使用 Maya 制作特效的技术加入元素，可以大大加强产品的视觉效果，同时 Maya 的强大功能可以更好地开阔设计师的视野，让很多以前不可能实现的技术能够更好地、出人意料地、不受限制地表现出来。图 1-4 所示为使用 Maya 制作完成的产品效果。

图 1-4　产品效果

4．建筑领域

在中国式现代化建设高速发展的今天，Maya 技术在建筑领域得到了广泛应用。传统的建筑动画受到技术环节上的限制，在镜头调整、景观渲染等方面无法准确地表达出设计师的意图。随着 Maya 技术的不断完善，现代建筑动画在室内装潢、室外景观设计、虚拟自然场景设计等方面有了重大突破，其创作成本也比以前降低了很多。图 1-5 所示为使用 Maya 制作完成的三维作品图像。

图 1-5　三维作品图像

1.2　Maya 2023 功能概述

教学目标

　　熟悉 Maya 2023 工作界面，了解 Maya 2023 相关命令，熟悉 Maya 2023 相关命令的使用方法。

教学重点和难点

　　（1）熟悉 Maya 2023 工作界面。
　　（2）熟练掌握 Maya 2023 相关命令。

1.2.1　Maya 2023 工作界面

　　Maya 2023 安装完成后，可以通过双击桌面上的 Maya 2023 图标来启动，如图 1-6 所示。当然，也可以选择"开始"→"Maya 2023"命令来启动，如图 1-7 所示。

图 1-6　Maya 2023 图标

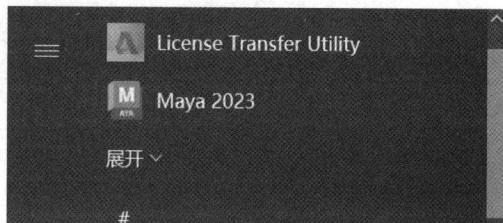

图 1-7　"Maya 2023"命令

　　在学习使用 Maya 2023 时，首先应该熟悉 Maya 2023 工作界面。图 1-8 所示为 Maya 2023 工作界面。

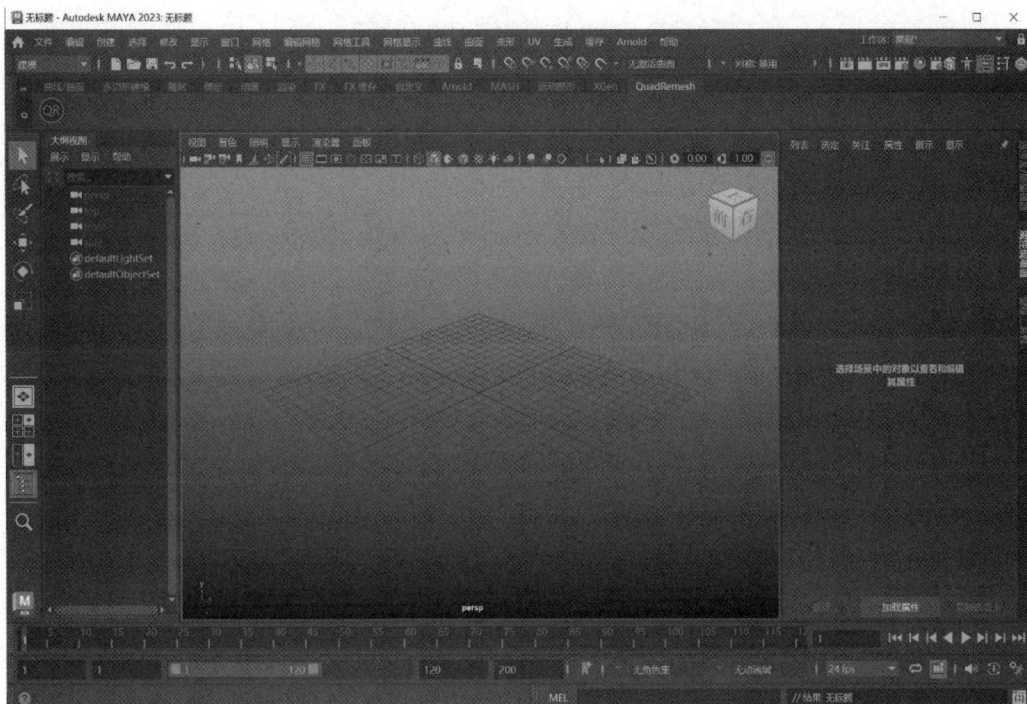

图 1-8　Maya 2023 工作界面

1.2.2　菜单集

Maya 2023 与其他软件的不同之处在于，Maya 2023 拥有多个不同的菜单栏。用户可以通过设置菜单集的类型，来显示对应的菜单栏。菜单集如图 1-9 所示。

图 1-9　菜单集

选择"建模"选项，打开"建模"菜单栏，如图 1-10 所示。

文件　编辑　创建　选择　修改　显示　窗口　网格　编辑网格　网格工具　网格显示　曲线　曲面　变形　UV　生成　缓存　Arnold　帮助

图 1-10　"建模"菜单栏

选择"绑定"选项，打开"绑定"菜单栏，如图 1-11 所示。

文件　编辑　创建　选择　修改　显示　窗口　骨架　蒙皮　变形　约束　控制　缓存　Arnold　帮助

图 1-11　"绑定"菜单栏

选择"动画"选项，打开"动画"菜单栏，如图 1-12 所示。

文件　编辑　创建　选择　修改　显示　窗口　关键帧　播放　音频　可视化　变形　约束　MASH　缓存　Arnold　帮助

图 1-12　"动画"菜单栏

选择"FX"选项，打开"FX"菜单栏，如图 1-13 所示。

文件 编辑 创建 选择 修改 显示 窗口 nParticle 流体 nCloth nHair nConstraint nCache 场/解算器 效果 MASH 缓存 Arnold 帮助

图 1-13 "FX"菜单栏

选择"渲染"选项，打开"渲染"菜单栏，如图 1-14 所示。

文件 编辑 创建 选择 修改 显示 窗口 照明/着色 纹理 渲染 卡通 立体 缓存 Arnold 帮助

图 1-14 "渲染"菜单栏

用户在制作项目时，可以通过单击双虚线，将某个菜单栏单独提取出来，如图 1-15 所示。

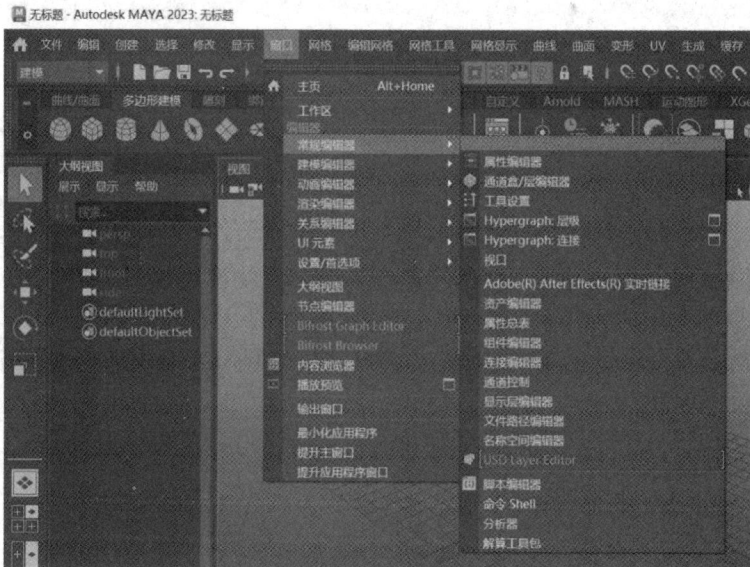

图 1-15 单独提取某个菜单栏

1.2.3 "状态行"工具栏

"状态行"工具栏位于菜单栏下方，有许多常用的工具按钮，这些工具按钮被多个垂直分割线隔开，用户可以通过单击垂直分割线来展开和收拢工具按钮组，如图 1-16 所示。

图 1-16 "状态行"工具栏

详见："状态行"工具栏的数字化学习资源。

数字化学习资源："状态行"工具栏

1.2.4 工具架

工具架根据命令的类型及作用分为多个标签来显示。其中，每个标签中都包含对应的工具按钮，直接单击不同工具架上的标签名称即可快速切换至所选择的工具架。下面一起来了解一下这些不同的工具架。

1. "曲线/曲面"工具架

"曲线/曲面"工具架主要由可以创建曲线、修改曲线、创建曲面及修改曲面的相关工具按钮组成，如图 1-17 所示。

图 1-17 "曲线/曲面"工具架

2."多边形建模"工具架

"多边形建模"工具架主要由可以创建多边形、修改多边形及设置多边形贴图坐标的相关工具按钮组成，如图 1-18 所示。

图 1-18 "多边形建模"工具架

3."雕刻"工具架

"雕刻"工具架主要由可以进行多边形建模的相关工具按钮组成，如图 1-19 所示。

图 1-19 "雕刻"工具架

4."绑定"工具架

"绑定"工具架主要由可以进行骨骼绑定和设置动画约束条件的相关工具按钮组成，如图 1-20 所示。

图 1-20 "绑定"工具架

5."动画"工具架

"动画"工具架主要由可以制作动画和设置动画约束条件的相关工具按钮组成，如图 1-21 所示。

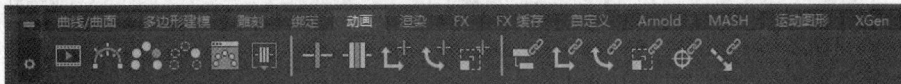

图 1-21 "动画"工具架

6."渲染"工具架

"渲染"工具架主要由可以制作灯光、材质及渲染的相关工具按钮组成，如图 1-22 所示。

图 1-22 "渲染"工具架

详见："渲染"工具架的数字化学习资源。

数字化学习资源："渲染"工具架

7."FX"工具架

"FX"工具架主要由可以创建粒子、流体及动力学的相关工具按钮组成，如图 1-23 所示。

图 1-23 "FX"工具架

8．"FX 缓存"工具架

"FX 缓存"工具架主要由可以设置动力学模块缓存动画的相关工具按钮组成，如图 1-24 所示。

图 1-24 "FX 缓存"工具架

9．"Arnold"工具架

"Arnold"工具架主要由可以设置真实的灯光及天空环境的相关工具按钮组成，如图 1-25 所示。

图 1-25 "Arnold"工具架

10．"MASH"工具架

"MASH"工具架主要由可以创建 MASH 网格的相关工具按钮组成，如图 1-26 所示。

图 1-26 "MASH"工具架

11．"运动图形"工具架

"运动图形"工具架主要由可以创建集合体、曲线、灯光、粒子的相关工具按钮组成，如图 1-27 所示。

图 1-27 "运动图形"工具架

12．"XGen"工具架

"XGen"工具架主要由可以设置毛发的相关工具按钮组成，如图 1-28 所示。

图 1-28 "XGen"工具架

1.2.5 工具箱

工具箱位于 Maya 2023 工作界面的左侧，主要用于为用户提供进行操作的常用工具。详见：工具箱的数字化学习资源。

1.2.6 "视图"面板

"视图"面板是一个便于用户查看场景中的模型的区域。"视图"面板中既可以显示单个视图，又可以显示多个视图。打开 Maya 2023 后，操作视图默认显示为"透视视图"，如图 1-29 所示。选择"面板"命令，在弹出的子菜单中有多种视图模式，如图 1-30 所示。用户可以根据自己的工作习惯在软件操作中随意切换视图模式。

图 1-29 透视视图

图 1-30 视图模式

按住空格键，可以在 1 个视图与 4 个视图之间进行切换，如图 1-31 和图 1-32 所示。

图 1-31 显示 1 个视图

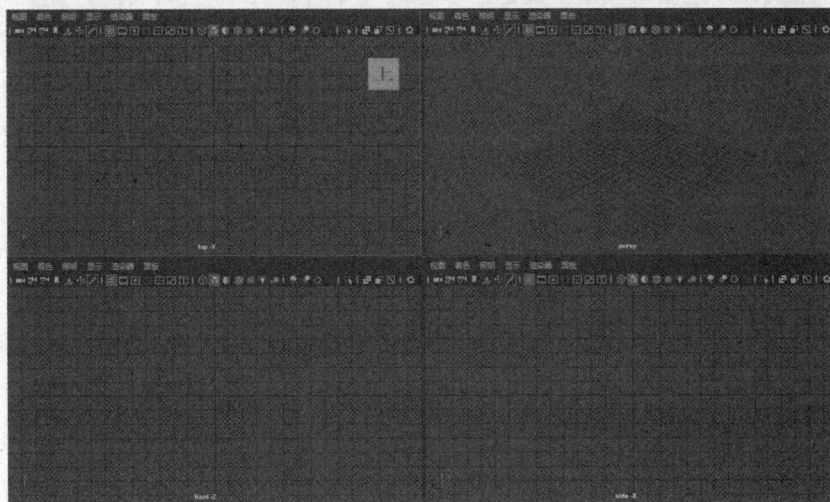

图 1-32 显示 4 个视图

"视图"面板上方有一条工具栏，就是"视图"面板的工具栏，如图 1-33 所示。

图 1-33 "视图"面板的工具栏

详见："视图"面板的工具栏的数字化学习资源。

1.2.7 工作区

工作区可被理解为由多种窗口、面板，以及其他选项根据不同的工作需要而形成的区域。Maya 2023 允许用户根据自己的喜好随意更改当前工作区，如打开、关闭和移动窗口、面板与其他选项，以及停靠、取消窗口、面板与其他选项，这就创建了自定义工作区。此外，Maya 2023 还为用户提供了多种工作区的显示模式，如图 1-34 所示。用户可以在不同的工作区非常方便地进行不同的工作。

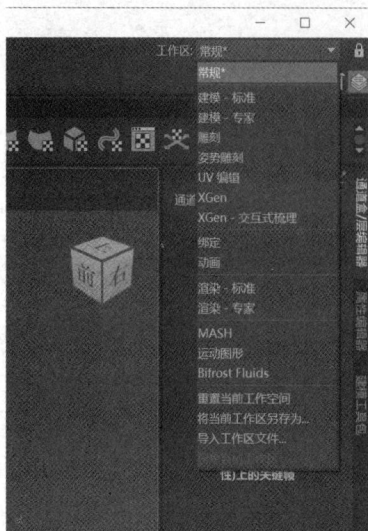

图 1-34 工作区的显示模式

1."常规"工作区

默认工作区为"常规"工作区，如图 1-35 所示。

图 1-35 "常规"工作区

2."建模-标准"工作区

当切换至"建模-标准"工作区后，时间滑块及动画播放控件会被隐藏，这样会使工作区显示得更大一些，以便进行建模操作，如图 1-36 所示。

图 1-36 "建模-标准"工作区

3."建模-专家"工作区

当切换至"建模-专家"工作区后，会隐藏大部分的工具按钮。这一工作区仅适合高级用户进行建模操作，如图 1-37 所示。

图 1-37 "建模-专家"工作区

4."雕刻"工作区

当切换至"雕刻"工作区后，会自动显示"雕刻"工具架，如图 1-38 所示。这一工作区适合进行雕刻建模操作的用户使用。

5."姿势雕刻"工作区

当切换至"姿势雕刻"工作区后，会自动显示"雕刻"工具架和"姿势编辑器"面板，如图 1-39 所示。这一工作区适合进行姿势雕刻操作的用户使用。

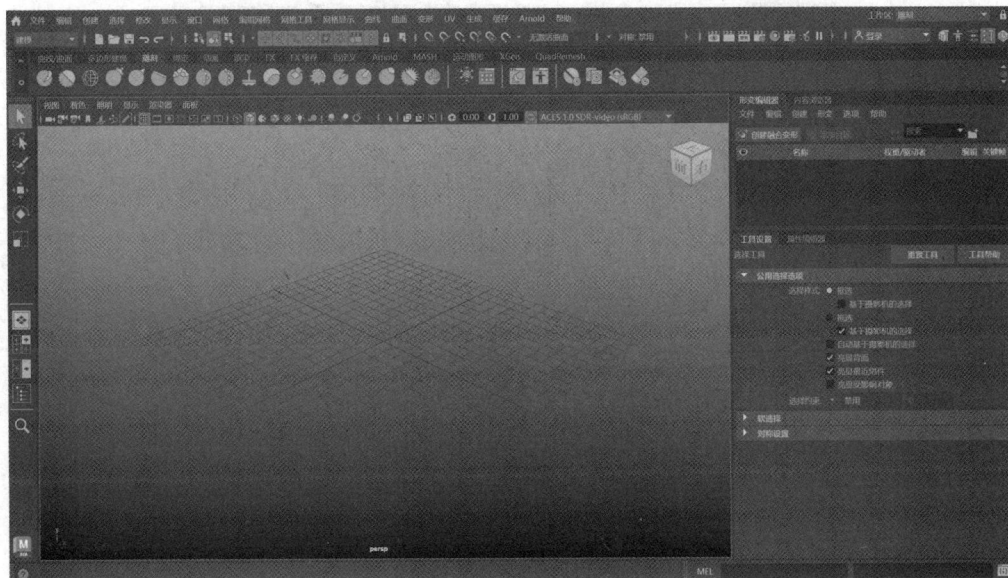

图 1-38　"雕刻"工作区

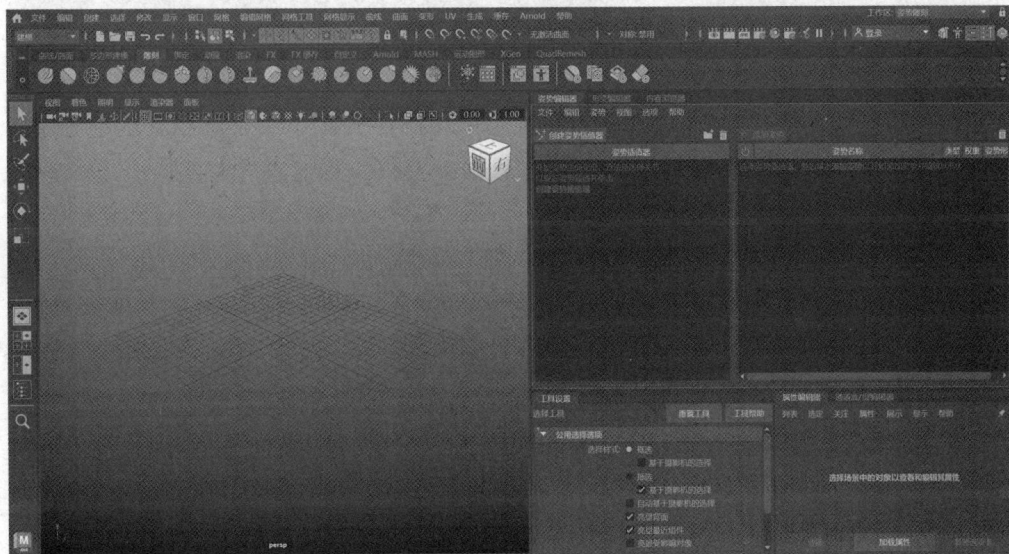

图 1-39　"姿势雕刻"工作区

6."UV 编辑"工作区

当切换至"UV 编辑"工作区后，会自动显示"UV 编辑器"面板，如图 1-40 所示。这一工作区适合进行 UV 贴图操作的用户使用。

7."XGen"工作区

当切换至"XGen"工作区后，会自动显示"XGen"工具架和"XGen"面板，如图 1-41 所示。这一工作区适合制作毛发、草地、岩石等的用户使用。

8."绑定"工作区

当切换至"绑定"工作区后，会自动显示"绑定"工具架和"节点编辑器"面板，如图 1-42 所示。这一工作区适合制作角色装备的用户使用。

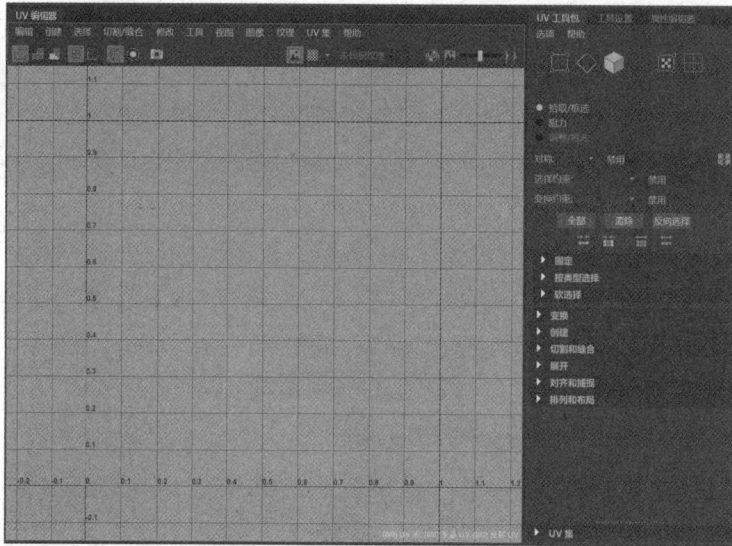

图 1-40　"UV 编辑"工作区

图 1-41　"XGen"工作区

图 1-42　"绑定"工作区

9. "动画"工作区

当切换至"动画"工作区后，会自动显示"动画"工具架和"曲线图编辑器"面板，如图 1-43 所示。这一工作区适合制作动画的用户使用。

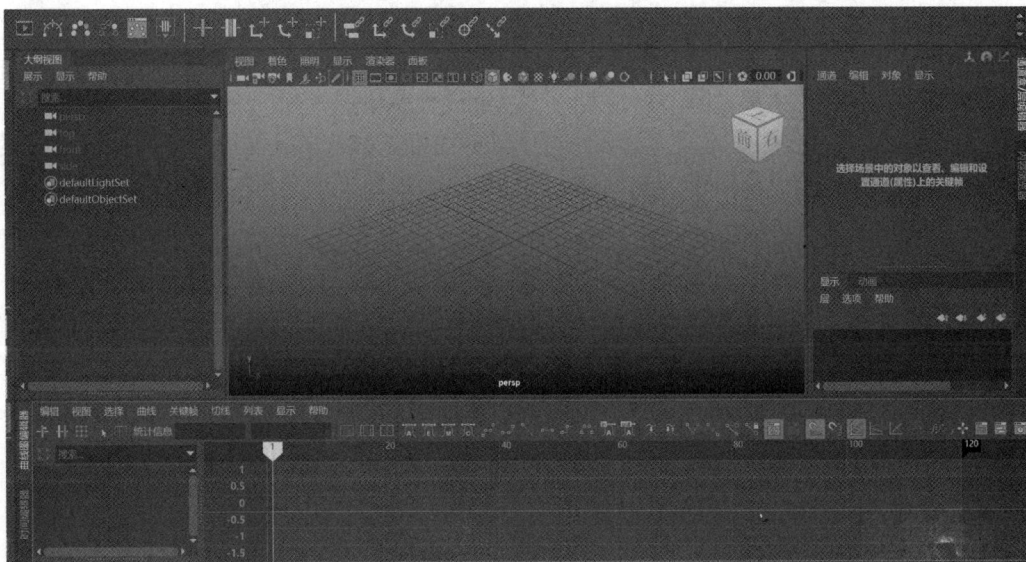

图 1-43　"动画"工作区

1.2.8　"通道盒/层编辑器"面板

"通道盒/层编辑器"面板位于 Maya 2023 工作界面的右侧，与"建模工具包"面板和"属性编辑器"面板叠加在一起，是用于快速、高效地编辑对象属性的主要工具。它允许用户快速更改对象属性的参数值，在可以设置的关键属性上设置关键锁，锁定或解除锁定属性，以及创建属性的表达式。

"通道盒/层编辑器"面板在默认状态下是没有命令的，如图 1-44 所示。只有当用户在场景中选择了对象，才会出现对应的命令，如图 1-45 所示。

"通道盒/层编辑器"面板中的参数值可以通过键盘输入的方式进行更改，如图 1-46 所示；也可以通过将鼠标指针移动到想要修改的参数上，按住鼠标左键并拖曳鼠标进行更改，如图 1-47 所示。

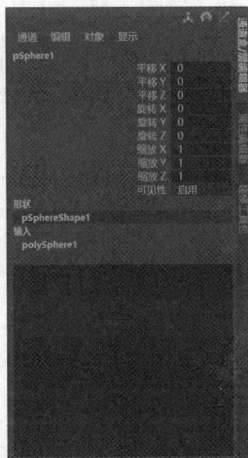

图 1-44　默认状态	图 1-45　选择了对象	图 1-46　通过键盘输入 更改参数值	图 1-47　通过拖曳鼠标 更改参数值

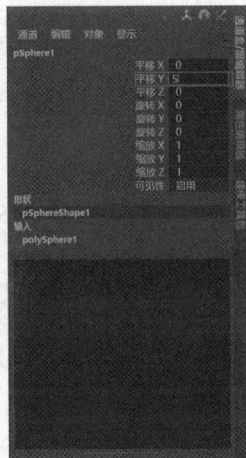

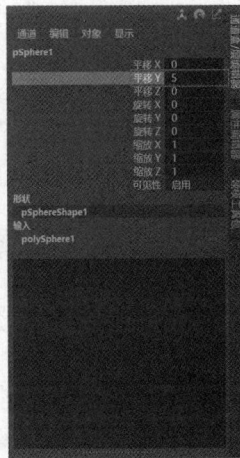

1.2.9 "建模工具包"面板

"建模工具包"面板是为用户提供的一个便于进行多边形建模的命令集合面板，通过这一面板，用户可以很方便地进入多边形的顶点、边、面，并在 UV 贴图中对模型进行修改，如图 1-48 所示。

1.2.10 "属性编辑器"面板

"属性编辑器"面板主要用来修改物体自身的属性。从功能上来说，"属性编辑器"面板与"通道盒/层编辑器"面板的作用类似，但是"属性编辑器"面板为用户提供了更加全面、完整的节点命令和图形控件，如图 1-49 所示。

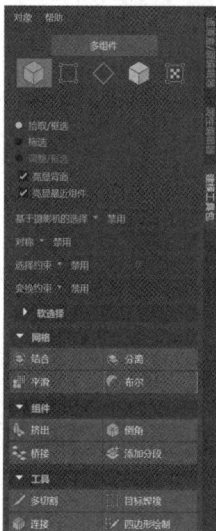

图 1-48 "建模工具包"面板　　　　　　　　图 1-49 "属性编辑器"面板

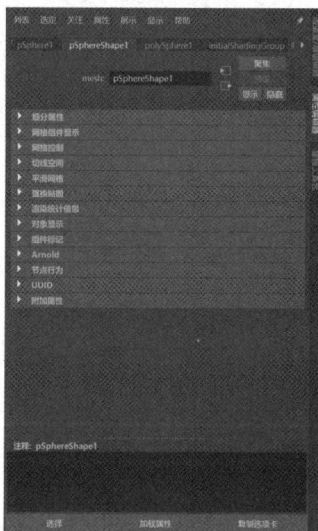

1.2.11 播放控件

播放控件是一组播放动画和遍历动画的按钮，如图 1-50 所示。

图 1-50 播放控件

详见：播放控件的数字化学习资源。

数字化学习资源：播放控件

1.2.12 命令行和帮助行

Maya 2023 工作界面的最下方是命令行和帮助行。其中，命令行的左侧区域用于输入单个 MEL 命令，右侧区域用于显示反馈信息，如图 1-51 所示。如果用户熟悉 MEL 脚本语言，那么可以使用这些区域。帮助行则用于显示当前选择的工具和菜单项的简短描述。另外，帮助行还会提示用户完成工作的执行情况和相关历史记录的过程。

图 1-51 命令行

1.3　三维动画制作全流程

教学目标

掌握三维动画制作全流程，熟悉各个流程的制作要求。

教学重点和难点

（1）熟悉三维动画制作全流程。

（2）掌握三维动画制作各个流程的要求。

根据实际制作流程可知，一个完整的影视三维动画制作流程大体上可以分为前期制作、动画片段制作与后期合成 3 个部分，如图 1-52 所示。

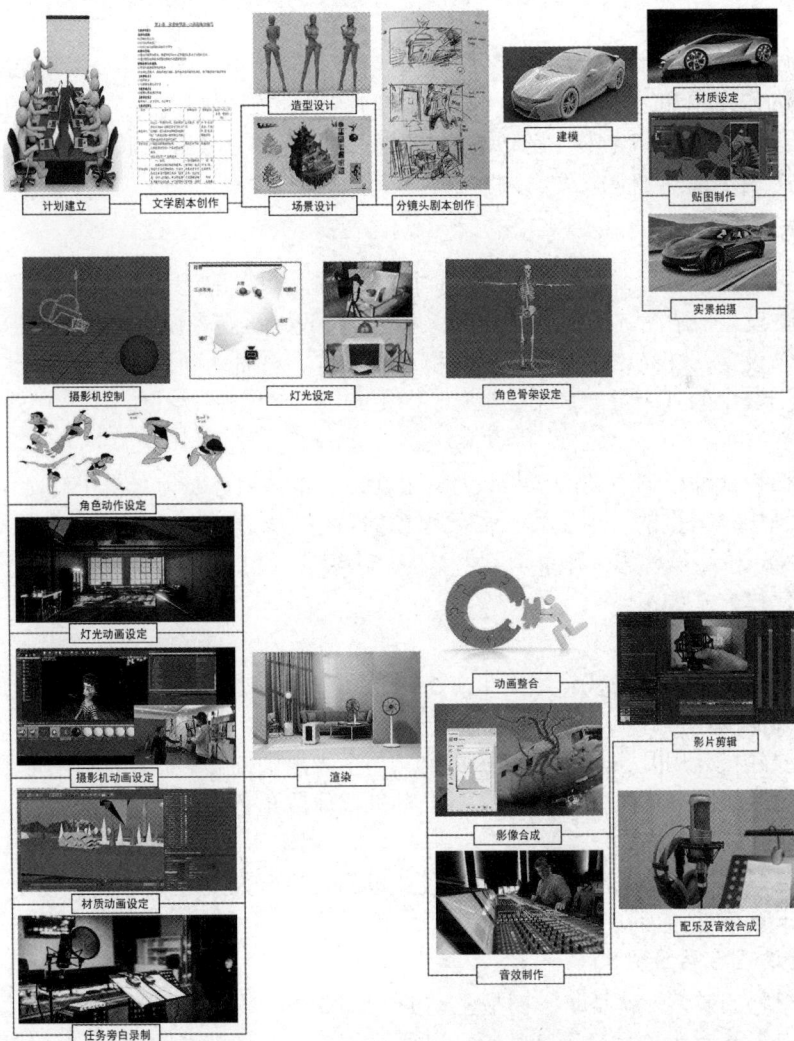

图 1-52　影视三维动画制作流程

1．前期制作

前期制作是指在使用计算机正式制作前，对动画进行规划与设计，主要包括计划建立、文学剧本创作、造型设计、场景设计、分镜头剧本创作。下面介绍其中的几个重要环节。

1）文学剧本创作

文学剧本是基础，要求将文字表述视觉化，即将剧本描述的内容用画面来表现，不具备视觉特点的描述（抽象的心理描述等）是禁止的。文学剧本形式多样，如神话、科幻、民间故事等，要求内容健康、积极向上、思路清晰、逻辑合理。

2）造型设计

造型设计包括人物造型、动物造型、器物造型等设计。设计内容包括角色的外形设计与动作设计。造型设计的要求比较严格，包括标准造型、转面图、结构图、比例图、道具服装分解图等，通过角色的典型动作设计，并且附以文字说明来实现。

3）场景设计

场景设计是整个作品中景物和环境的来源。比较严谨的场景设计通常用一幅图来表达，包括平面图、结构分解图、色彩气氛图等。

4）分镜头剧本创作

分镜头剧本是把文字进一步视觉化的重要一步，是根据文学剧本进行的再创作，体现三维动画的创作设想和艺术风格。分镜头剧本的结构为"图画+文字"，表达的内容包括镜头的类别和运动、构图和光影、运动方式和时间、音乐和音效等。其中，每个图片代表一个镜头，文字用于说明镜头长度、人物台词及动作等内容。

2．动画片段制作

根据前期制作，在计算机中通过相关制作软件制作出动画片段。动画片段制作主要包括建模、材质设定、贴图制作、实景拍摄、角色骨架设定、灯光设定、摄影机控制、动画设定（角色动作设定、灯光动画设定、摄影机动画设定、材质动画设定、任务旁白录制）、渲染。下面介绍其中的几个重要环节。

1）建模

建模是指设计师根据前期的造型设计，通过三维建模软件在计算机中绘制出角色模型。这是三维动画中很繁重的一项工作，需要出场的角色和场景中出现的物体都要建模。建模的灵魂是创意，核心是构思，源泉是美术素养。建模通常使用的软件有 3ds Max、Maya 等。

常见的建模方式如下。

（1）多边形建模。

多边形建模是把复杂的模型用一个个小三角形或四边形拼接在一起（放大后不光滑）。

（2）样条曲线建模。

样条曲线建模是用几条样条曲线共同定义一个光滑的曲面，曲面的特性是平滑过渡性，不会产生陡边或皱纹。样条曲线建模适用于有机物体或角色建模。

（3）细分建模。

细分建模是结合多边形建模与样条曲线建模的优点开发的建模方式。使用这种建模方式建模不在于精确性，而在于艺术性。

2）材质设定与贴图制作

材质即材料的质地，就是赋予模型生动的表面特性，具体体现在物体的颜色、透明度、反光强度、自发光及粗糙程度等特性上。贴图是指把二维图片通过软件的计算贴到三维动画模型上，形成表面细节和结构。针对具体的图片贴到特定的位置，三维动画软件使用了贴图坐标的概念，一般有平面、柱体和球体等贴图方式，分别对应不同的需求。模型的材质与贴图要与现实生活中的对象属性相一致。

3）灯光设定

灯光用于最大限度地模拟自然界的光线类型和人工光线类型。三维动画软件中的灯光一般有泛光灯（太阳、蜡烛等四面发射光线的光源）和方向灯（探照灯、手电筒等有照明方向的光源）。灯光起着照明场景、投射阴影及提高氛围感的作用。通常采用三光源设置法，即一个主灯、一个补灯和一个背灯。主灯是基本光源，亮度最高。主灯决定光线的方向，角色的阴影主要由主灯产生，主灯通常放在正面的 3/4 处，即角色正面左侧或右侧 45°处。补灯的作用是柔和主灯产生的阴影，特别是面部区域，通常放在靠近摄影机的位置。背灯的作用是加强主体角色及显现其轮廓，使主体角色从背景中突显出来，背灯通常放在背面的 3/4 处。

4）摄影机控制

摄影机控制是指依照摄影原理在三维动画软件中使用摄影机，实现分镜头剧本设计的镜头效果。画面的稳定、流畅是使用摄影机的第一要素。摄影机只有在情节需要时才使用，不是任何时候都使用。摄影机的位置变化能使画面产生动态效果。

5）动画设定

动画是根据分镜头剧本，运用已设计的造型在三维动画软件中制作出的一个个片段。动作与画面的变化通过设置关键帧来实现，动画设定的主要画面为关键帧，关键帧之间的过渡由计算机来完成。三维动画软件大都将动画信息以动画曲线来表示。动画曲线的横轴是时间（帧），竖轴是动画值，可以从动画曲线上看出动画设定的快慢急缓、上下跳跃。三维动画的"动"是一门技术，其中人物讲话时的口型变化、喜怒哀乐的表情、走路的动作等，都要符合自然规律。三维动画的制作要尽可能细腻、逼真。设计师要专门研究各种事物的运动规律。如果需要，那么可以参考声音的变化制作动画，如根据讲话的声音制作讲话的口型变化，使动作与声音协调。对于人的动作变化，可以通过蒙皮技术，将模型与骨骼绑定，以产生合乎人的运动规律的动作。

6）渲染

渲染是指根据场景的设置，赋予物体的材质和贴图、灯光等，由程序绘制出一幅画面或一段动画。三维动画必须渲染才能输出，造型的最终目的是得到静态或动画效果图，而这些都需要渲染才能完成。渲染通常输出为 AVI 格式的视频文件。

3. 后期合成

后期合成主要包括动画整合、影像合成、音效制作、影片剪辑、配乐及音效合成。

影视三维动画的后期合成，主要是指将之前制作的动画片段、声音等素材，按照分镜头剧本的设计，通过非线性编辑软件的编辑，生成影视文件。

1.4　Maya 实操基础

教学目标

掌握层的运用、软选择功能的使用、复制命令的使用等。

教学重点和难点

熟练掌握 Maya 中层的运用、软选择功能的使用、复制命令的使用等。

1.4.1 新建场景

启动 Maya，系统会直接新建一个场景，虽然可以直接在这个场景中进行创作，但这样往往会使许多初学者忽略在 Maya 中新建场景时需要掌握的知识。选择"文件"→"新建场景"命令，如图 1-53 所示。打开"新建场景选项"窗口，如图 1-54 所示。学习该窗口中的参数设置，可以对 Maya 场景中的单位及时间帧的设置有一个基本的了解。

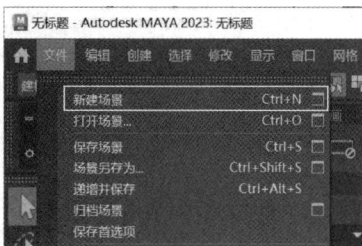

图 1-53　选择"新建场景"命令

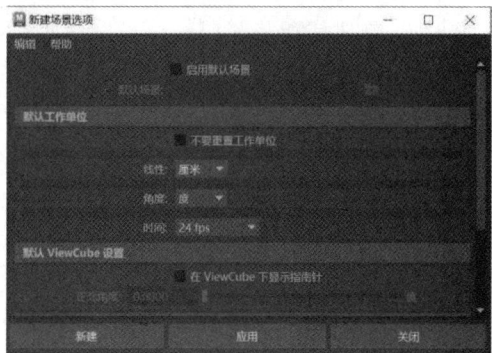

图 1-54　"新建场景选项"窗口

1.4.2 保存文件

Maya 为用户提供了多种保存文件的方式，在"文件"菜单中即可看到保存文件的相关命令，如图 1-55 所示。

1. 保存场景

选择"文件"→"保存场景"命令，即可对当前场景进行保存；还可以按快捷键 Ctrl+S 来对当前场景进行保存。此外，单击"保存"按钮也可以对当前场景进行保存，如图 1-56 所示。

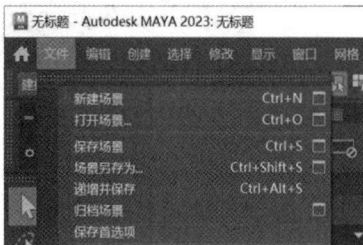

图 1-55　"文件"菜单

图 1-56　"保存"按钮

2. 场景另存为

选择"文件"→"场景另存为"命令，系统会自动弹出"另存为"对话框，如图 1-57

所示。在"另存为"对话框中进行相应的设置，即可对当前场景进行保存。

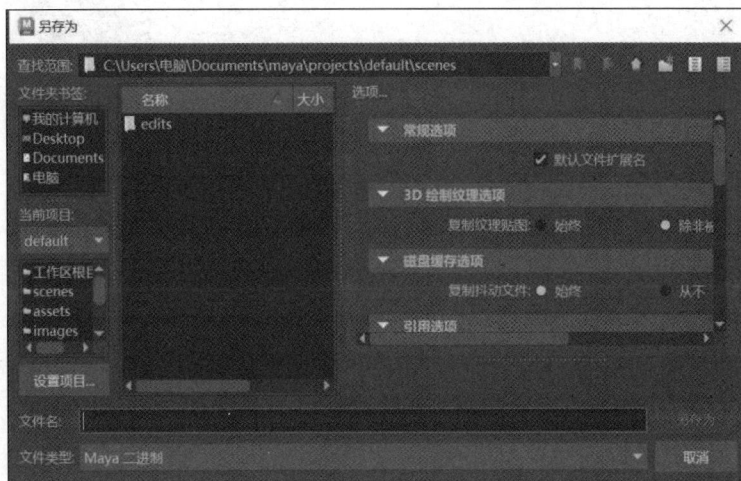

图 1-57　"另存为"对话框

3. 递增并保存

Maya 还为用户提供了一种"递增并保存"文件的方式，也叫"保存增量文件"，即以在当前文件名后添加数字后缀的方式，不断对工作中的文件进行保存。每次创建新版本的文件时，文件名就会递增 1。保存完成后，原始文件将关闭，新版本的文件将成为当前文件。此外，用户还可以通过按快捷键 Ctrl+Alt+S 完成此操作。

4. 归档场景

使用"归档场景"命令可以很方便地将与当前场景相关的文件打包为一个 ZIP 格式文件，这一命令对于快速收集场景中用到的贴图非常有用。需要注意的是，使用这一命令之前一定要先保存场景，否则会出现错误提示，如图 1-58 所示。

图 1-58　错误提示

1.4.3　选择对象

大多数情况下，在 Maya 中的任意对象上执行某个操作之前，都应先选择它们。选择对象是建模和设置动画过程的基础。Maya 为用户提供了多种选择对象的方式，包括通过选择模式选择、在大纲视图中选择，以及使用软选择功能选择。

1. 通过选择模式选择

选择模式分为层次选择模式、对象选择模式和组件选择模式，用户可以在"状态栏"工具栏中找到这 3 种不同的选择模式对应的图标，如图 1-59 所示。

1）层次选择模式

当激活该模式后，用户只需要在场景中单击整个对象组合中的任何一个对象，即可快速选择整个对象组合，如图 1-60 所示。

图 1-59　选择模式对应的图标

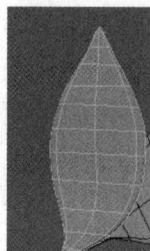

图 1-60　快速选择整个对象组合

2）对象选择模式

对象选择模式是默认选择模式，也是常用选择模式。需要注意的是，在对象选择模式下，选择整个对象组合中的多个对象是以单个对象的方式进行的，而不是一次性选择整个对象组合，如图 1-61 所示。另外，如果在 Maya 中以按住 Shift 键的方式进行多个对象的加选，那么最后选择的一个对象将呈绿色线框显示，如图 1-62 所示。

3）组件选择模式

组件选择模式是指对整个对象组合中的单个对象进行选择。例如，如果要对模型中的顶点、边或面进行编辑，那么需要在组件选择模式下进行操作。选择点组件，如图 1-63 所示。

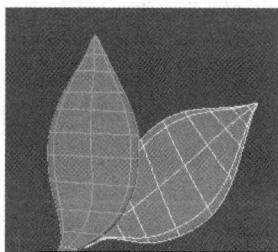

图 1-61　选择整个对象组合

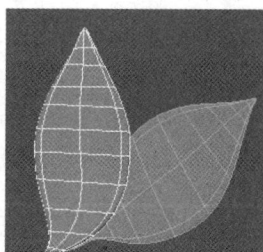

图 1-62　呈绿色线框显示

图 1-63　选择点组件

2．在大纲视图中选择

大纲视图为用户提供了一种按对象名选择对象的方式，当场景中因放置了较多的对象而不易在场景中选择时，在大纲视图中按对象名来选择对象就显得非常方便。

如果大纲视图不小心被关闭了，那么可以通过选择"窗口"→"大纲视图"命令（见图 1-64），或者单击"视图"面板中的"大纲视图"按钮来显示大纲视图，如图 1-65 所示。

图 1-64　"大纲视图"命令

图 1-65　大纲视图

3. 使用软选择功能选择

在制作模型时，可以使用软选择功能调整顶点、边或面来带动周围的网格结构，以制作出柔和的曲面造型。使用这一功能有利于在模型上创建平滑的渐变造型，而不必手动调整每个顶点、边或面的位置。软选择功能的原理是从选择的一个组件到所选区域周围的其他组件保持一个衰减选择，以创建平滑过渡效果。在"工具设置"窗口中展开"软修改设置"卷展栏，可以看到其参数设置，如图 1-66 所示。

选择"衰减模式"下拉列表中的任一选项，即可启用对应的软选择功能。

衰减模式：有"体积"和"表面"两种模式，如图 1-67 所示。

衰减半径：控制影响范围。

衰减曲线：控制影响周围网格的变化程度，同时，Maya 还提供了多种"曲线预设"供用户选择使用。

颜色反馈：控制能否看到颜色提示。

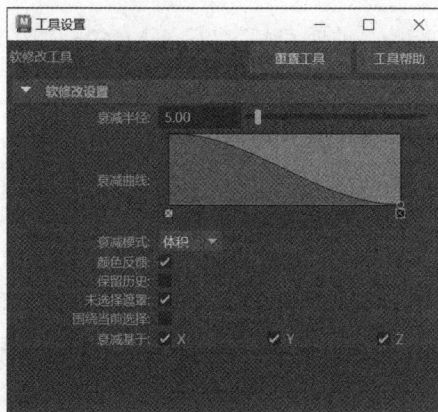

图 1-66　"软修改设置"卷展栏

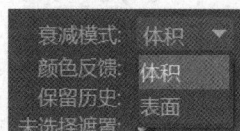

图 1-67　衰减模式

1.4.4　变换对象

1．变换操作

变换操作可以改变对象的位置、方向和大小，但是不可以改变对象的形状。工具箱中为用户提供了多种进行变换操作的工具，常用的有"移动"工具、"旋转"工具和"缩放"工具 3 种，用户可以使用对应的工具在场景中进行相应的变换操作，如图 1-68 所示。

图 1-68　进行变换操作的工具

2．控制柄

在进行不同的变换操作时，控制柄的显示状态有着明显的区别。图 1-69～图 1-71 所示分别为移动控制柄的显示状态、旋转控制柄的显示状态和缩放控制柄的显示状态。其对应操作的快捷键分别为 W 键、E 键和 R 键。

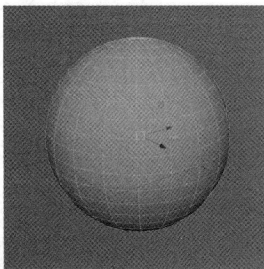

图 1-69　移动控制柄的显示状态　　图 1-70　旋转控制柄的显示状态　　图 1-71　缩放控制柄的显示状态

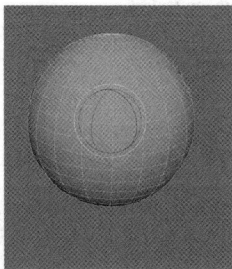

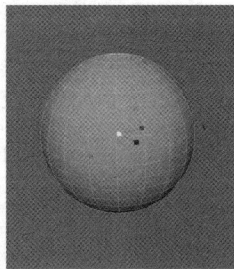

在进行变换操作时，按"+"键可以放大控制柄的显示状态。同理，按"−"键可以缩小控制柄的显示状态，如图 1-72 和图 1-73 所示。

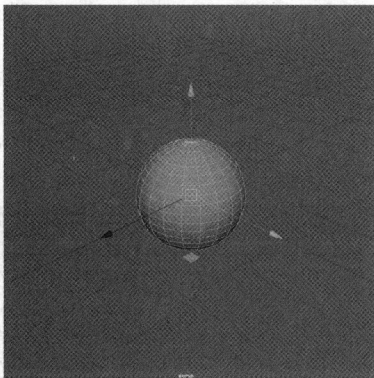

图 1-72　放大控制柄的显示状态

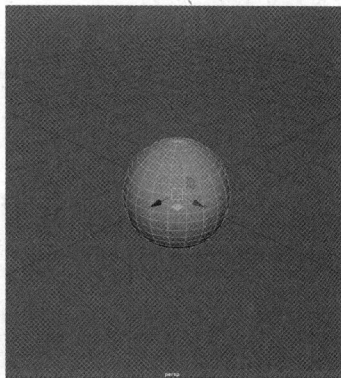

图 1-73　缩小控制柄的显示状态

1.4.5　复制对象

1．复制

在进行模型制作时，经常需要在场景中放一些相同的模型，这时就需要使用"复制"命令来执行操作。图 1-74 中就使用了"复制"命令，复制出了多个相同的模型。

图 1-74　"复制"命令的应用

复制对象主要有 3 种方式。

（1）先选择要复制的对象，再选择"编辑"→"复制"命令，即可原地复制出一个相同的对象。

（2）选择要复制的对象并按快捷键 Ctrl+D，即可原地复制出一个相同的对象。

（3）选择要复制的对象，按住 Shift 键并配合变换操作，即可原地复制出一个相同的对象。

2．特殊复制

使用"特殊复制"命令可以在预先设置好的变换属性下复制对象。如果希望复制的对象与原对象的属性相关，那么也需要使用"特殊复制"命令。其具体操作步骤如下。

（1）新建场景，单击"多边形建模"工具架中的"多边形球体"按钮，在场景中创建一个多边形球体模型，如图 1-75 所示。

（2）选择多边形球体模型，单击"编辑"→"特殊复制"命令右侧的方块按钮，如图 1-76 所示。

（3）在打开的"特殊复制选项"面板中设置"几何体类型"为"实例"，"平移"为"5.0000"，如图 1-77 所示。

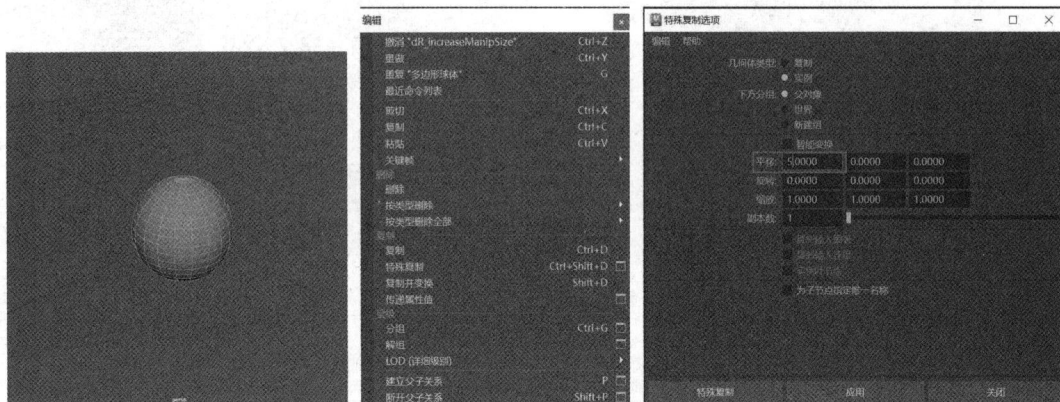

图 1-75　多边形球体模型　　　图 1-76　单击方块按钮　　　图 1-77　"特殊复制选项"面板

（4）单击"特殊复制"按钮，关闭"特殊复制选项"面板，即可看到场景中复制的多边形球体模型，如图 1-78 所示。

（5）选择场景中新复制的多边形球体模型，在"属性编辑器"面板中展开"多边形球体历史"卷展栏，并设置多边形球体模型的半径，如图 1-79 所示。

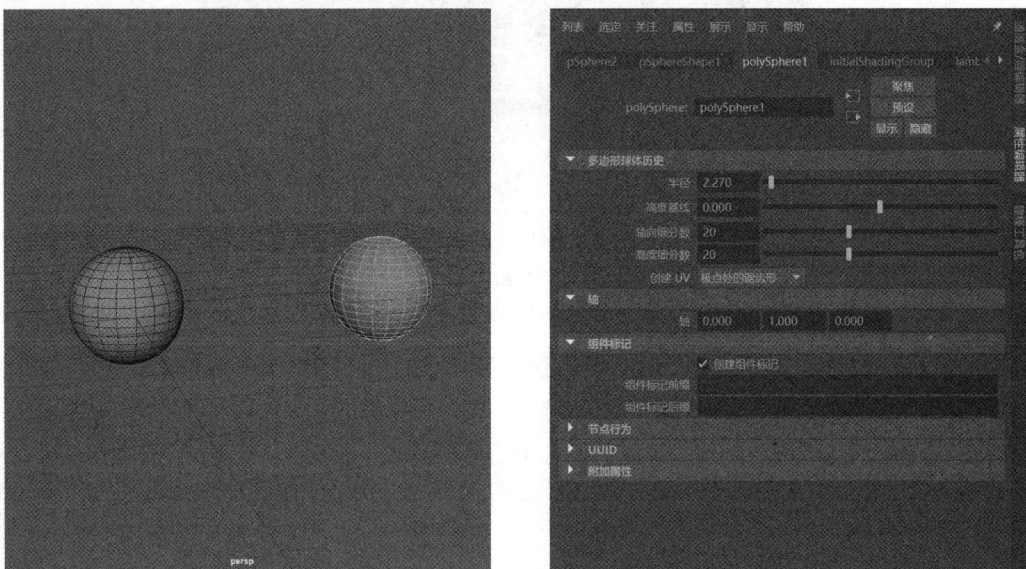

图 1-78　新复制的多边形球体模型　　　　　图 1-79　"多边形球体历史"卷展栏

（6）这时，可以在场景中观察到两个多边形球体模型的大小同时产生变化，如图 1-80 所示。

"特殊复制选项"面板中的参数设置如图 1-81 所示。

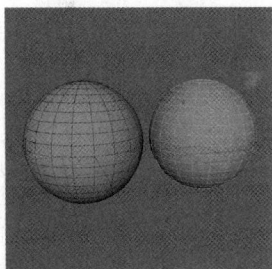

图 1-80　多边形球体模型的大小同时产生变化

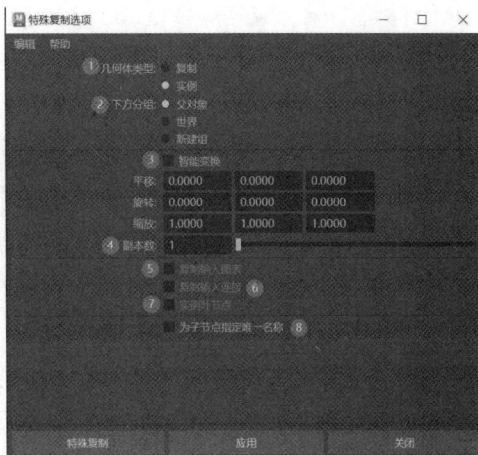

图 1-81　参数设置

详见：特殊复制的数字化学习资源。

3．复制并变换

"复制并变换"命令类似 3ds Max 中的"阵列"命令，使用该命令可以快速复制出大量间距相同的对象。其具体操作步骤如下。

（1）新建场景，创建一个多边形球体模型，如图 1-82 所示。

（2）选择多边形球体模型，按住 Shift 键，使用"移动"工具对多边形球体模型进行拖曳操作，可以看到复制出的一个新多边形球体模型，如图 1-83 所示。

（3）按快捷键 Shift+D 对多边形球体模型进行复制和变换操作，可以看到复制出的第 3 个多边形球体模型自动继承了第 2 个多边形球体模型相对于第 1 个多边形球体模型的位移数据，如图 1-84 所示。

数字化学习资源：
特殊复制

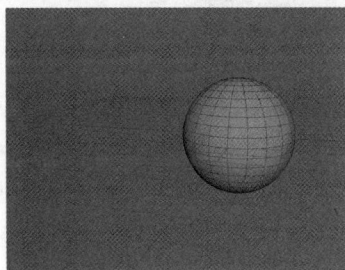

图 1-82　多边形球体模型

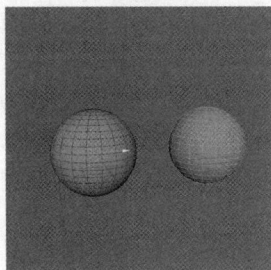

图 1-83　复制出的一个新
多边形球体模型

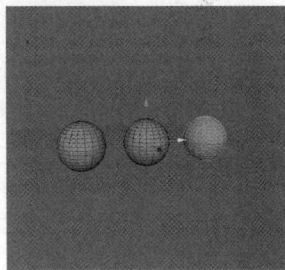

图 1-84　复制出的第 3 个
多边形球体模型

1.5　模型制作

教学目标

熟练掌握 NURBS 建模和多边形建模两种建模方式。这部分内容将对接考取"1+X"证书的模型制作部分知识点，对于后期的案例呈现效果至关重要。

教学重点和难点

（1）熟练掌握 NURBS 建模相关命令的使用方法。

（2）熟练掌握多边形建模相关命令的使用方法。

（3）熟练使用 Maya 制作工具制作相关模型。

1.5.1 NURBS 建模

NURBS（Non-Uniform Rational B-Spline）建模又叫曲面建模，是一种基于几何基本体和绘制曲线的三维建模方式。基于"曲线/曲面"工具架中的工具按钮，有两种方式可以生成曲面模型：一是通过创建曲线的方式来构建曲面的基本轮廓，并配合使用相应的工具来生成模型；二是通过创建曲面基本体的方式来绘制简单的三维对象，并配合使用相应的工具按钮修改其形状以获得想要的几何体。由于 NURBS 建模中用于构建曲面的曲线具有平滑的特性，因此它对于构建各种有机三维形状十分有用。NURBS 建模广泛应用于动画、游戏、科学可视化和工业设计领域。图 1-85 所示为使用 NURBS 建模制作的模型。

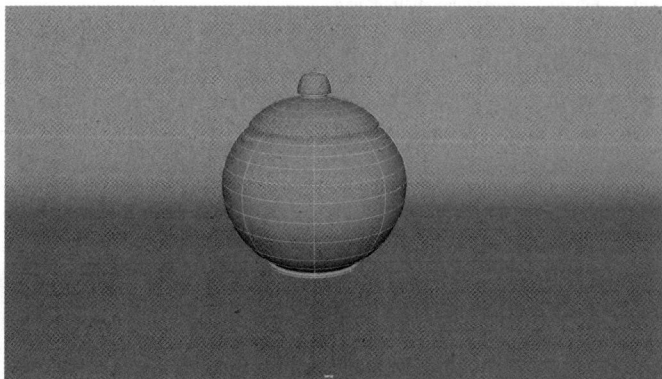

图 1-85　使用 NURBS 建模制作的模型

使用 NURBS 建模可以制作出任何形状的且精度非常高的三维动画模型，这一优势使得 NURBS 建模慢慢成为一个广泛应用于工业设计领域的建模方式。这一建模方式同时也非常容易学习及使用，通过较少的控制点即可得到复杂的流线型几何体，这也是 NURBS 建模的方便之处。图 1-86 所示为"曲线/曲面"工具架，包含 NURBS 建模的常用工具按钮。

图 1-86　NURBS 建模的常用工具按钮

1.5.2 曲线工具

"曲线/曲面"工具架中的第一个工具按钮就是"NURBS 圆形"按钮。单击该按钮即可在场景中生成一个 NURBS 圆形，如图 1-87 所示。

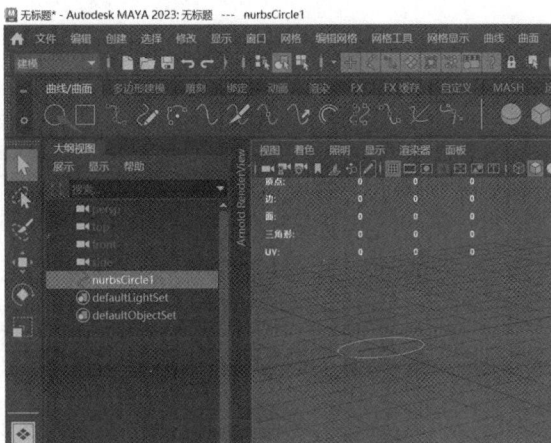

图 1-87　生成 NURBS 圆形

在默认状态下，"交互式创建"命令是处于关闭状态的。若需开启此命令，则需选择"创建"→"NURBS 基本体"命令，开启"交互式创建"命令，如图 1-88 所示。这样就可以在场景中以绘制的方式来创建 NURBS 圆形了。

选择"属性编辑器"面板中的"makeNurbCircle1"选项卡，展开"圆形历史"卷展栏，可以看到相关参数设置，如图 1-89 所示。

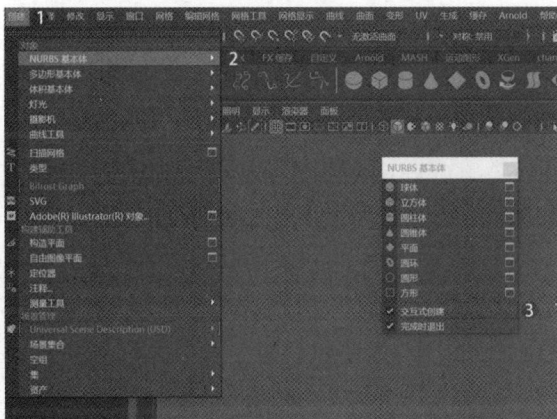

图 1-88　开启"交互式创建"命令

详见：曲线工具的数字化学习资源。

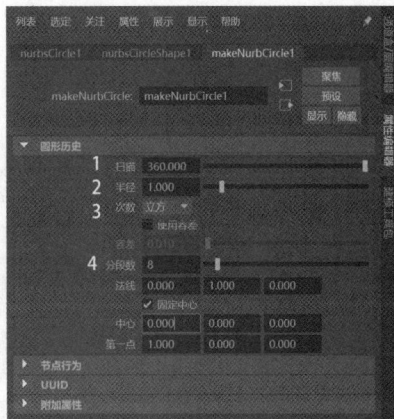

图 1-89　"圆形历史"卷展栏

1.5.3　NURBS 建模案例

课程思政案例 1：制作紫砂壶模型

　教学目标

了解茶文化，了解紫砂壶模型的制作过程，结合 NURBS 建模的知识，了解使用 NURBS 建模制作紫砂壶模型的步骤。

数字化学习资源：曲线工具

视频教程：曲面建模
（紫砂壶）

教学重点和难点

（1）熟知使用 NURBS 建模制作曲面的方法，了解中华民族传统文化元素，以及茶文化对于中国人的重要性。

（2）掌握使用 NURBS 建模制作紫砂壶模型的方法。

本案例使用"EP 曲线工具"命令制作紫砂壶模型，如图 1-90 所示。

图 1-90　紫砂壶模型

（1）启动 Maya，切换到前视图，如图 1-91 所示。

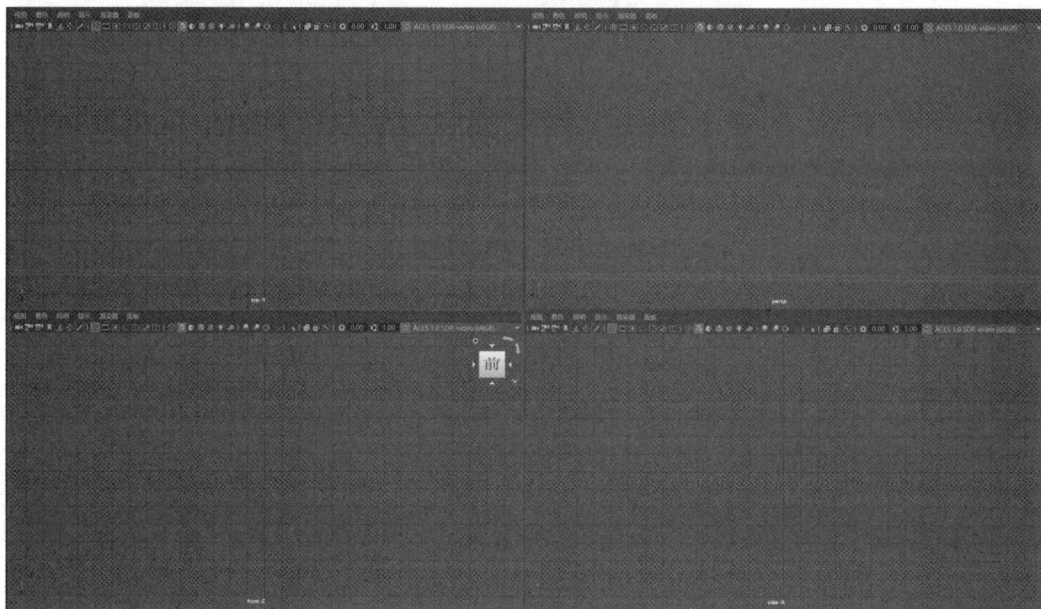

图 1-91　切换到前视图

（2）选择"创建"→"曲线工具"→"EP 曲线工具"命令（见图 1-92），在前视图中绘制出紫砂壶壶盖的剖面图形并右击，在弹出的快捷菜单中选择"曲线点"命令，如图 1-93 所示。

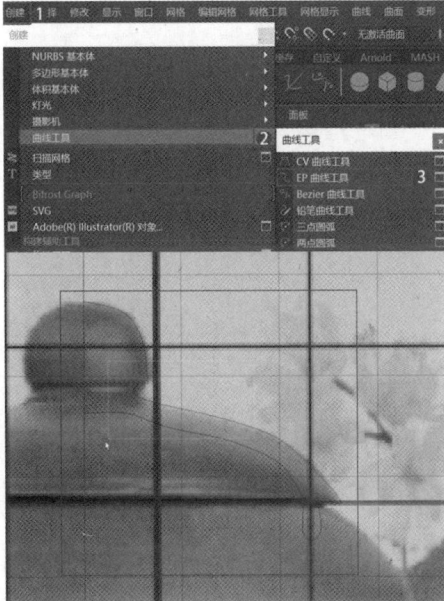

图 1-92 选择"EP 曲线工具"命令

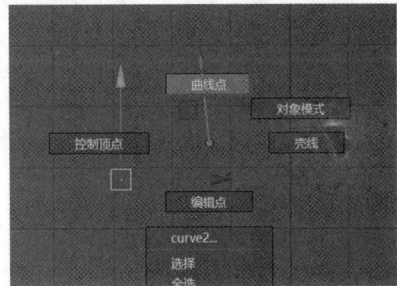

图 1-93 选择"曲线点"命令

（3）在添加曲线点后，按住 Shift 键的同时右击，在弹出的快捷菜单中选择"插入结"命令，如图 1-94 所示。选择曲线并右击，在弹出的快捷菜单中选择"控制顶点"命令，如图 1-95 所示。

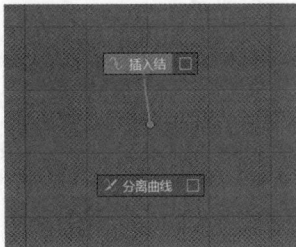

图 1-94 选择"插入结"命令

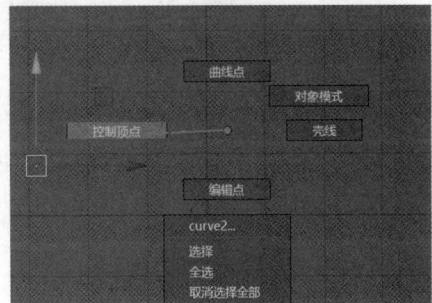

图 1-95 选择"控制顶点"命令

（4）调整曲线的顶点位置，认真修改曲线的形态细节，如图 1-96 所示。

图 1-96 调整曲线的顶点位置

（5）调整完成后，右击曲线，在弹出的快捷菜单中选择"对象模式"命令（见图 1-97），退出曲线编辑模式。最终绘制的曲线形态如图 1-98 所示。

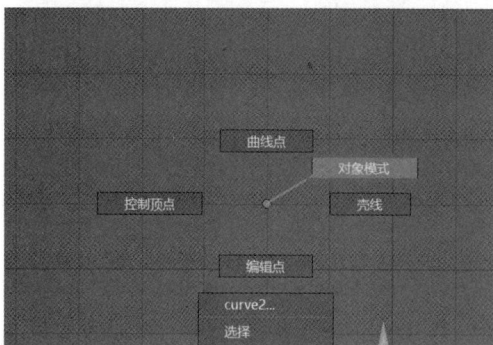

图 1-97　选择"对象模式"命令

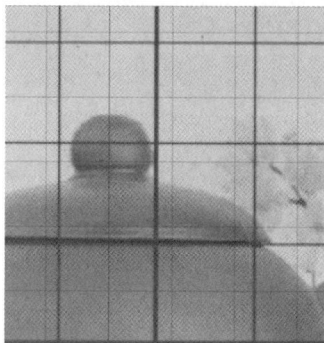

图 1-98　最终绘制的曲线形态

（6）选择场景中绘制完成的曲线，单击"曲线/曲面"工具架中的"旋转"按钮，在场景中可以看到旋转后的曲面模型，如图 1-99 所示。在默认状态下，当前的曲面模型显示为黑色，可以通过选择"曲面"→"反转方向"命令来更改曲面模型的法线方向，这样就可以得到正确的曲面模型显示结果了，如图 1-100 所示。

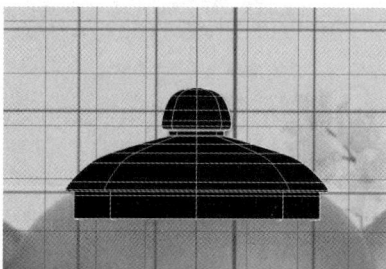

图 1-99　旋转后的曲面模型

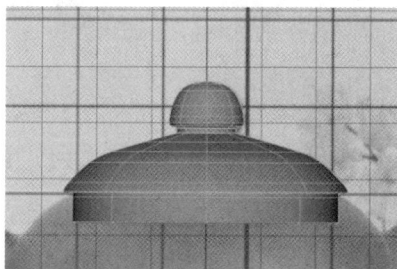

图 1-100　正确的曲面模型显示结果

（7）观察模型形态，若需要修改形态，则选择曲线并右击，在弹出的快捷菜单中选择"控制顶点"命令，如图 1-101 所示。最终模型如图 1-102 所示。

图 1-101　选择"控制顶点"命令

图 1-102　最终模型

（8）按照上述方法，绘制出紫砂壶壶身，如图 1-103 所示。选择"转化"→"NURBS 到多边形"命令，如图 1-104 所示。

（9）选择壶嘴的顶点并右击，在弹出的快捷菜单中选择"切角顶点"命令，如图 1-105 所示。

（10）选择曲线并右击，在弹出的快捷菜单中选择"多切割"命令（见图 1-106），绘制一个八边形，并调整八边形的形态。

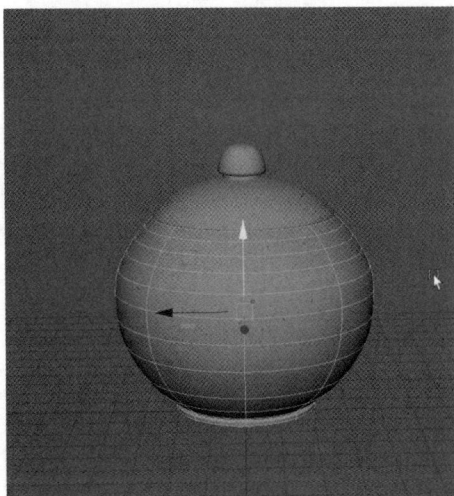

图 1-103 紫砂壶壶身

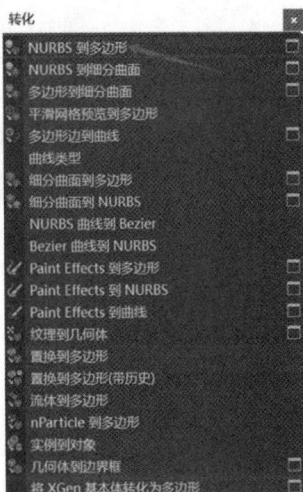

图 1-104 选择 "NURBS 到多边形" 命令

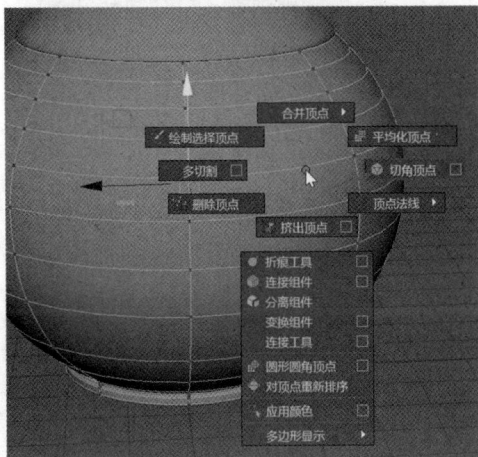

图 1-105 选择 "切角顶点" 命令

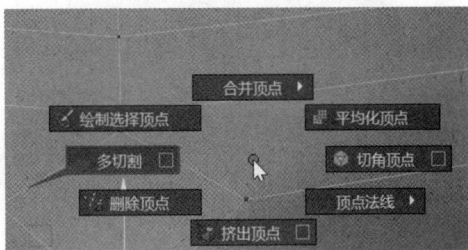

图 1-106 选择 "多切割" 命令

（11）切换到前视图，选择 "创建" → "曲线工具" → "EP 曲线工具" 命令，绘制一个壶嘴长度的曲线，如图 1-107 所示。选择面与曲线，按住 Shift 键的同时右击，在弹出的快捷菜单中选择 "挤出面" 命令，如图 1-108 所示。

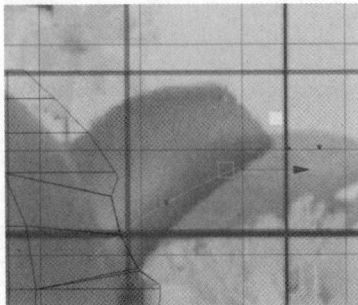

图 1-107 绘制曲线

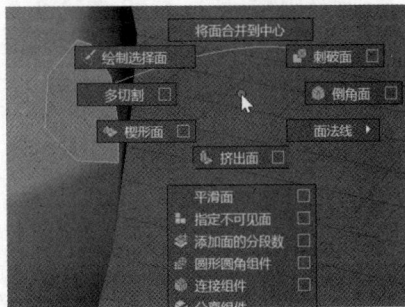

图 1-108 选择 "挤出面" 命令

（12）设置 "厚度" 为 "-0.24"，"分段" 为 "5"，"锥化" 为 "0.53"，如图 1-109 所示。

（13）切换到前视图，选择 "创建" → "曲线工具" → "EP 曲线工具" 命令，绘制紫砂壶把手，如图 1-110 所示。选择 "创建" → "扫描网格" 命令，如图 1-111 所示。

图 1-109　调整参数

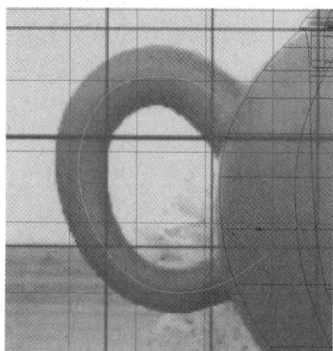

图 1-110　绘制紫砂壶把手

图 1-111　选择"扫描网格"命令

（14）选择"属性编辑器"面板中的"sweepMeshCreator1"选项卡，设置"边"为"12"，"缩放剖面"为"0.309"，"精度"为"86.942"，如图 1-112 所示。最终绘制出的紫砂壶模型如图 1-113 所示。

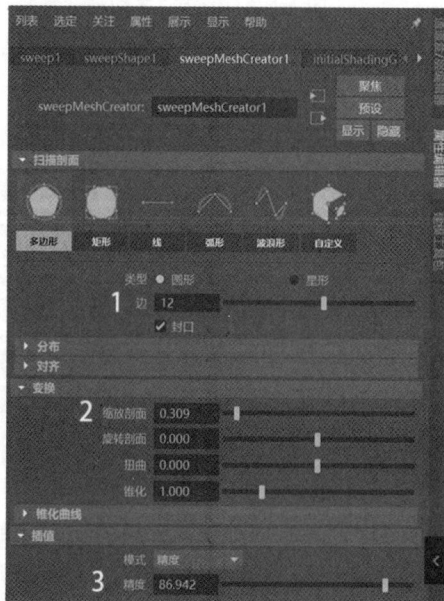

图 1-112　"sweepMeshCreator1"选项卡

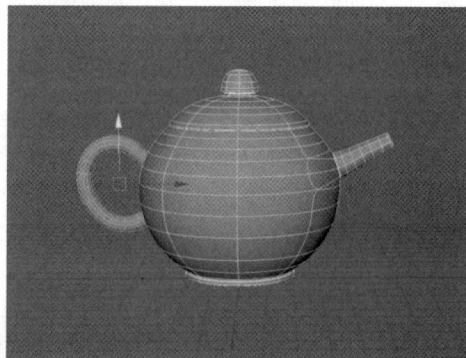

图 1-113　最终绘制出的紫砂壶模型

课程思政案例 2：制作草帽模型

视频教程：曲面建模
（草帽模型）

🕐 **教学目标**

了解中华民族农耕文明元素，了解草帽的用途和特点，学会如何通过 NURBS 建模制作草帽模型，以及如何通过放样制作草帽模型。

💻 **教学重点和难点**

（1）熟知通过 NURBS 建模制作曲面的方法，了解中华民族农耕文明元素，以及农耕文明对于中国人的重要性。

（2）掌握通过放样制作草帽模型的方法。

这里使用"NURBS 圆形"工具搭配"挤出"工具制作草帽模型，如图 1-114 所示。

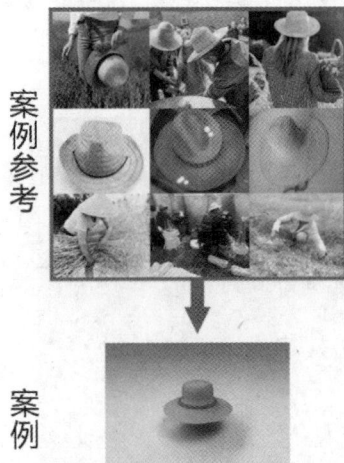

图 1-114　草帽模型

数字化学习资源：制作
草帽模型

详见：制作草帽模型的数字化学习资源。

课后练习：制作中秋卡通动画场景。

1.5.4　多边形建模

大多数三维动画软件提供了多种建模方式以供广大设计师选择使用，Maya 也不例外。在学习了建模技术之后，相信大家对 NURBS 建模已经有了一个大概的了解，同时会发现 NURBS 建模中的一些不太方便的地方。例如，在 Maya 中创建的 NURBS 长方体模型、NURBS 圆柱体模型和 NURBS 圆锥体模型不像 NURBS 球体模型一样是一个对象，而是由多个结构拼凑而成的，这时通过 NURBS 建模处理这些模型边角连接的地方时就会很麻烦。而如果使用多边形建模，那么这些问题将变得非常简单。多边形由顶点和连接它们的边来定义形体的结构，多边形的内部区域被称为"面"。经过多年的发展，当前多边形建模已被广泛应用于电影、游戏、虚拟现实等领域的动画模型的开发制作中。

1．创建多边形对象

"多边形建模"工具架的前半部分提供了许多创建基本几何体的工具，如图 1-115 所示。

图 1-115　创建基本几何体的工具

2．多边形球体

在"多边形建模"工具架中单击"多边形球体"按钮，即可在场景中创建一个多边形球体模型，如图 1-116 所示。选择"属性编辑器"面板中的"polySphere1"选项卡，展开"多边形球体历史"卷展栏，可以看到相关参数设置，如图 1-117 所示。

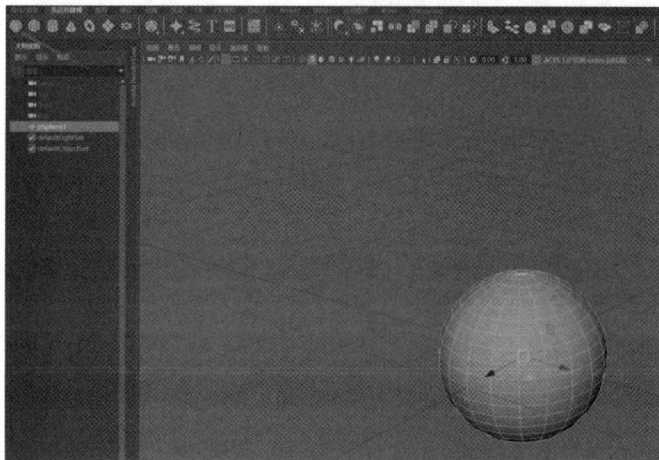

图 1-116　多边形球体模型

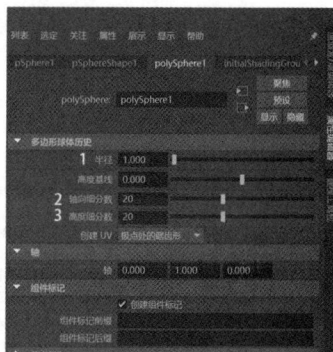

图 1-117　"多边形球体历史"卷展栏

（1）半径：设置多边形球体模型的半径。

（2）轴向细分数：设置多边形球体模型轴向上的细分段数。

（3）高度细分数：设置多边形球体模型高度上的细分段数。

3．多边形立方体

在"多边形建模"工具架中单击"多边形立方体"按钮，即可在场景中创建一个多边形立方体模型，如图 1-118 所示。选择"属性编辑器"面板中的"polyCube1"选项卡，展开"多边形立方体历史"卷展栏，可以看到相关参数设置，如图 1-119 所示。

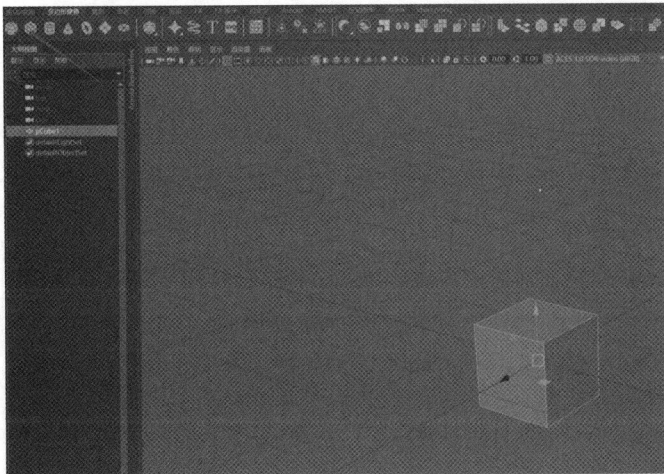

图 1-118　多边形立方体模型　　　　图 1-119　"多边形立方体历史"卷展栏

（1）宽度：设置多边形立方体模型的宽度。

（2）高度：设置多边形立方体模型的高度。

（3）深度：设置多边形立方体模型的深度。

（4）细分宽度：设置多边形立方体模型在宽度上的细分段数。

（5）高度细分数、深度细分数：分别设置多边形立方体模型在高度和深度上的细分段数。

4．多边形圆柱体

在"多边形建模"工具架中单击"多边形圆柱体"按钮，即可在场景中创建一个多边形圆柱体模型，如图 1-120 所示。选择"属性编辑器"面板中的"polyCylinder1"选项卡，展开"多边形圆柱体历史"卷展栏，可以看到相关参数设置，如图 1-121 所示。

图 1-120　多边形圆柱体模型　　　　图 1-121　"多边形圆柱体历史"卷展栏

（1）半径：设置多边形圆柱体模型的半径。

（2）高度：设置多边形圆柱体模型的高度。

（3）轴向细分数、高度细分数、端面细分数：分别设置多边形圆柱体模型的轴向、高度和端面上的细分段数。

5．多边形类型

在"多边形建模"工具架中单击"多边形类型"按钮，即可在场景中快速创建一个多边形文本模型，如图 1-122 所示。选择"属性编辑器"面板中的"type1"选项卡，即可看到相关参数设置，如图 1-123 所示。

图 1-122　多边形文本模型

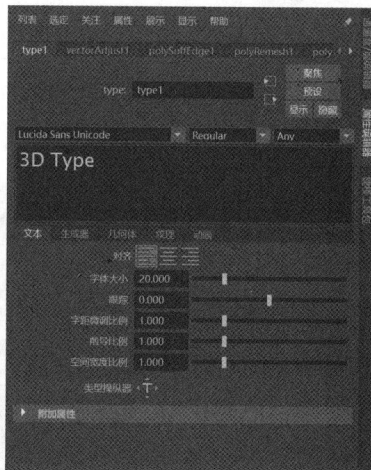

图 1-123　"type1"选项卡

6．多边形组件

多边形组件包括"顶点""边""面"。要编辑多边形组件，可以在"建模工具包"面板中进行，如图 1-124 所示。在场景中选择多边形对象并右击，在弹出的快捷菜单（见图 1-125）中选择相关命令，可以对多边形组件进行快速访问。

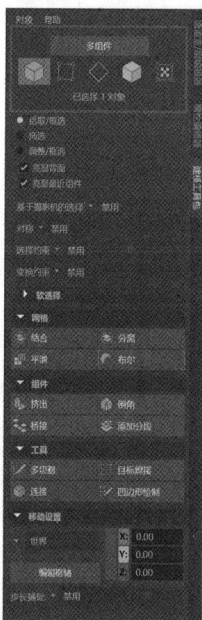

图 1-124　"建模工具包"面板

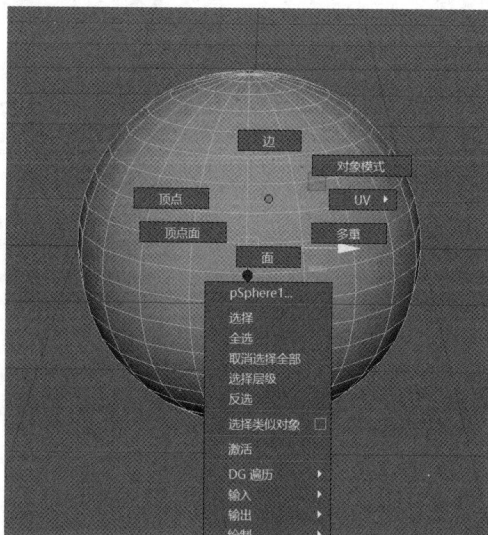

图 1-125　弹出的快捷菜单

7. 常用建模工具

Maya 为用户提供了许多建模工具（见图 1-126），并且将常用的建模工具集成在"多边形建模"工具架的中间部分。

图 1-126　建模工具

1.5.5　多边形建模案例

课程思政案例 1：制作垃圾分类动画场景模型

视频教程：垃圾
分类场景模型

教学目标

　　文明你、我、他！垃圾分类是垃圾终端处理设施运转的基础，实施生活垃圾分类，可以有效改善城乡环境，促进资源回收利用。在生活垃圾科学、合理分类的基础上，对应开展生活垃圾分类配套体系建设，根据分类品种建立与垃圾分类配套的收运体系，建立与再生资源协调的回收再利用体系，完善与垃圾分类衔接的终端处理设施，以确保分类收运、回收再利用和处理设施相互衔接。只有做好垃圾分类，垃圾回收及处理等配套系统才能高效地运转。垃圾分类处理关系到资源节约型和环境友好型社会的建设，有利于我国新型城镇化质量和生态文明建设水平的进一步提高。

　　通过学习引入的制作垃圾分类动画场景模型案例，了解垃圾分类动画场景的结构特征与垃圾桶的外观特征，掌握如何使用"可编辑多边形"工具制作垃圾分类动画场景模型。这部分内容将对接考取"1+X"证书的多边形建模部分知识点，对于后期的案例呈现效果至关重要。

教学重点和难点

　　（1）熟知垃圾分类动画场景模型制作过程，了解生态文明建设，了解垃圾桶的外观特征，会使用"可编辑多边形"工具制作垃圾分类动画场景模型。

　　（2）掌握"可编辑多边形"工具的相关命令。

　　垃圾分类动画场景模型最终效果如图 1-127 所示。

图 1-127　垃圾分类动画场景模型最终效果

（1）制作地板模型。启动 Maya，单击"多边形建模"工具架中的"多边形立方体"按钮，在场景中创建一个多边形立方体模型，使用"缩放"工具制作地板模型，并选择"插入循环边工具"命令，插入边，对模型进行圆滑处理。地板模型制作流程如图 1-128 所示。

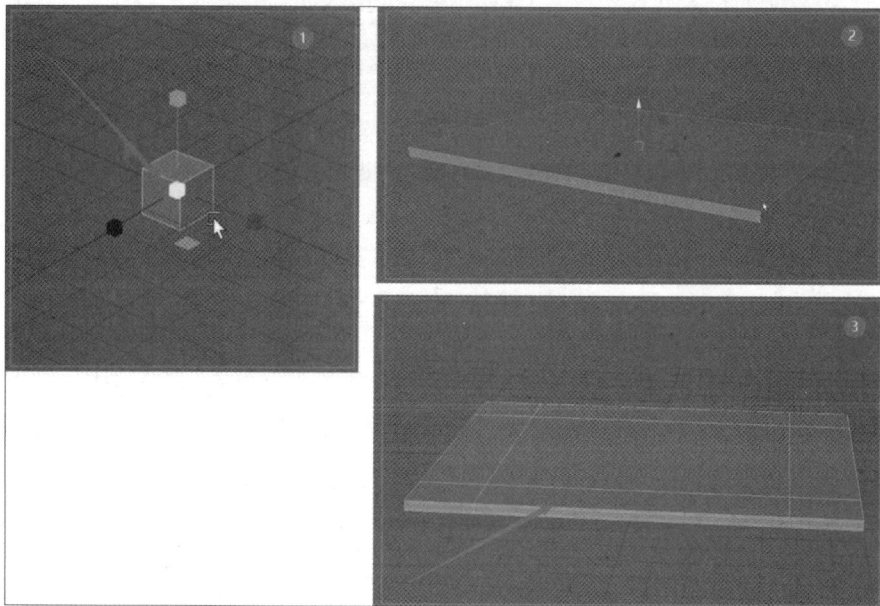

图 1-128　地板模型制作流程

（2）制作垃圾桶模型。单击"多边形建模"工具架中的"多边形立方体"按钮，在场景中创建一个多边形立方体模型，如图 1-129 所示。使用"缩放"工具，缩放出垃圾桶模型的大体轮廓，如图 1-130 所示。选取正面的一个面，使用"挤出"工具，挤出所需要的凹面或凸面，并选择"插入循环边工具"命令，对模型进行圆滑处理，如图 1-131 所示。

图 1-129　多边形立方体模型

图 1-130　缩放出垃圾桶模型的大体轮廓

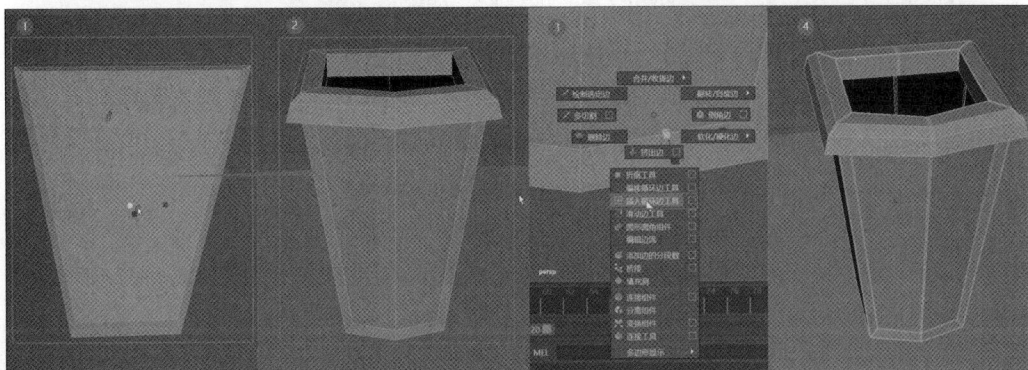

图 1-131　选择"插入循环边工具"命令

（3）制作垃圾桶模型盖子部分。垃圾桶模型盖子部分同样使用"多边形立方体"工具进行搭建，创建好垃圾桶模型后，全选该模型，如图 1-132 所示。按住 Shift 键的同时拖曳鼠标左键，复制出另外 3 个模型，如图 1-133 所示。

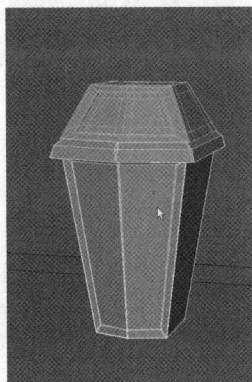

图 1-132　全选垃圾桶模型

图 1-133　复制出另外 3 个模型

（4）制作棚子部分。棚子部分使用"多边形立方体"工具进行搭建。边框部分依然使用"多边形立方体"工具进行拉伸、挤出，以及插入循环边，上顶部分与图匾部分也使用"多边形立方体"工具进行搭建，如图 1-134 所示。

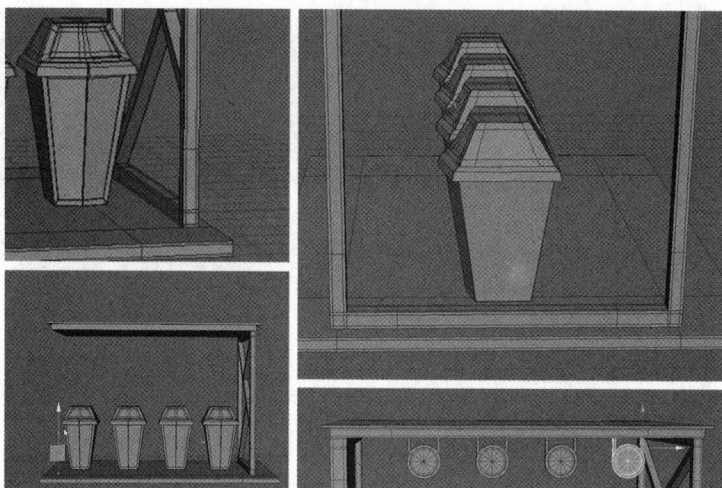

图 1-134　棚子部分搭建流程

（5）制作装饰部分——小叶子。这里使用"网格工具"→"创建多边形"命令，如图 1-135 所示。"创建多边形"命令用于以点绘制面的形式。多次执行该命令，直至绘制出叶子的面片为止，如图 1-136 和图 1-137 所示。

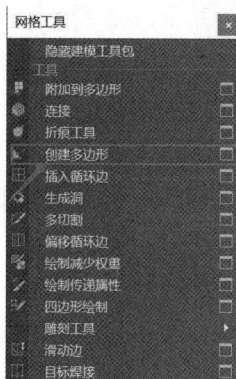

图 1-135　"创建多边形"命令　　图 1-136　将点绘制成面　　图 1-137　面片效果

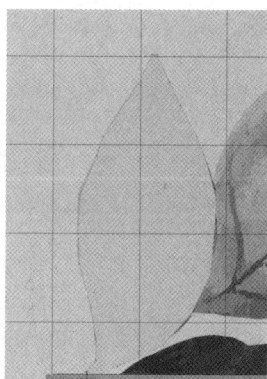

创建一个面片后，单击"多切割"按钮（见图 1-138），对面片进行切割。在切割面片时，需要保持面为四边形。面数分配如图 1-139 所示。小叶子最终效果如图 1-140 所示。

（6）垃圾分类动画场景模型最终效果如图 1-141 所示。

图 1-138　"多切割"按钮　　　　　　　　　　图 1-139　面数分配

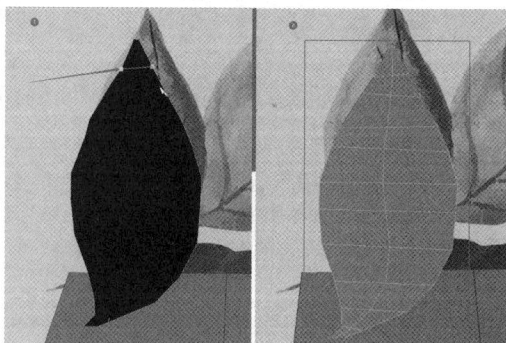

图 1-140　小叶子最终效果

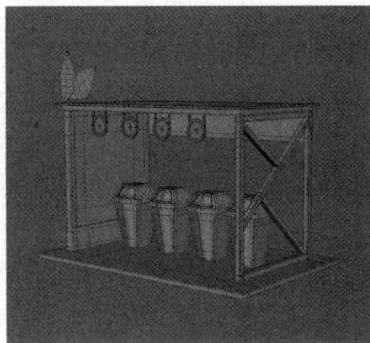

图 1-141　垃圾分类动画场景模型最终效果

课程思政案例 2：制作古钱币模型

教学目标

视频教程：古钱币模型

　　通过学习制作古钱币模型案例，了解制作古钱币模型的特点，以及如何使用"可编辑多边形"工具制作古钱币模型。这部分内容将对接考取"1+X"证书的多边形建模部分知识点，对于后期的案例呈现效果至关重要。

教学重点和难点

　　（1）熟知古钱币模型制作过程，了解中国古代文明，了解古钱币的外观特征，会使用"可编辑多边形"工具制作古钱币模型。

　　（2）掌握"可编辑多边形"工具的相关命令。

　　本案例在古钱币模型制作过程中，用到了"可编辑多边形"工具的相关命令。古钱币模型最终效果如图 1-142 所示。

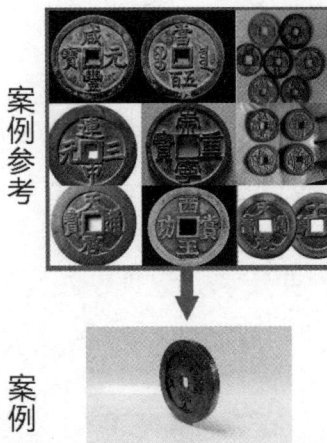

案例参考

案例

图 1-142　古钱币模型最终效果

数字化学习资源：制作古钱币模型

　　详见：制作古钱币模型的数字化学习资源。

课程思政案例 3：制作竹笛模型

视频教程：竹笛模型

教学目标

通过学习制作竹笛模型案例，了解竹笛的结构特征，并了解竹笛的特点，以及如何使用"可编辑多边形"工具制作竹笛模型。这部分内容将对接考取"1+X"证书的多边形部分知识点，对于后期的案例呈现效果至关重要。

教学重点和难点

（1）熟知竹笛模型制作过程，了解中国古典乐器——竹笛文化，了解竹笛的外观特征，会使用"可编辑多边形"工具制作竹笛模型。

（2）掌握"可编辑多边形"工具的相关命令。

通过观察竹笛的外观特征，分析竹笛的特点，制作竹笛模型。竹笛模型最终效果如图 1-143 所示。

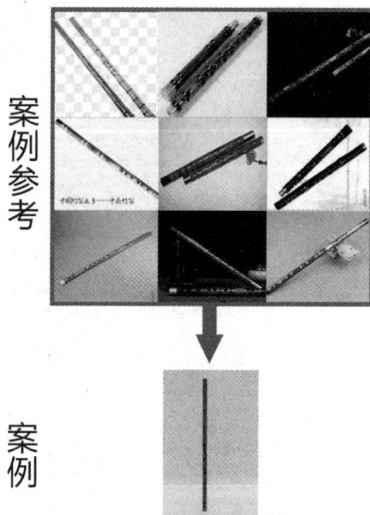

图 1-143　竹笛模型最终效果

详见：制作竹笛模型的数字化学习资源。

1.6　UV 贴图制作

数字化学习资源：制作竹笛模型

教学目标

熟练掌握 UV 贴图展开的相关命令，理解 UV 贴图中 0～1 坐标的要求。这部分内容将对接考取"1+X"证书的 UV 贴图制作部分知识点，对于后期的案例呈现效果至关重要。

教学重点和难点

（1）熟练掌握 UV 贴图展开的相关命令。

（2）理解 UV 贴图中 0～1 坐标的要求，力求制作出优质的 UV 贴图，做到 UV 贴图比例得当。

UV 指的是二维贴图坐标。在 Maya 中制作模型后，常常需要将合适的贴图贴到这些模型上。Maya 并不能自动确定贴图是以什么样的方向贴到模型上的，这时就需要使用 UV 来控制贴图的方向以得到正确的贴图效果。

虽然 Maya 在默认情况下会为许多模型自动创建 UV 贴图，但是在大多数情况下，需要重新为模型指定 UV 贴图。根据模型形状的不同，Maya 为用户提供了平面映射、圆柱形映射、球形映射和自动映射这几种现成的 UV 贴图方式以供选择。如果模型的贴图过于复杂，那么还可以在"UV 编辑器"面板中对 UV 贴图进行细微调整。在"多边形建模"工具架中可以找到有关 UV 贴图的常用工具按钮，如图 1-144 所示。

图 1-144　有关 UV 贴图的常用工具按钮

平面：为选定模型添加平面投影形状的 UV 贴图纹理坐标。

圆柱形：为选定模型添加圆柱形投影形状的 UV 贴图纹理坐标。

球形：为选定模型添加球形投影形状的 UV 贴图纹理坐标。

自动：为选定模型同时自动添加多个平面投影形状的 UV 贴图纹理坐标。

轮廓拉伸：创建沿选定面轮廓的 UV 贴图纹理坐标。

UV 编辑器：单击该按钮可以弹出"UV 编辑器"面板。

3DUV 抓取工具：用于抓取视图中的 UV 贴图。

3D 切割和缝合 UV 工具：用于直接在模型上以交互的方式切割 UV 贴图。按住 Ctrl 键的同时单击此按钮可以缝合 UV 贴图。

平面映射通过平面将 UV 贴图投影到模型上，非常适合应用在较为平坦的模型上。单击"UV"→"平面"命令右侧的方块按钮（见图 1-145）即可打开"平面映射选项"面板，如图 1-146 所示。

"平面映射选项"面板中常用选项的解析如下。

最佳平面：如果要为模型的一部分面映射 UV 贴图，那么可以选择"适配投影到"为"最佳平面"，投影操纵器将捕捉到一个角度并直接指向选定面的旋转角度。

边界框：当 UV 贴图映射到模型的所有面或大多数面时，该选项非常有用。它将捕捉投影操纵器，以适配模型的边界框。

投影源：当选择"投影源"为"X 轴"、"Y 轴"或"Z 轴"时，投影操纵器可以指向模型的大多数面。当选择"投影源"为"摄影机"时，大多数模型的面不直接指向沿 X 轴、Y 轴或 Z 轴的某个位置，此选项用于根据当前的活动视图为投影操纵器定位。

保持图像宽度/高度比率：勾选该复选框，可以保留图像的宽度与高度之比，使图像不扭曲。

在变形器之前插入投影：当在多边形对象中应用变形时，需要勾选"在变形器之前插入投影"复选框。如果该复选框虽已被禁用但已设置动画，那么纹理放置将受顶点位置的影响。

创建新 UV 集：勾选该复选框，可以创建新 UV 集并放置由投影在该 UV 集中创建的 UV 贴图。

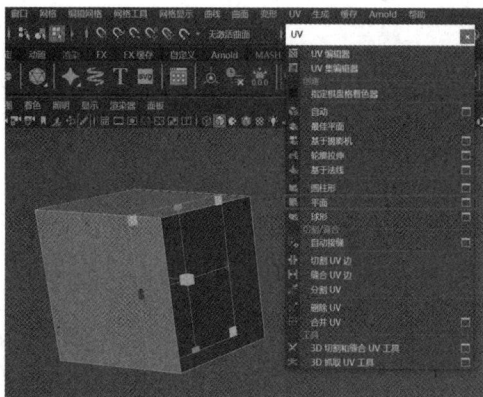

图 1-145　单击方块按钮

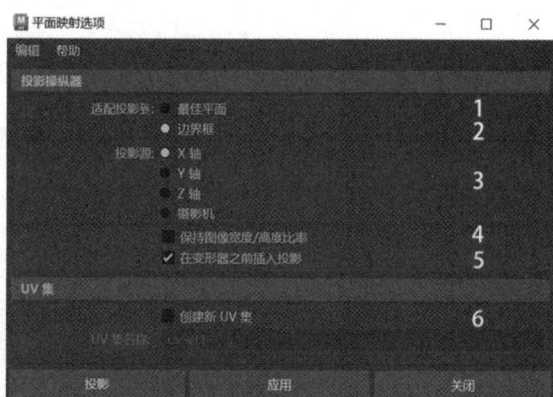

图 1-146　"平面映射选项"面板

详见：UV 贴图制作的数字化学习资源。

1.7　灯光制作

教学目标

熟练掌握灯光属性的使用方法，理解灯光设置的要求。这部分内容将对接"1+X"证书中灯光制作部分知识点，对于后期的案例呈现效果至关重要。

教学重点和难点

（1）熟练掌握灯光属性的使用方法，理解灯光设置的要求。

（2）熟悉三点照明、灯光阵列，以及全局照明的相关属性设置，熟练使用制作常用灯光效果的方法。

本节将介绍灯光制作。将灯光制作放到模型制作的后面，是因为模型制作好后还需要进行渲染，这样才能查看模型的最终视觉效果，Maya 的默认渲染器是 Arnold Renderer。如果场景中没有灯光，那么渲染出的场景将会一片漆黑，什么都看不到。将灯光制作放到材质与贴图制作的前面进行讲解，也是这个原因。如果没有一个理想的照明环境，那么任何好看的材质都将无法渲染出来。因此，熟练掌握灯光制作方法尤为重要。

1. 灯光照明技术

1）三点照明

三点照明是电影及广告摄影中常用的照明技术。在三维动画软件中也同样适用这种照明技术，以通过较少的灯光设置来得到较为立体的光影效果。

三点照明，顾名思义，就是在场景中设置 3 个光源，这 3 个光源中的每个光源都有其具体的功能。这 3 个光源分别是主光源、辅助光源和背光。其中，主光源用来给场景提供主要照明，从而产生明显的投影效果；辅助光源用来模拟间接照明，也就是主光源照射到环境上产生的反射光线；背光则用来强调画面主体与背景的分离，一般在画面主体后面进行照明，通过作用于主体边缘产生的微弱光影轮廓，用于加大体现场景的深度。

Maya 为用户提供了两套灯光系统。一套是 Maya 原有的标准灯光系统，在"渲染"工具架中可以找到；另一套是 Arnold Renderer 提供的灯光系统，在"Arnold"工具架中可以找到。

2）灯光阵列照明

在室外，采用灯光阵列照明，可以很好地解决光源从物体的四面八方包围场景的问题，尤其是在三维动画软件刚刚出现时，灯光阵列照明在动画场景中的应用非常普遍。灯光阵列照明效果如图 1-147 所示。

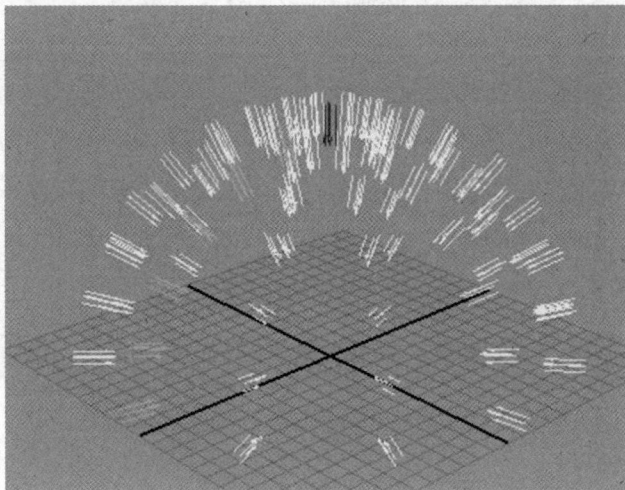

图 1-147　灯光阵列照明效果

3）全局照明

全局照明可以渲染出比前两种照明技术更加准确的光影效果。这个技术的出现，使得灯光的设置变得便捷并易于掌握。这个技术经过多年发展，已经在市面上存在的大多数三维渲染程序中确立了自己的地位。通过全局照明，用户在场景中仅创建少量的灯光就可以照亮整个场景，极大地简化了三维场景中的灯光设置步骤。全局照明效果如图 1-148 所示。这种照明技术的流行，更多是因为其照明渲染效果优秀，无限接近现实场景照明。接近现实场景照明效果如图 1-149 所示。

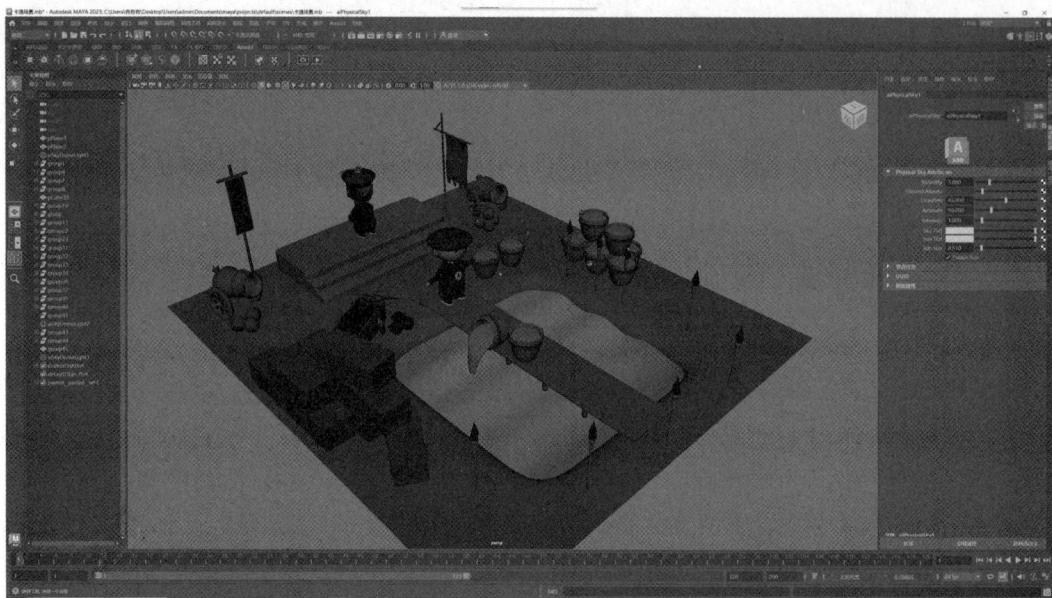

图 1-148　全局照明效果

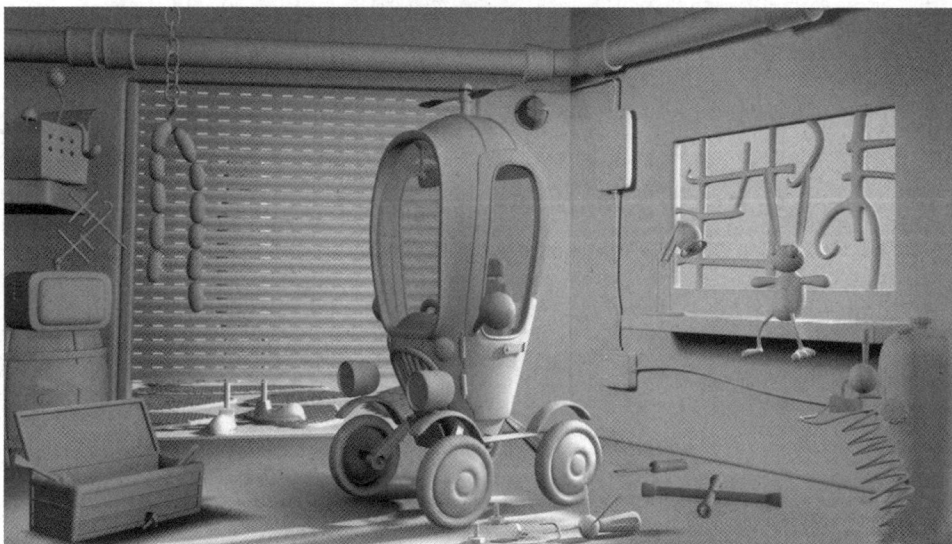

图 1-149　接近现实场景照明效果

2．Maya 内置灯光

1）环境光

环境光通常用来模拟场景中的对象受到四周环境的均匀光线照射的效果。单击"渲染"工具架中的"环境光"按钮，即可在场景中创建一个环境光。

在"属性编辑器"面板中展开"环境光属性"卷展栏，可以查看环境光的参数，如图 1-150 所示。

详见："环境光属性"卷展栏的数字化学习资源。

2）平行光

平行光通常用来模拟类似日光直射的平行光线照射的效果。平行光的箭头代表灯光的

数字化学习资源："环境光属性"卷展栏

照射方向，缩放"平行光"图标，以及移动平行光的位置均不会对场景中的照明效果产生影响。单击"渲染"工具架中的"平行光"按钮，即可在场景中创建一个平行光。

在"属性编辑器"面板中展开"平行光属性"卷展栏，可以查看平行光的参数，如图 1-151 所示。

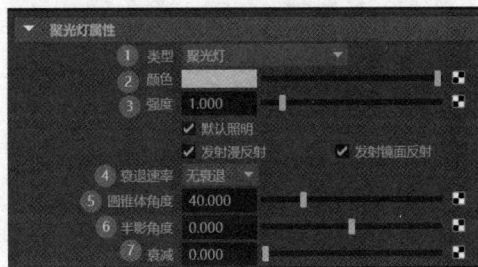

图 1-150 "环境光属性"卷展栏　　　　图 1-151 "平行光属性"卷展栏

详见："平行光属性"卷展栏的数字化学习资源。

3）点光源

点光源通常用来模拟灯泡、蜡烛等由一个小范围的点照射的效果。单击"渲染"工具架中的"点光源"按钮，即可在场景中创建一个点光源。

在"属性编辑器"面板中展开"点光源属性"卷展栏，可以查看点光源的参数，如图 1-152 所示。

详见："点光源属性"卷展栏的数字化学习资源。

4）聚光灯

聚光灯通常用来模拟舞台射灯、手电筒等照射的效果。单击"渲染"工具架中的"聚光灯"按钮，即可在场景中创建一个聚光灯。

在"属性编辑器"面板中展开"聚光灯属性"卷展栏，可以查看聚光灯的参数，如图 1-153 所示。

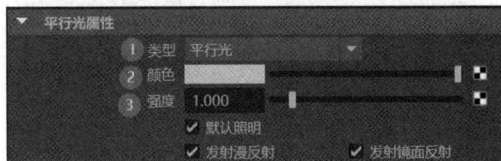

图 1-152 "点光源属性"卷展栏　　　　图 1-153 "聚光灯属性"卷展栏

详见："聚光灯属性"卷展栏的数字化学习资源。

5）区域光

区域光是一个范围灯光，通常用来模拟光线经过室内窗户照射的效果。单击"渲染"工具架中的"区域光"按钮，即可在场景中创建一个区域光。

在"属性编辑器"面板中展开"区域光属性"卷展栏，可以查看区域光的参数，如图 1-154 所示。

详见："区域光属性"卷展栏的数字化学习资源。

6）体积光

体积光通常用来照亮有限距离内的对象。单击"渲染"工具架中的"体积光"按钮，即可在场景中创建一个体积光。

数字化学习资源：

"平行光属性"卷展栏

"点光源属性"卷展栏

数字化学习资源：

"聚光灯属性"卷展栏

"区域光属性"卷展栏

在"属性编辑器"面板中展开"体积光属性"卷展栏，可以查看体积光的参数，如图 1-155 所示。

图 1-154 "区域光属性"卷展栏

图 1-155 "体积光属性"卷展栏

详见："体积光属性"卷展栏的数字化学习资源。

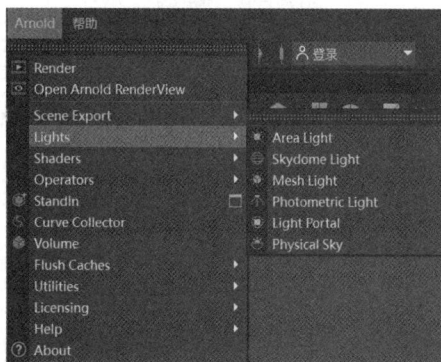

图 1-156 "Lights"子菜单

数字化学习资源："体积光属性"卷展栏

3. Arnold 灯光

Arnold 灯光系统配合 Arnold Renderer 使用，可以渲染出超写实的画面效果。选择"Arnold"→"Lights"命令，在展开的"Lights"子菜单中可以找到相关灯光工具，如图 1-156 所示。

1）Area Light

Area Light（区域光）与 Maya 自带的区域光相似，都是面光源，单击"Arnold"工具架中的"Create Area Light"按钮，即可在场景中创建一个区域光，如图 1-157 所示。

在"属性编辑器"面板中展开"Arnold Area Light Attributes"卷展栏，可以查看区域光的参数，如图 1-158 所示。

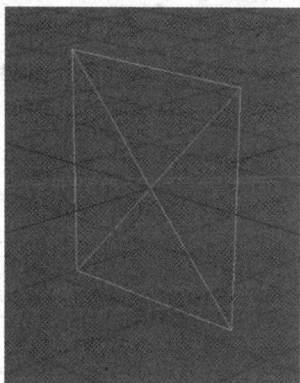

图 1-157 区域光

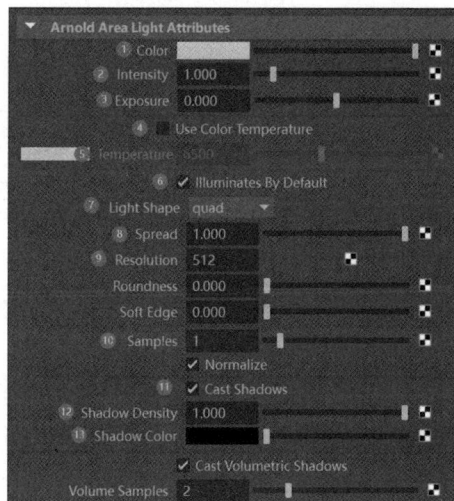

图 1-158 "Arnold Area Light Attributes"卷展栏

详见："Arnold Area Light Attributes"卷展栏的数字化学习资源。

2）Skydome Light

在 Maya 中，Skydome Light（天空光）通常用来模拟阴天室外光线照射的效果。

数字化学习资源："Arnold Area Light Attributes"卷展栏

3）Mesh Light

Mesh Light（网格灯光）通常用来将场景中的任意多边形对象设置为光源。使用"Mesh Light"命令之前需要用户先在场景中选择一个多边形模型，作为对象。图 1-159 所示为一个多边形圆柱体模型使用"Mesh Light"命令的显示效果。

4）Photometric Light

"Photometric Light"（光度学灯光）通常用来模拟射灯照射的效果。单击"Arnold"工具架中的"Create Photometric Light"按钮，即可在场景中创建一个光度学灯光，如图 1-160 所示。在"属性编辑器"面板中添加光域网文件，可以制作出形状各异的光照效果。

图 1-159　使用"Mesh Light"命令的显示效果

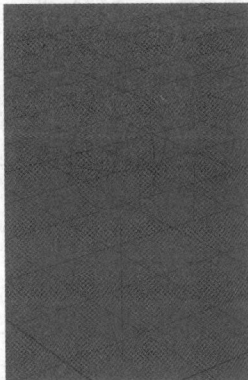

图 1-160　光度学灯光

5）Physical Sky

Physical Sky（物理天空光）主要用来模拟真实的日光及天空光的效果。单击"Arnold"工具架中的"Create Physical Sky"按钮，即可在场景中添加一个物理天空光。"Physical Sky Attributes"卷展栏如图 1-161 所示。

详见："Physical Sky Attributes"卷展栏的数字化学习资源。

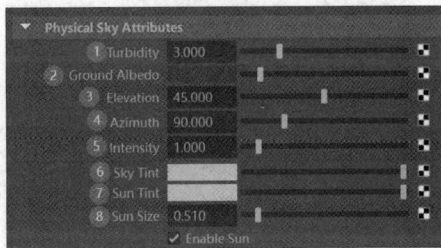

图 1-161　"Physical Sky Attributes"卷展栏

1.8　材质与贴图制作

教学目标

数字化学习资源："Physical Sky Attributes"卷展栏

熟练掌握软件中的材质属性的使用方法，理解贴图的要求。这部分内容将对接"1+X"证书中材质与贴图制作部分知识点，对于后期的案例呈现效果至关重要。

教学重点和难点

（1）熟练掌握材质属性的使用方法，理解贴图的要求。
（2）熟悉日常材质的属性，能够熟练使用制作常用材质的方法。

1.8.1　材质概述

Maya 为用户提供了功能强大的材质编辑系统，用于模拟自然中存在的各种各样的物体质感。材质可以为三维动画模型注入"生命"，使得场景充满活力，且渲染出来的作品仿佛原本就存在于真实世界之中一样。图 1-162 和图 1-163 所示为使用 Maya 渲染的场景。

图 1-162　渲染的场景 1

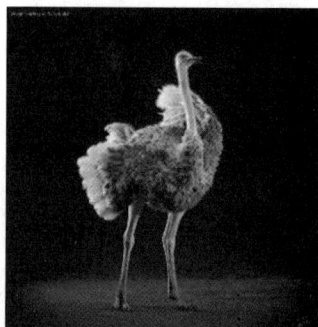

图 1-163　渲染的场景 2

在默认状态下，Maya 为场景中的所有 NURBS 模型和多边形模型都赋予了一个公用的材质，即 Lambert 材质。选择场景中的模型，在"属性编辑器"面板的"lambert1"选项卡中可以看到 lambert 材质的所有属性，如图 1-164 所示。如果更改了 lambert 材质的颜色属性，那么会对之后创建的所有模型产生影响。

Maya 为用户提供了多种指定材质的方法，用户可以选择自己习惯的方式来为模型指定材质。切换至"渲染"工具架，可以在这里找到一些较为常用的材质球，如图 1-165 所示。在场景中选择模型并单击某个材质球，即可为所选择的模型添加对应的材质。

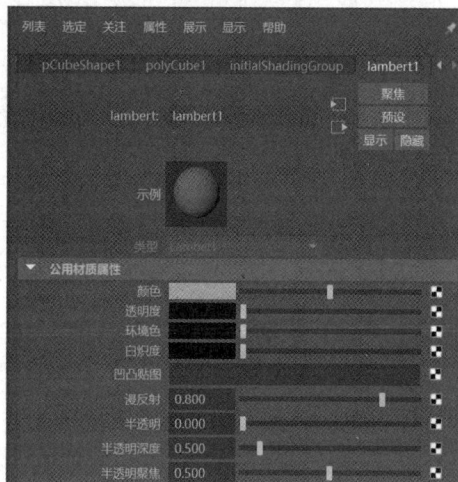

图 1-164　"lambert1"选项卡

图 1-165　常用的材质球

详见：常用材质球的数字化学习资源。

此外，用户还可以选择场景中的模型，按住鼠标右键并拖动鼠标至"指定新材质"命令上，松开鼠标右键，在弹出的快捷菜单中选择"指定新材质"命令，如图 1-166 所示。在弹出的"指定新材质"面板中为所选择的模型指定更多种类的材质，如图 1-167 所示。

数字化学习资源：
常用材质球

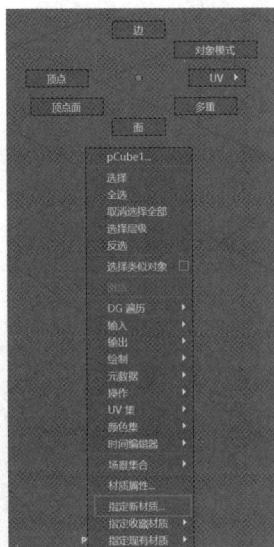

图 1-166　选择"指定新材质"命令

图 1-167　"指定新材质"面板

1.8.2　"Hypershade"窗口

　　Maya 为用户提供了一个用于管理场景中所有材质球的工作界面，即"Hypershade"窗口。如果用户对 3ds Max 有一些了解，那么可以把"Hypershade"窗口理解为 3ds Max 中的材质编辑器。执行"窗口"→"渲染编辑器"→"Hypershade"命令即可打开"Hypershade"窗口。"Hypershade"窗口由"浏览器"面板、"创建"面板、"材质查看器"面板、"存储箱"面板、工作区及"特性编辑器"面板组成，如图 1-168 所示。在项目的制作过程中，很少有人打开"Hypershade"窗口，这是因为物体的材质只需要在"属性编辑器"面板中进行调整即可。"Hypershade"窗口中的面板可以通过拖曳的方式单独提取出来。

图 1-168　"Hypershade"窗口

1．"浏览器"面板

"浏览器"面板如图 1-169 所示。

详见："浏览器"面板的数字化学习资源。

2．"创建"面板

"创建"面板主要用来查找材质节点，并在"Hypershade"窗口中进行材质创建。"创建"面板如图 1-170 所示。

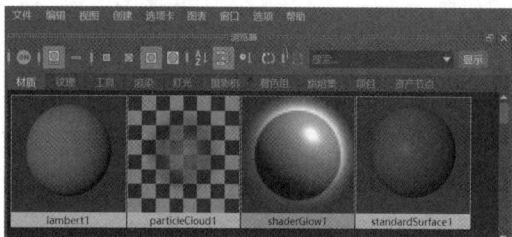

图 1-169 "浏览器"面板

图 1-170 "创建"面板

3．"材质查看器"面板

"材质查看器"面板中提供了多种形体，可以直观地预览材质效果，而不是仅以一个材质球的方式来显示材质效果。材质的形态使用了"硬件"和"Arnold"两种计算方式。图 1-171 和图 1-172 所示分别是使用这两种计算方式计算相同材质的显示效果。

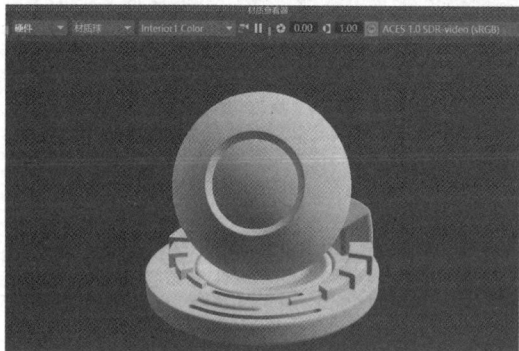

图 1-171 使用"硬件"计算方式的显示效果

图 1-172 使用"Arnold"计算方式的显示效果

"材质查看器"面板中的"材质样例"下拉列表中提供了多种选项，用于显示材质，如图 1-173 所示。使用"材质球""布料""茶壶""海洋""海洋飞溅""玻璃填充""玻璃飞溅""头发""球体""平面"这 10 个选项的显示效果分别如图 1-174～图 1-183 所示。

图 1-173 材质显示
方式

图 1-174 材质球

图 1-175 布料

图 1-176 茶壶

图 1-177 海洋

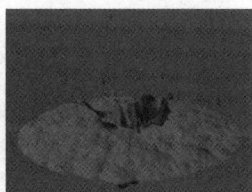

图 1-178 海洋飞溅

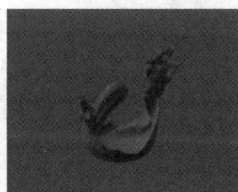

图 1-179 玻璃填充

图 1-180 玻璃飞溅

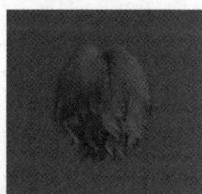

图 1-181 头发

图 1-182 球体

图 1-183 平面

4. 工作区

工作区主要用来显示和编辑材质节点，如图 1-184 所示。选择材质节点上的命令，可以在"特性编辑器"面板中显示相关参数。

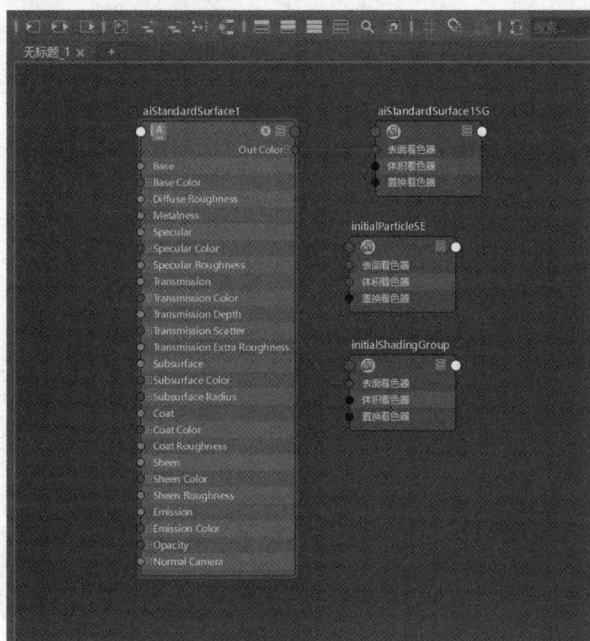

图 1-184 工作区

1.8.3 材质类型

标准曲面是 Maya 的材质类型之一。标准曲面材质的参数设置与 Arnold Renderer 提供的 aiStandardSurface 材质的参数设置几乎一模一样，它与 Arnold Renderer 兼容性良好。标准曲面材质是一种基于物理的着色器，能够生成多种材质。标准曲面材质包括漫反射层、适用于金属的具有复杂菲涅尔的镜面反射层、适用于玻璃的镜面反射透射层、适用于蒙皮的次表面散射层、适用于水和冰的薄散射层，以及次镜面反射涂层和灯光反射层。可以说，标准曲面材质和 aiStandardSurface 材质可以用来制作我们日常见到的大部分物体。

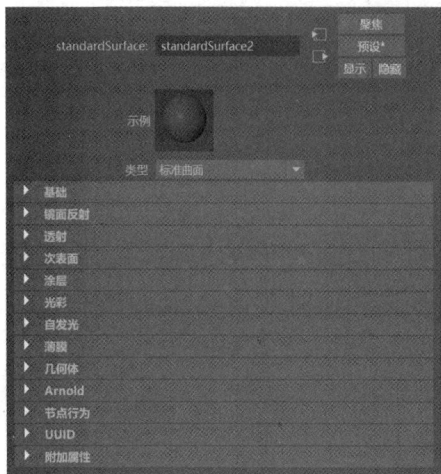

标准曲面材质的属性主要分布于"基础""镜面反射""透射""次表面""涂层""光彩""自发光""薄膜""几何体"等多个卷展栏内，如图 1-185 所示。

详见：标准曲面材质属性分布的数字化学习资源。

图 1-185　标准曲面材质的属性分布

数字化学习资源：标准曲面材质属性分布

1.8.4 纹理

使用纹理要比仅使用单一颜色能更加直观地表现出物体的真实质感，添加了纹理，可以使得物体的表面看起来更加细腻、逼真，配合材质的反射、折射、凹凸等属性，可以使得渲染出来的场景更加真实和自然。要想调试出效果真实的材质，离不开生活中的纹理。

Maya 的纹理主要分为"2D 纹理""3D 纹理""环境纹理"和"其他纹理"4 种，打开"Hypershade"窗口，在"创建"面板中可以看到这些类型的纹理，如图 1-186 所示。

1. "文件属性"卷展栏

"文件"纹理属于 2D 纹理。"2D 纹理"节点如图 1-187 所示。该纹理允许用户使用硬盘中的任意图像文件作为材质表面的纹理，是使用频率较高的纹理。"文件属性"卷展栏如图 1-188 所示。

图 1-186　不同类型的纹理

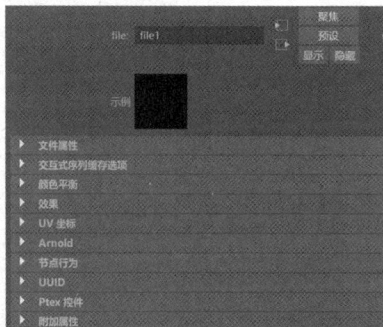

图 1-187　"2D 纹理"节点

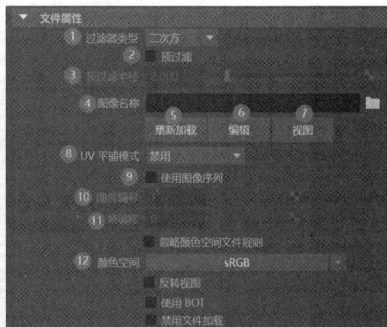

图 1-188　"文件属性"卷展栏

详见:"文件属性"卷展栏的数字化学习资源。

2．"Arnold"卷展栏

1）aiStandardSurface 材质

aiStandardSurface 材质是 Arnold Renderer 提供的标准曲面材质,功能强大。其属性与 Maya 2020 新增的标准曲面材质几乎一样,此处不再重复讲解。

Normal 贴图的作用是让物体表面产生凹凸效果,在贴图的前提下物体的法线必须是正确的。赋予物体一个 aiStandardSurface 材质,在"Geometry"卷展栏中,单击"Bump Mapping"文本框右侧的"棋盘格"图标,在"bump2d1"选项卡中,选择想要的贴图。

注意:

（1）设置"用作"为"切线空间法线"。

（2）取消勾选"Arnold"卷展栏中的"Flip R Channel"和"Flip G Channel"复选框。

（3）选好贴图后,在"file1"选项卡的"文件属性"卷展栏中,选择"过滤器类型"为"禁用","颜色空间"为"Raw"。

2）aiAmbientOcclusion 材质

aiAmbientOcclusion 材质主要用于物体暗部颜色的调整。"Ambient Occlusion Attributes"卷展栏的参数包括 Samples（采样）、Spread（分布）、Falloff（衰减）、Near Clip（近裁剪）、Far Clip（远裁剪）、White（白色）、Black（黑色）、Invert Normals（反转法线）、Self Only（仅限自身）、Trace Set（跟踪集）。aiAmbientOcclusion 材质的参数如图 1-189 所示。

3）aiStandardHair 材质

aiStandardHair 材质主要用于毛发的制作。aiStandardHair 材质的参数如图 1-190 所示。

4）aiMixShader 材质

aiMixShader 材质主要用于实现多种材质的混合渲染。aiMixShader 材质的参数如图 1-191 所示。

5）aiWireframe 材质

aiWireframe 材质主要用于使物体材质呈线框图形。aiWireframe 材质的参数如图 1-192 所示。

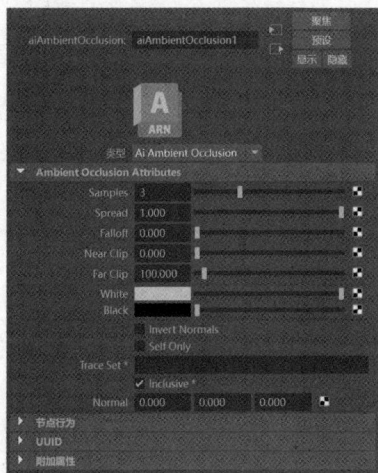

图 1-189　Ambient Occlusion Attributes 材质的参数　　　　图 1-190　aiStandardHair 材质的参数

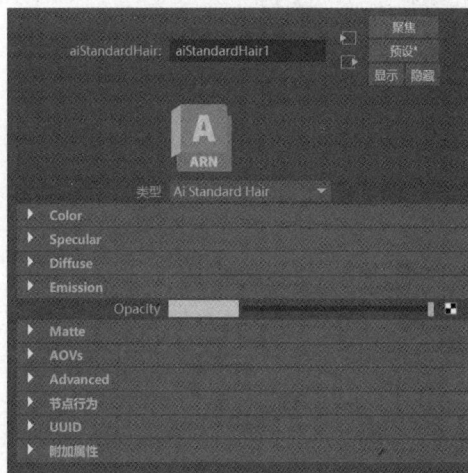

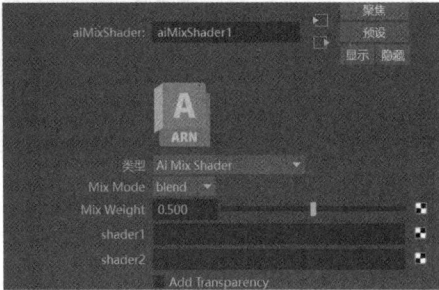

图 1-191　aiMixShader 材质的参数

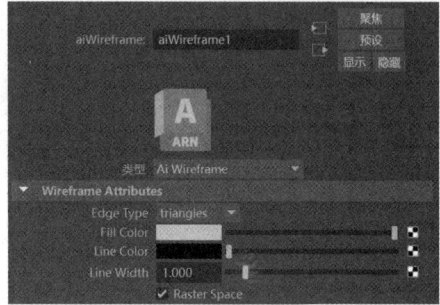

图 1-192　aiWireframe 材质的参数

6）aiTwoSided 材质

物体双面都可以给予材质。aiTwoSided 材质的参数如图 1-193 所示。

7）aiNoise 材质

aiNoise 材质主要用于增加物体的噪点。aiNoise 材质的参数如图 1-194 所示。

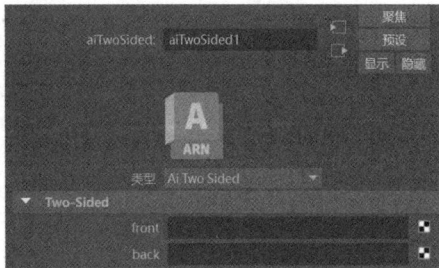

图 1-193　aiTwoSided 材质的参数

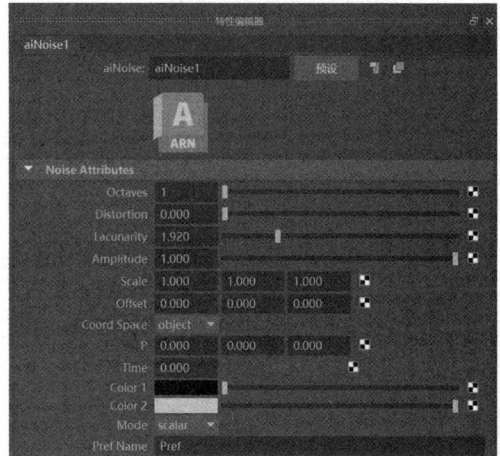

图 1-194　aiNoise 材质的参数

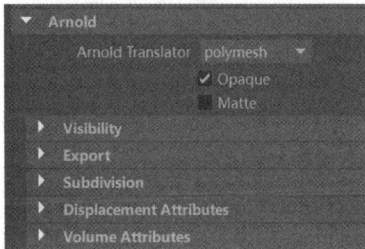

8）置换贴图

选择需要贴图的对象，在"属性编辑器"面板的"pCubeShapel"选项卡中，置换贴图的参数如图 1-195 所示。在"Subdivision"卷展栏中，将"Type"设置为"catclark"。其中的 Iterations（细分）选项，可以根据需求调节。将"UV smoothing"设置为"linear"，以保证 UV 贴图不变。在对物体的贴图需求更细致时，可以勾选"Enable Autobump"复选框。

图 1-195　置换贴图的参数

1.9　摄影机制作

教学目标

熟练掌握摄影机参数的使用方法，熟悉摄影机的类型。这部分内容将对接考取"1+X"证书中摄影机制作部分知识点，对于后期的案例呈现效果至关重要。

（1）熟练掌握摄影机参数的使用方法，理解制作摄影机的要求。

（2）熟悉摄影机的类型，熟练使用制作摄影机的方法。

1.9.1　摄影机概述

摄影机中包含的参数与现实生活中使用的摄影机的参数类似，如焦距、光圈、快门等。如果学生是一个摄影爱好者，那么学生在学习本章的内容时将会得心应手。Maya 提供了多种类型的摄影机以供用户使用，通过为场景设置摄影机，用户可以轻松地在三维动画软件中记录自己摆放好的镜头位置并设置动画。摄影机参数相对较少，但这并不意味着每个学习摄影机知识的人都可以轻松地掌握摄影机技术。学习摄影机技术就像拍照一样，最好额外学习一些有关画面构图的知识。使用摄影机拍摄的照片如图 1-196 所示。

图 1-196　使用摄影机拍摄的照片

随着科技的发展和社会的进步，无论是在外观、结构还是在功能上摄影机都发生了翻天覆地的变化。最初出现的摄影机的结构相对简单，仅包括暗箱、镜头和感光的材料，拍摄出来的画面效果并不尽如人意。而目前广泛流行的摄影机则具有精密的镜头、光圈、快门、测距、输片、对焦等，并融合了光学、机械、电子、化学等技术，可以随时随地完美记录人们的生活画面，将一瞬间的精彩永久保留。在学习 Maya 的摄影机技术之前，学生应该对真实摄影机的结构和相关术语进行一定的了解。任何一款摄影机的基本结构都是相似的，都包含镜头取景器、快门、光圈、机身等。

1.9.2　摄影机的类型

启动 Maya 后，在大纲视图中可以看到场景中已经有了 4 台摄影机。这 4 台摄影机图标的颜色呈灰色，说明这 4 台摄影机目前正处于隐藏状态，分别用来控制透视视图、顶视图、前视图和侧视图（左视图、右视图），如图 1-197 所示。此外，通过选择"创建"→"摄影机"命令，还可以看到 Maya 为用户提供的多种类型的摄影机，如图 1-198 所示。

图 1-197　大纲视图

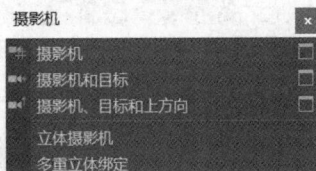

图 1-198　多种摄影机

实际上，在场景中进行各个视图的切换操作，就是通过各种视图命令完成的，如图 1-199 所示。可以通过按住空格键，在弹出的快捷菜单中选择"Maya"命令，按住鼠标右键并拖动鼠标至需要切换到的视图命令上，松开鼠标右键，进行各个视图的切换。如果将当前视图切换到后视图、左视图或仰视图，那么会在当前场景中新建一个对应的摄影机。

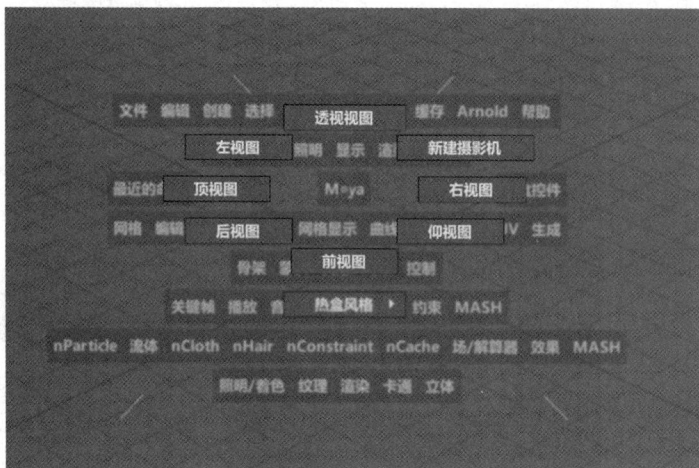

图 1-199　各个视图命令

1．摄影机

Maya 中的"摄影机"工具广泛用于静态及动态场景中，是使用频率非常高的工具。"摄影机"工具的应用如图 1-200 所示。

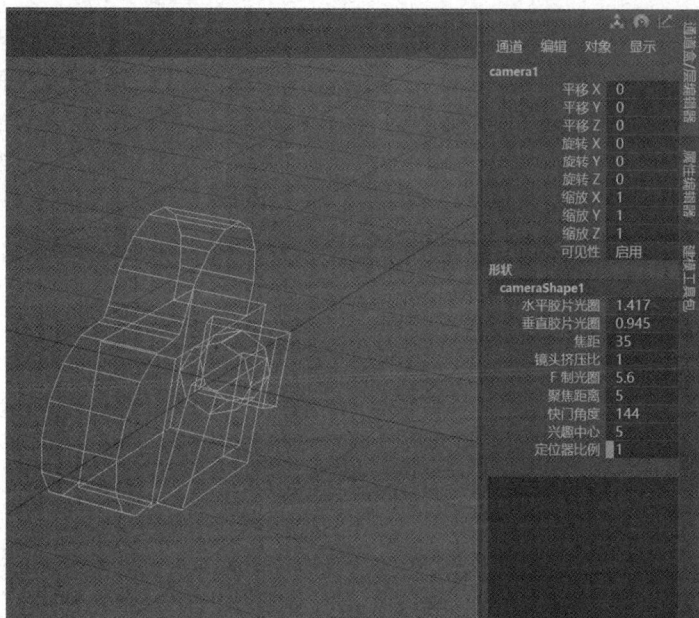

图 1-200　"摄影机"工具的应用

2．摄影机和目标

使用"摄影机和目标"工具创建的摄影机会生成一个目标点。"摄影机和目标"工具应用于需要一直追踪的对象上。"摄影机和目标"工具的应用如图 1-201 所示。

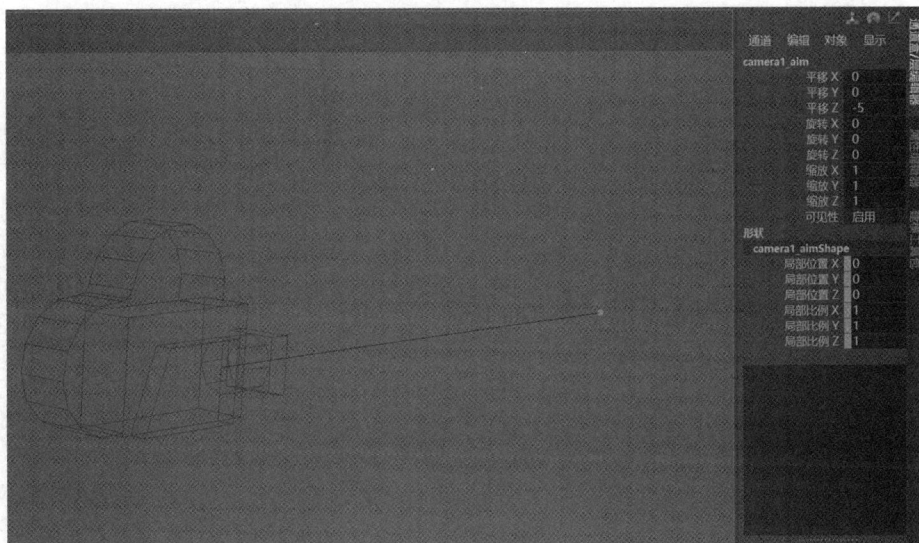

图 1-201　"摄影机和目标"工具的应用

3．摄影机、目标和上方向

使用"摄影机、目标和上方向"工具创建的摄影机带有两个目标点，一个目标点的位置在摄影机的前方，另一个目标点的位置在摄影机的上方，这样有助于适应更加复杂的动画场景。"摄影机、目标和上方向"工具的应用如图 1-202 所示。

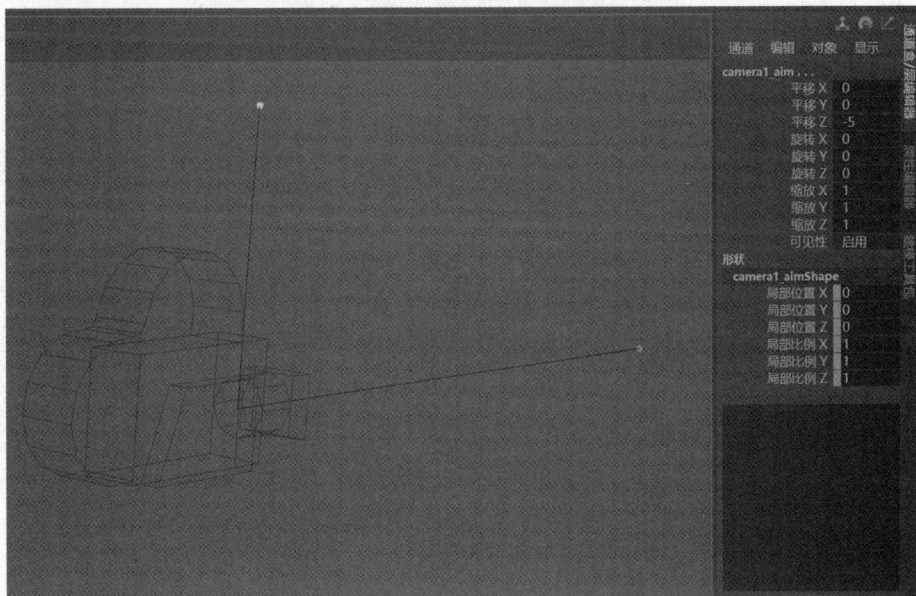

图 1-202　"摄影机、目标和上方向"工具的应用

4．立体摄影机

使用"立体摄影机"工具创建的摄影机为一个由 3 台摄影机间隔一定距离并排而成的摄影机组合。使用"立体摄影机"工具可以制作出具有三维景深的三维渲染效果。当渲染立体场景时，Maya 会考虑所有立体摄影机的参数，并进行计算，以生成可以被其他程序合成的立体图像或平行视角图像。"立体摄影机"工具的应用如图 1-203 所示。

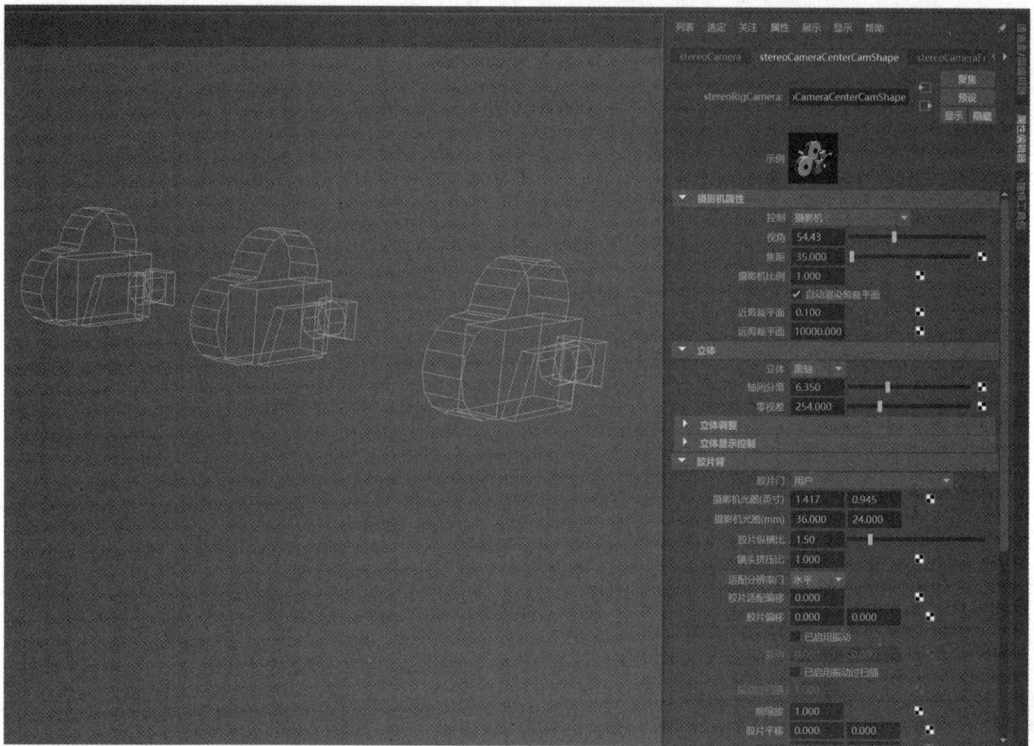

图 1-203 "立体摄影机"工具的应用

1.9.3 摄影机的参数

摄影机创建完成后，用户可以通过"属性编辑器"面板对场景中摄影机的参数进行调试，如控制摄影机的视角、制作景深效果或更改渲染画面的背景颜色等。这就需要在不同的卷展栏中对相应的参数重新进行设置。"cameraShape1"选项卡如图 1-204 所示。

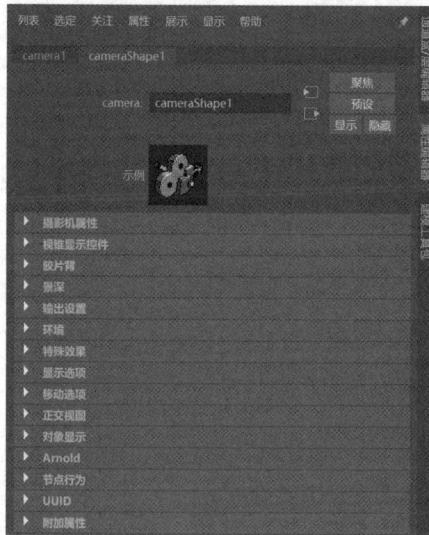

图 1-204 "cameraShape1"选项卡

详见：摄影机的参数的数字化学习资源。

数字化学习资源：
摄影机的参数

1.10　动画制作

教学目标

　　熟练掌握动画制作属性的使用方法，理解动画制作的要求，熟悉动画运动规律。这部分内容将对接"1+X"证书中动画制作部分知识点，对于后期的案例呈现效果至关重要。

教学重点和难点

　　（1）熟练掌握动画制作属性的使用方法，理解二足、四足、飞行动物动画制作的要求。

　　（2）熟悉动画制作的属性，能够熟练使用制作二足、四足动画的方法。

　　（3）熟悉动画运动规律，并掌握二足、四足动画运动规律。

1.10.1　动画概述

　　动画是一门集合漫画、电影、数字媒体等多种艺术形式的综合艺术，也是一门年轻的学科。它经过了多年的发展，迄今为止已经形成了较为完善的理论体系和多元化产业。它独特的艺术魅力深受人们的喜爱。在本书中，动画仅狭义地指使用 Maya 来设置对象的形变及运动记录过程。Maya 是 Autodesk 公司推出的三维动画软件，为广大设计师提供了功能丰富、强大的动画工具，用以制作优秀的动画作品。通过对 Maya 多种动画工具的组合使用，场景看起来会更加生动，角色看起来会更加真实。在 Maya 中给对象制作动画的工作流程与传统的制作木偶动画的流程相似。例如，在制作木偶动画时，不能在木偶的头部、身体部分和四肢部分分散的情况下开始动画的制作，在三维动画软件中也是如此。通常需要先将要制作动画的模型进行分组，并且设置好这些模型之间的相互影响关系，这一过程被称为绑定或装置，再进行动画的制作。遵从这一规律制作出来的三维动画，将会大大减少后期设置关键帧时消耗的时间，并且还有利于动画的修改及完善。Maya 内置了动力学技术模块，可以为场景中的对象进行逼真、细腻的动力学动画计算，从而为设计师节省大量的工作步骤及时间，以极大地提高所制作动画的精准度。有关动画设置方面的工具按钮，可以在"动画"工具架中找到，如图 1-205 所示。

图 1-205　"动画"工具架

　　详见："动画"工具架的数字化学习资源。

数字化学习资源：
"动画"工具架

1.10.2 蝴蝶飞舞动画案例

视频教程：蝴蝶曲线
飞行（有字幕）

教学目标

熟练掌握动画制作属性的使用方法，理解蝴蝶飞行的动画运动规律。这部分内容将对接"1+X"证书中动画制作部分知识点。

教学重点和难点

（1）熟练掌握 Maya 中动画制作流程。

（2）理解蝴蝶飞行的动画运动规律，掌握飞行动物的动画运动规律。

下面介绍一个蝴蝶飞舞动画案例，力求通过简单的操作让学生熟悉如何在 Maya 中为对象设置动画关键帧。最终动画效果如图 1-206 所示。

图 1-206　最终动画效果

（1）给定的蝴蝶图片如图 1-207 所示。

图 1-207　给定的蝴蝶图片

（2）打开 Photoshop 并将蝴蝶图片拖入，如图 1-208 所示。

（3）使用"选区"工具，选择蝴蝶图片的一半并按快捷键 Ctrl+C 进行复制，新建一个 2048px×2048px 的文件并打开，按快捷键 Ctrl+V 将复制出的图片粘贴进去，如图 1-209 所示。

图 1-208　拖入蝴蝶图片

图 1-209　粘贴图片

（4）将图片边缘与画布边缘对齐，并按快捷键 Ctrl+T，将图片放大到 1223px×2000px，如图 1-210 所示。

图 1-210　放大图片

（5）使用"裁减"工具，将图层的宽度裁剪为 1300px，并取消勾选右侧"图层"面板中"背景"左侧的复选框，如图 1-211 所示。

图 1-211　裁剪

（6）将图片导出为 PNG 格式，如图 1-212 所示。

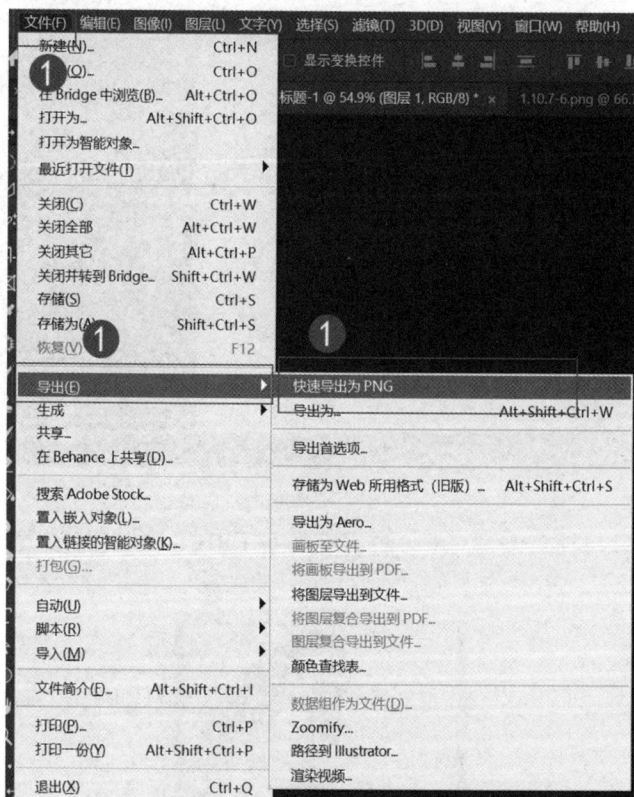

图 1-212　将图片导出为 PNG 格式

（7）打开 Maya，创建一个"高度"为"2"，"宽度"为"2"，"细分宽度"为"1"，"高度细分数"为"2"的多边形平面模型，如图 1-213 所示。

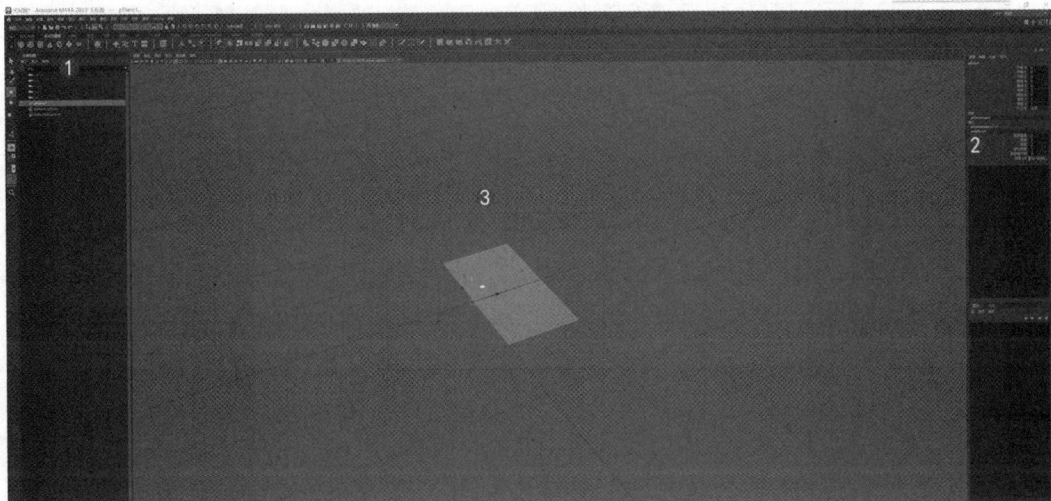

图 1-213　创建多边形平面模型

（8）选择多边形平面模型，按住鼠标右键并拖动鼠标至"指定新材质"命令上，松开鼠标右键，如图 1-214 所示。

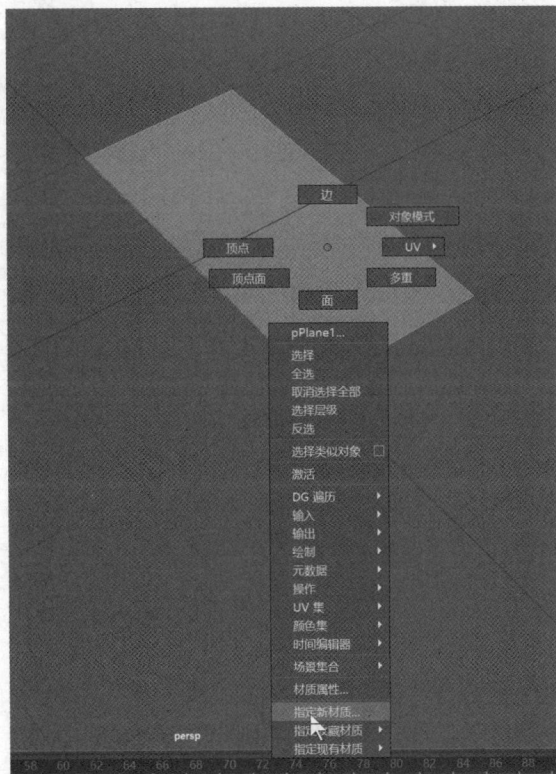

图 1-214　"指定新材质"命令

（9）选择"标准曲面"选项，在"standardSurface2"选项卡中，单击"颜色"选项右侧的"棋盘格"图标，如图 1-215 所示。

（10）选择"文件"选项，单击"图像名称"文本框右侧的"文件夹"图标，选择素材图片，如图 1-216 所示。

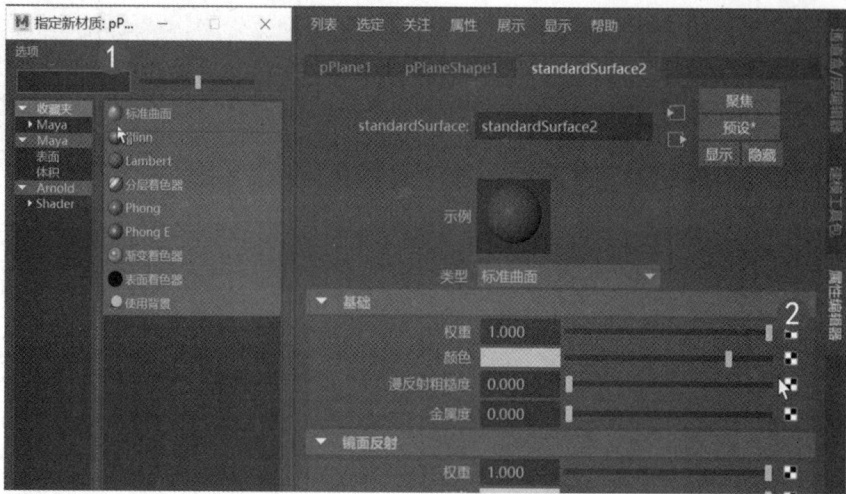

图 1-215　单击"棋盘格"图标

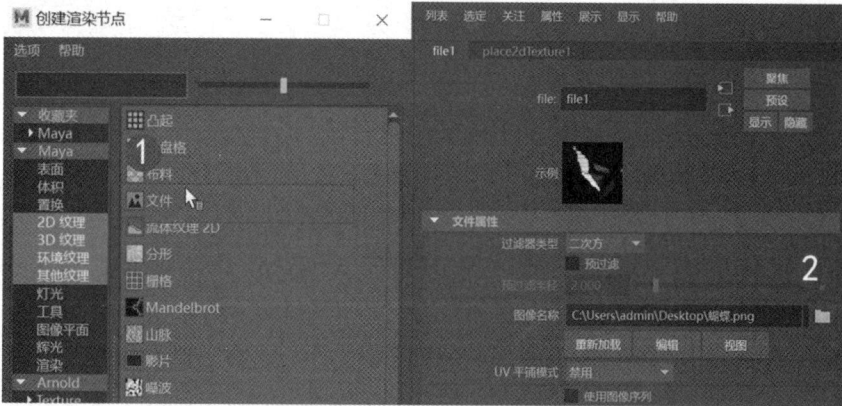

图 1-216　选择素材图片 1

（11）选择"UV"→"平面"命令，如图 1-217 所示。

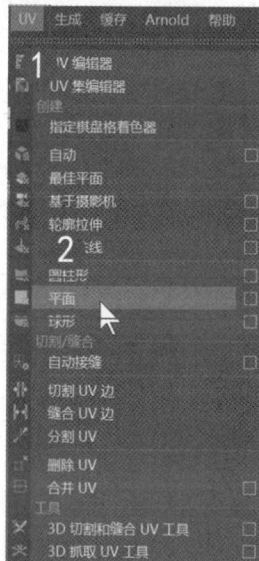

图 1-217　选择"平面"命令

（12）单击"带纹理"按钮，在"旋转"右侧的第一个文本框中输入"90.000"，第二个文本框中输入"-90.000"，并设置"投影高度"为"2.000"，如图 1-218 所示。

图 1-218　设置投影属性

（13）返回 Photoshop，使用"魔棒"工具设置图片以外的空白区域，右击空白区域，在弹出的快捷菜单中选择"选择反向"命令，选择图片并右击，在弹出的快捷菜单中选择"储存选区"命令，单击"确定"按钮，如图 1-219 所示。

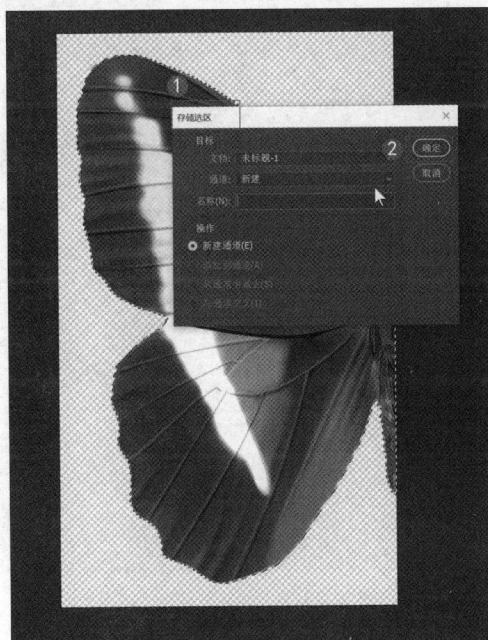

图 1-219　存储选区

（14）选择"通道"面板中的"Alpha1"选项，并单击白色区域，复制白色区域，新建图层，使用"油漆桶"工具将新图层填充为黑色，将白色区域粘贴到新图层上，如图 1-220 所示。

（15）将 Alpha 贴图导出，在"standardSurface2"选项卡的"几何体"卷展栏中单击"不透明度"选项右侧的"棋盘格"图标，设置不透明度，如图 1-221 所示。

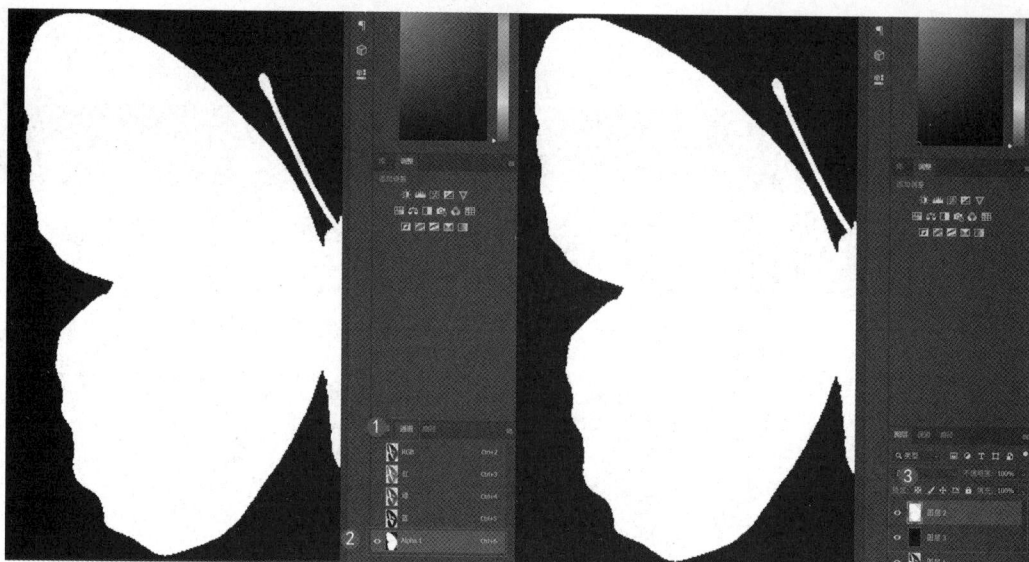

图 1-220　将白色区域粘贴到新图层上

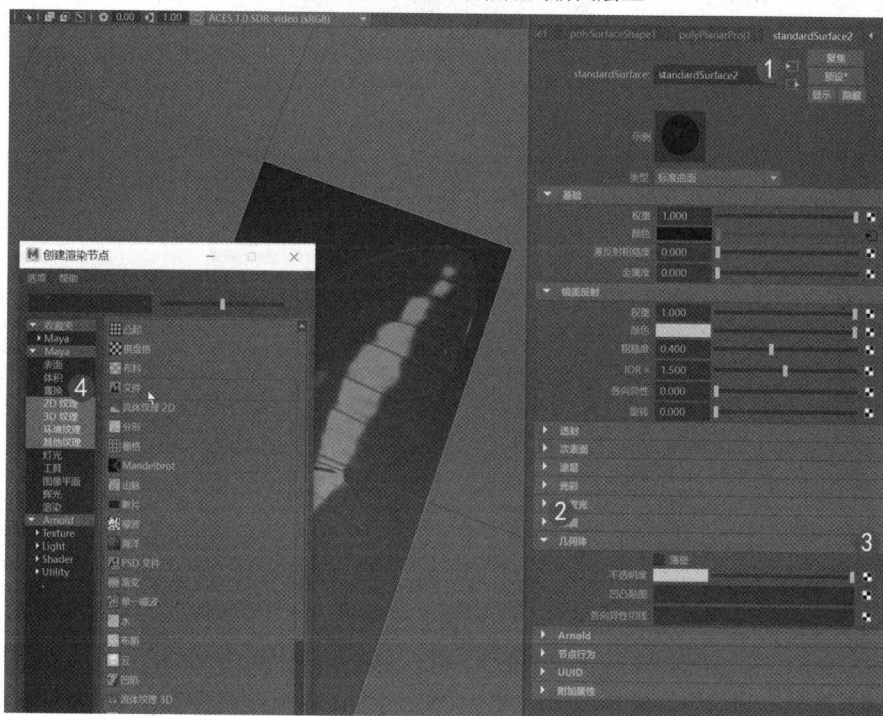

图 1-221　设置不透明度

（16）选择"文件"选项，单击"图像名称"文本框右侧的"文件夹"图标，选择素材图片，如图 1-222 所示。

（17）选择多边形平面模型，按 W 键，并按住 Shift 键移动多边形平面模型，复制出一个新多边形平面模型，将新多边形平面模型的"缩放 Z"改为"-1"，按 V 键，将新多边形平面模型吸附到原多边形平面模型上，如图 1-223 所示。

（18）将其中一个多边形平面模型的"旋转 X"改为"20"，另一个多边形平面模型的"旋转 X"改为"-20"，选中两个多边形平面模型，按 S 键进行打关键帧，如图 1-224 所示。

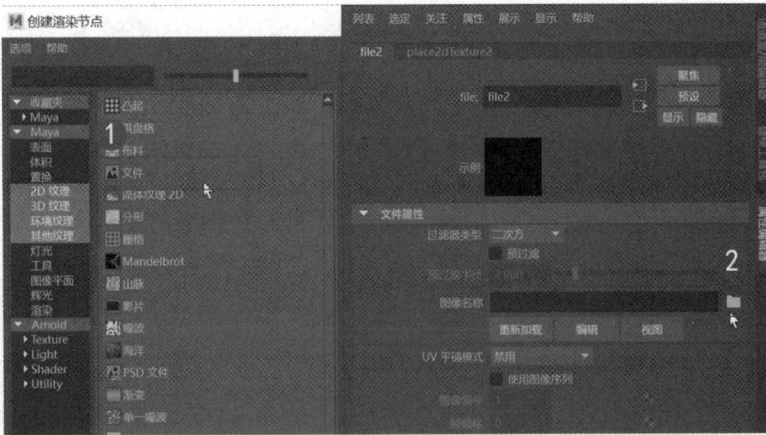

图 1-222　选择素材图片 2

图 1-223　将新多边形平面模型吸附到原多边形平面模型上

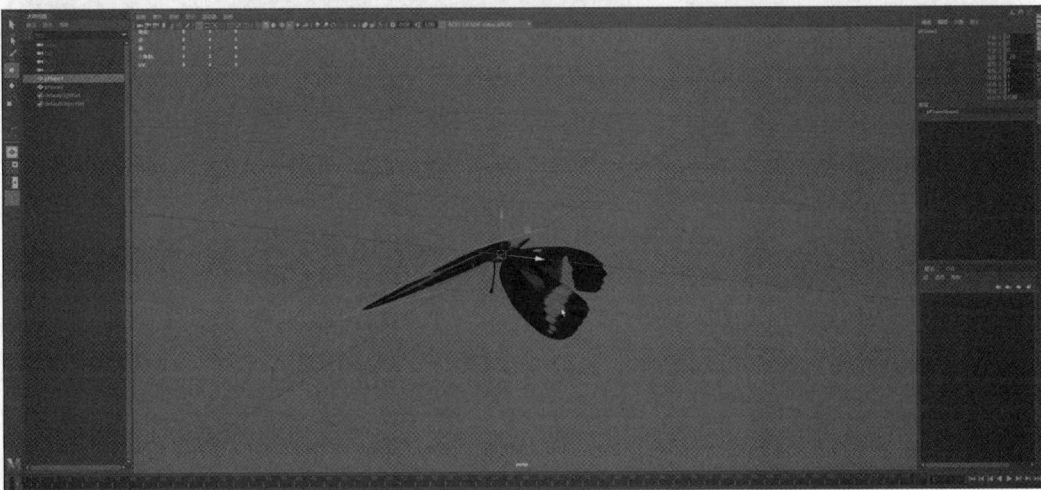

图 1-224　进行打关键帧 1

（19）单击时间轴上的第 10 帧，将右侧多边形平面模型的"旋转 X"改为"-80"，左侧多边形平面模型的"旋转 X"改为"80"，选中两个多边形平面模型，按 S 键进行打关键帧，如图 1-225 所示。

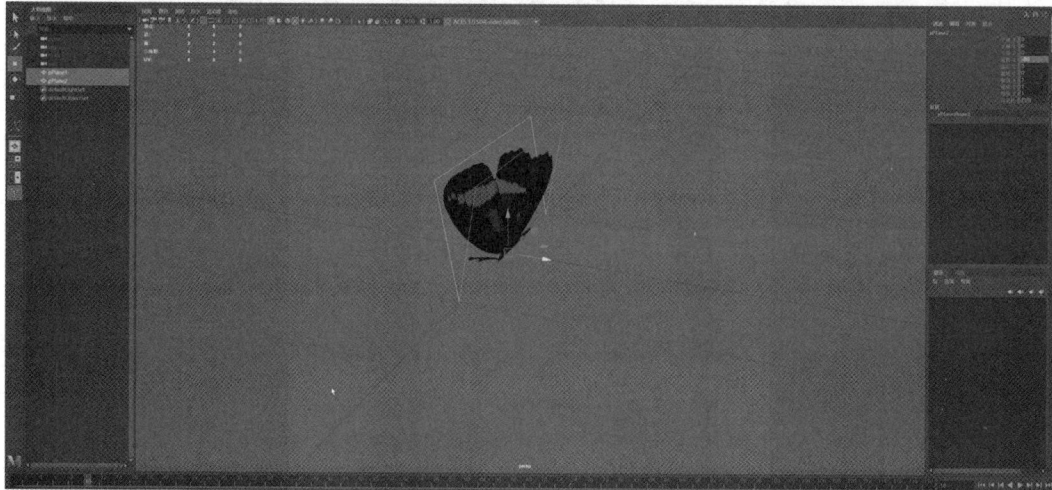

图 1-225　进行打关键帧 2

（20）选择"窗口"→"动画编辑器"→"曲线图编辑器"命令，如图 1-226 所示。

（21）选择"曲线"→"后方无限"→"往返"命令，如图 1-227 所示。

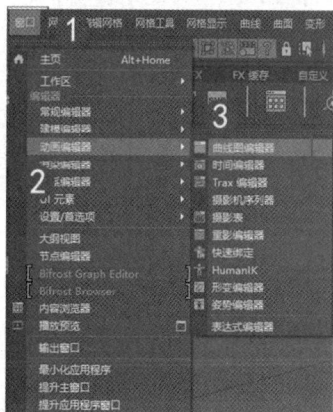

图 1-226　选择"曲线图编辑器"命令

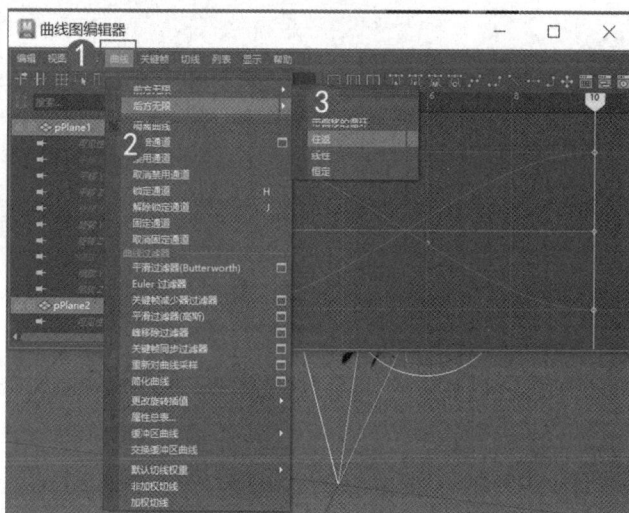

图 1-227　选择"往返"命令

（22）选中两个多边形平面模型，按快捷键 Ctrl+G 进行打组，按住空格键，在弹出的快捷菜单中，选择"Maya"命令，按住鼠标右键并拖动鼠标至"前视图"命令上，松开鼠标右键，如图 1-228 所示。

（23）在前视图中选择"创建"→"曲线工具"→"EP 曲线工具"命令，如图 1-229 所示。

（24）按住鼠标左键并拖动鼠标，创建一条弧形的曲线，如图 1-230 所示。

（25）右击曲线，在弹出的快捷菜单中选择"控制顶点"命令，在透视视图中，设置曲线的最高点和最低点朝不同方向移动，如图 1-231 所示。

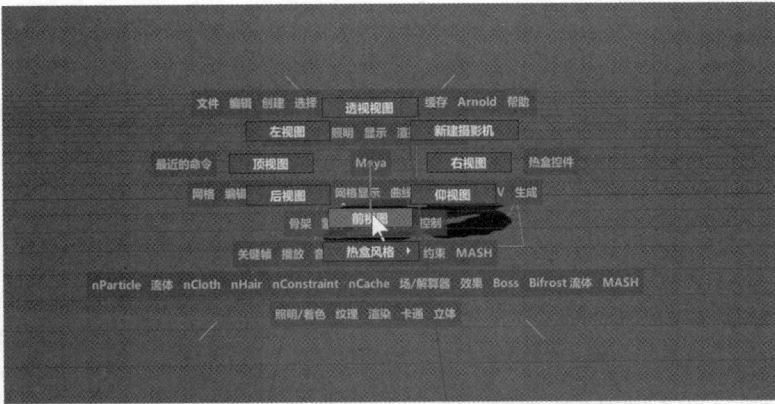

图 1-228　拖动鼠标至"前视图"命令上

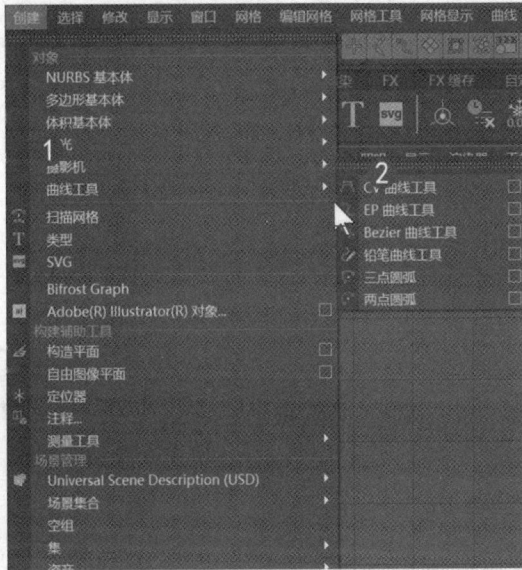

图 1-229　选择"EP 曲线工具"命令

图 1-230　创建曲线

图 1-231　曲线的最高点和最低点朝不同方向移动

（26）选中两个多边形平面模型，同时选择曲线，选择"动画"工具架，单击"约束"→"运动路径"→"连接到运动路径"右侧的方块按钮，如图 1-232 所示。

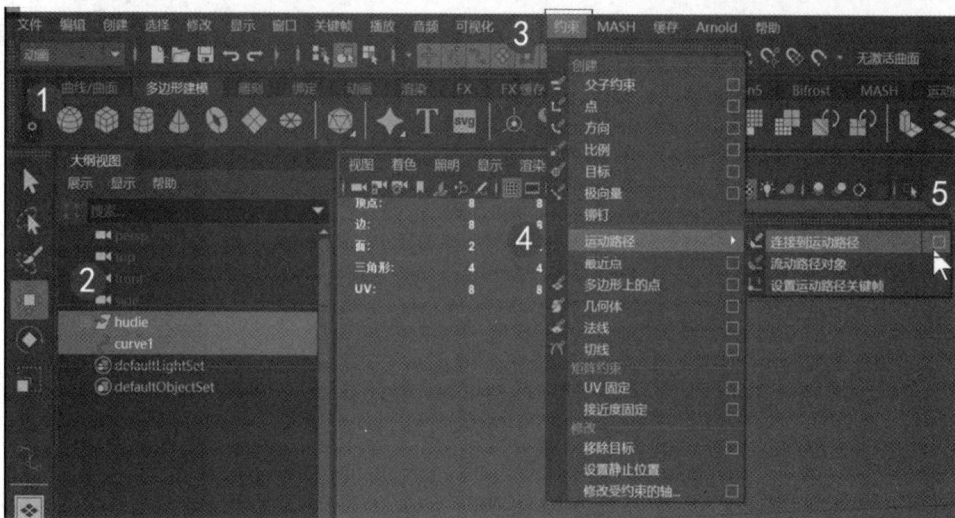

图 1-232　单击方块按钮

（27）在"连接到运动路径选项"窗口中，勾选"反转前方向"复选框，并单击"应用"按钮，如图 1-233 所示。

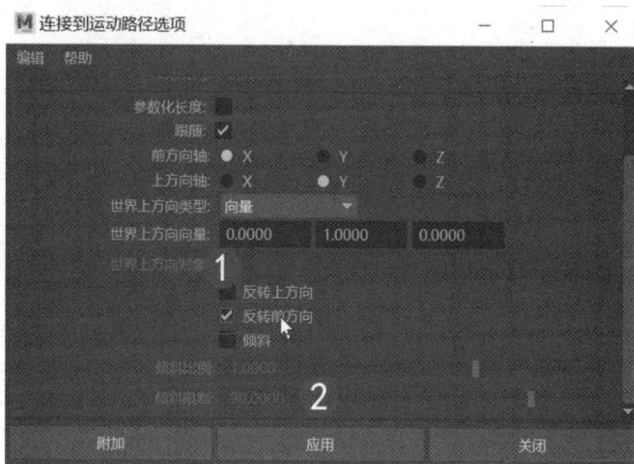

图 1-233　"连接到运动路径选项"窗口

（28）至此，蝴蝶曲线飞舞动画制作完成，渲染输出该动画效果即可。

1.11　渲染输出设置

教学目标

熟练掌握 Maya 中常用渲染器的命令设置，以及 Arnold Renderer 的设置。这部分内容将对接考取"1+X"证书的渲染输出设置部分知识点，对于后期的案例呈现效果至关重要。

（1）熟练掌握 Maya 中常用渲染器的命令设置。

（2）熟练掌握 Arnold Renderer 的设置。

1.11.1　选择渲染器

渲染器可以简单理解为三维动画软件进行最终图像计算的方法，Maya 本身提供了多种渲染器。单击"渲染设置"按钮，即可打开"渲染设置"面板，从中可以查看当前场景文件使用的渲染器名称，如图 1-234 所示。

通过在"渲染设置"面板中选择"使用以下渲染器渲染"下拉列表中的选项，可以完成切换渲染器的操作，如图 1-235 所示。

图 1-234　"渲染设置"面板　　　　　图 1-235　"使用以下渲染器渲染"下拉列表

1.11.2　"渲染视图"窗口

单击"渲染视图"按钮，即可打开"渲染视图"窗口，如图 1-236 所示。"渲染视图"窗口中的工具主要集中在工具栏中，如图 1-237 所示。

详见："渲染视图"窗口的工具栏的数字化学习资源。

数字化学习资源：
"渲染视图"窗口
的工具栏

图 1-236　"渲染视图"窗口

图 1-237　工具栏

1.11.3 Arnold Renderer

Arnold Renderer 是由 Solid Angle 公司开发的一款基于物理定律的高级跨平台渲染器，可以安装在 Maya、3ds Max 等多款三维动画软件中，备受众多动画及影视制作公司的喜爱。Arnold Renderer 使用先进的算法，可以高效地利用计算机的硬件资源。其简洁的命令设计架构极大地简化了着色和照明设置的步骤，使渲染出来的图像更加真实、可信。

图 1-238 "Sampling"卷展栏

Arnold Renderer 是一种基于高度优化设计的光线跟踪引擎，不提供会出现渲染瑕疵的缓存算法，如光子贴图、最终聚集等。使用 Arnold Renderer 提供的专业材质和灯光系统渲染图像会使最终结果具有更强的可预测性，从而大大节省设计师后期处理图像的步骤，缩短项目制作消耗的时间。

在使用 Arnold Renderer 进行渲染计算时，会收集材质及灯光等信息，并跟踪大量的光线传输路径，这一过程就是"采样"。简单来说，采样设置主要用来控制渲染图像的采样质量。提高采样率会有效减少渲染图像中的噪点，增加渲染时间。"Sampling"卷展栏如图 1-238 所示。

详见："Sampling"卷展栏的数字化学习资源。

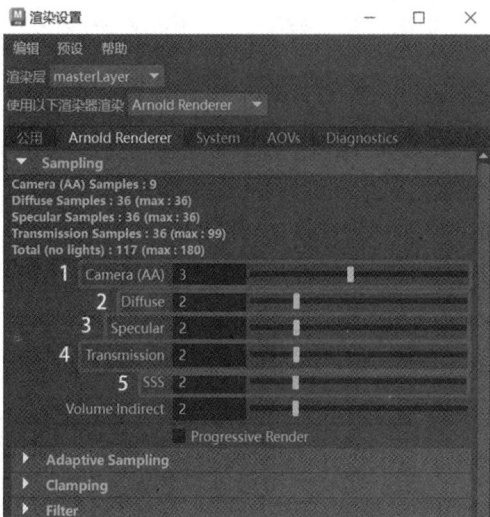

1.11.4 "Ray Depth"卷展栏

"Ray Depth"卷展栏如图 1-239 所示。

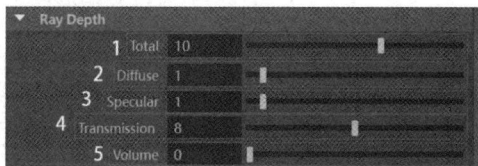

图 1-239 "Ray Depth"卷展栏

详见："Ray Depth"卷展栏的数字化学习资源。

数字化学习资源：

"Sampling"卷展栏

"Ray Depth"卷展栏

1.12 ZBrush 基础

教学目标

熟练掌握软件中常用的绘制技能，理解 BPR 制作流程，熟练掌握高模的制作能力。这部分内容将对接考取"1+X"证书的部分知识点。

教学重点和难点

（1）熟练掌握 ZBrush 中的命令，能够绘制模型高模。

（2）熟练掌握动画精模制作要求和模型雕刻技巧。

详见：ZBrush 基础的数字化学习资源。

数字化学习资源：

ZBrush 基础

Substance Painter 基础

1.13 Substance Painter 基础

教学目标

熟练掌握 Substance Painter 的命令，理解 Substance Painter 中各种材质的设置要求，掌握多种材质制作的能力。这部分内容将对接考取"1+X"证书的部分知识点，对于后期的案例呈现效果至关重要。

教学重点和难点

（1）熟练掌握 Substance Painter 的命令，理解 Substance Painter 中各种材质的设置要求。

（2）熟练掌握常用材质类型，提升绘画基础能力。

详见：Substance Painter 基础的数字化学习资源。

视频教程：

课程思政案例：制作剑模型

BPR 流程剑
模型制作案例
（剑——低模制作 1）

BPR 流程剑
模型制作案例
（ZB 高模制作 2）

BPR 流程剑
模型制作案例
（剑——SP 材质制作 3）

教学目标

熟练掌握如何使用 ZBrush 制作剑的高模，刻画剑模型的细节，使得剑模型的特征更加逼真，熟练掌握 BPR 流程。这部分内容将对接考取"1+X"证书的部分知识点。

教学重点和难点

（1）熟练掌握如何使用 ZBrush 制作剑的高模，刻画剑模型的细节。

（2）熟练掌握 BPR 流程。

剑，古代兵器之一，属于"短兵"。素有"百兵之君"的美称。古代的剑由金属制成，为长条形，前端尖，后端安有短柄，两侧有刃。现在作为击剑运动用的剑，剑身为细长的钢条，顶端为一个小球体，无刃。

　　剑，早期是匕首式短剑，剑和刀一类，区别只在于单刃和双刃。剑又称"轻吕""径路""长铗"。春秋末年，开始流行长剑。质地精良的宝剑大多出自南方，主要出自吴、越（闽越）、楚、巴蜀。长剑出，短剑也不废。剑的历史是源远流长的。

　　详见：制作剑模型的数字化学习资源。

数字化学习资源：
制作剑模型

知识与技能小结

　　通过本项目的学习，学生不仅能够掌握 Maya 中的模型制作、UV 贴图制作、材质与贴图制作、灯光制作、摄影机制作、动画制作，以及最后的渲染器渲染输出设置，而且能够掌握 ZBrush 和 Substance Painter 实操技能。在案例中添加课程思政元素，学生可以了解中华文明，树立良好的价值观。此外，本项目中的案例还结合了考取"1+X"证书的部分知识点，学生通过学习，可以提高考取"1+X"证书的通过率。

拓展任务

　　（1）NURBS 模型制作：参考下图完成建模任务。

　　（2）多边形模型制作：参考下图完成建模任务。

　　（3）贴图制作：参考下图完成贴图任务，要求合理分配模型的 UV 贴图。

（4）动画制作：参考下图完成鱼游动动画效果的制作任务。

（5）ZBrush 高模制作：参考下图使用 ZBrush 完成斧头高模的制作任务。

（6）Substance Painter 贴图制作：参考下图完成贴图任务。

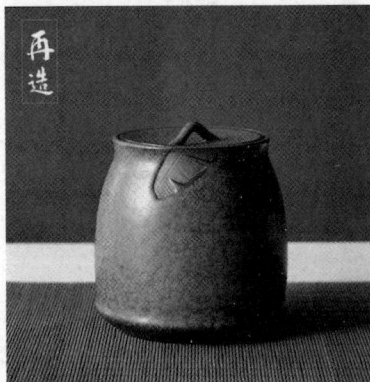

项目 2　三维动画模型篇

本项目将介绍使用多边形的"顶点""边""面"工具制作三维动画模型。本项目内容包括卡通动画场景模型制作、影视动画场景模型制作、卡通动画（盲盒）角色模型制作、影视动画（盲盒）角色模型制作。多边形建模操作相对简单，初学者很容易掌握。Maya 提供了大量的"可编辑多边形"工具，学生使用这些工具能够轻松地完成模型的制作。

【能力要求】

（1）掌握使用 Maya 制作工具建模的方法（"1+X"证书）。

（2）掌握使用"可编辑多边形"工具制作卡通动画场景模型的方法（"1+X"证书）。

（3）掌握使用"可编辑多边形"工具制作卡通动画（盲盒）角色模型的方法（"1+X"证书）。

（4）掌握使用 BPR 流程制作影视动画（盲盒）角色模型的方法（"1+X"证书）。

（5）掌握使用"可编辑多边形"工具制作影视动画场景模型的方法。

【学习导览】

本项目思维导图如下。

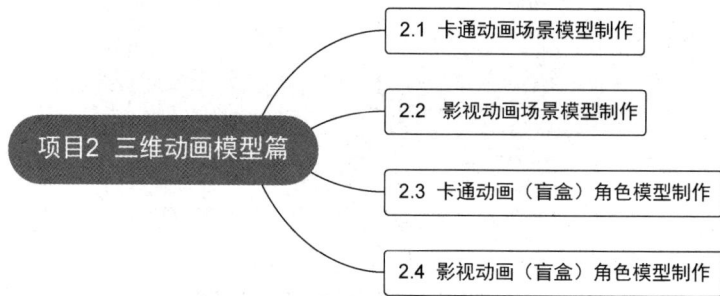

```
                                   ┌─ 2.1  卡通动画场景模型制作

                                   ├─ 2.2  影视动画场景模型制作
   项目2  三维动画模型篇
                                   ├─ 2.3  卡通动画（盲盒）角色模型制作

                                   └─ 2.4  影视动画（盲盒）角色模型制作
```

2.1　卡通动画场景模型制作（活动页 1 项目）

教学目标

了解卡通动画场景模型制作的要求，掌握使用"可编辑多边形"工具制作卡通动画场景模型的方法，分析卡通动画场景模型制作的特点。这部分内容将对接考取"1+X"证书的三维动画模型制作部分知识点。

教学重点和难点

（1）熟知虎门销烟是中国人民禁烟斗争的伟大胜利，显示了中华民族反对外国侵略的坚强意志。

（2）了解卡通动画场景模型制作的方法及流程。

（3）熟练掌握使用"可编辑多边形"工具制作卡通场景模型的方法。

思政故事背景

虎门销烟（1839 年 6 月）指中国清朝政府委任钦差大臣林则徐在广东省东莞市虎门镇集中销毁鸦片的历史事件。此次事件后来成为第一次鸦片战争的导火线，《南京条约》也是发生此次事件时签订的。

视频教程：卡通动画场景模型场景建模 1

虎门销烟卡通动画场景模型制作案例

本案例制作的是虎门销烟卡通动画场景模型，其中包括木箱、铁锹、箩筐、炮车（包含炸弹）、武器（枪）等模型的制作。效果展示如图 2-1 所示。

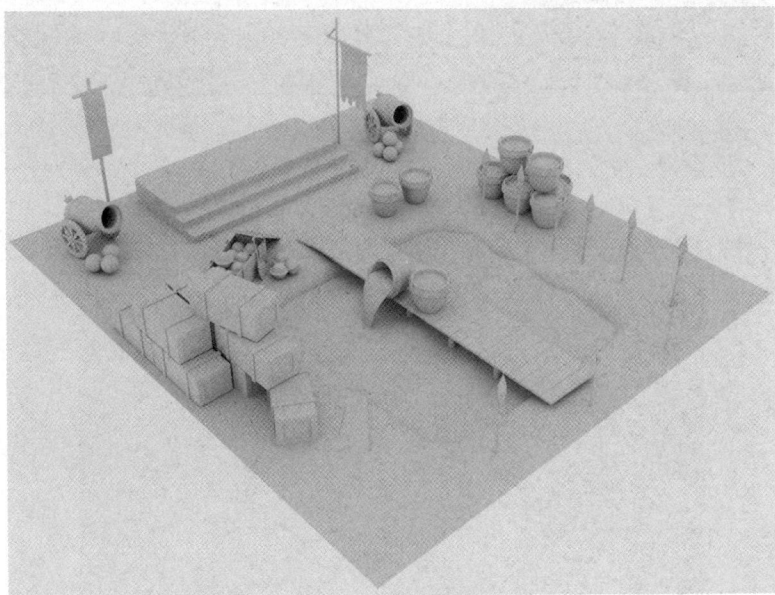

图 2-1　效果展示

2.1.1　木箱模型制作

（1）新建场景，先创建一个多边形立方体模型，再在"通道盒/层编辑器"面板中设置"缩放 X"为"1.5"，"缩放 Y"为"0.3"，"缩放 Z"为"11"，这样就得到了一个如图 2-2 所示的木板模型。

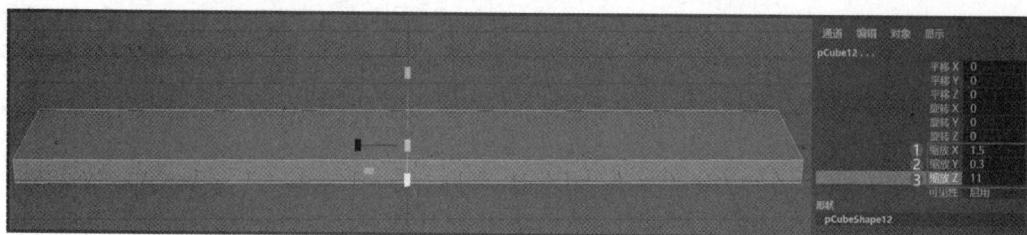

图 2-2　制作木板模型

（2）选择木板模型并右击，在弹出的快捷菜单中选择"多切割"命令，对木板模型边缘卡线，如图 2-3 所示。

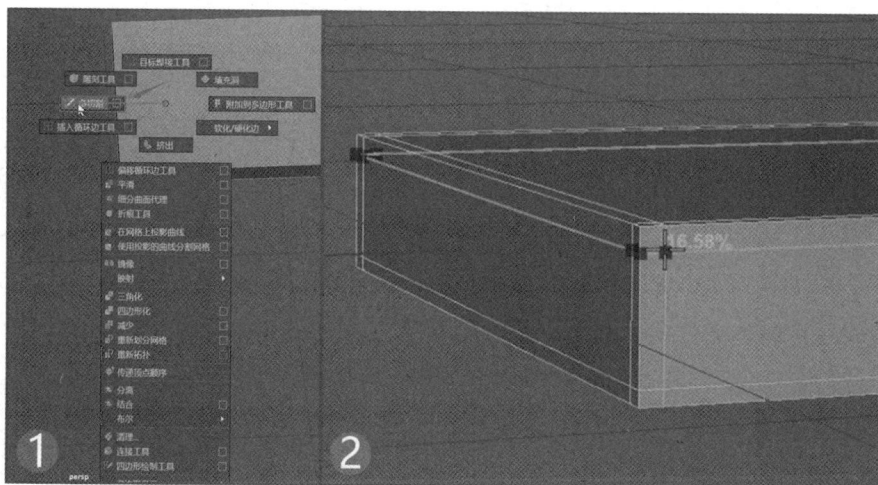

图 2-3　边缘卡线

（3）选择木板模型，按住 Shift 键的同时拖曳木板模型，拼装出木箱模型的上、下两层，如图 2-4 所示。

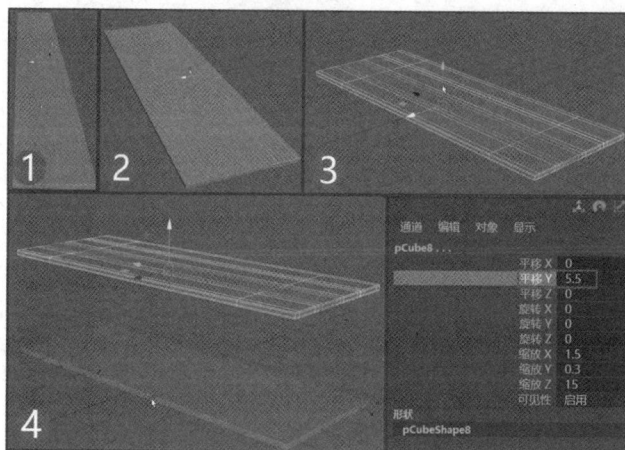

图 2-4　制作木箱模型的上、下两层

（4）复制和旋转木板模型，制作出木箱模型的前、后两层，如图 2-5 所示。

（5）选择其中一个木板模型并按住 Shift 键，先旋转再缩放，通过调节顶点，确定木板模型的大小后复制出 4 个木板模型。对复制出的木板模型整体进行缩放，使其与木箱模型契合，全选复制出的木板模型并按住 Shift 键，复制出另外一边的木板模型，如图 2-6 所示。

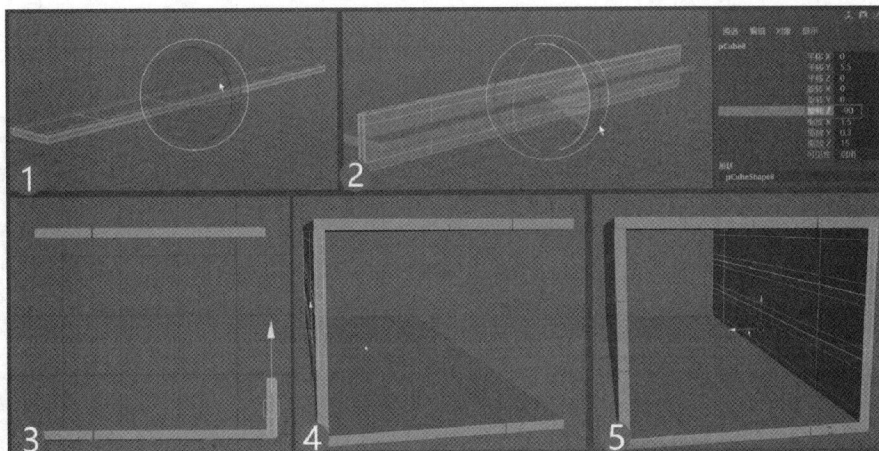

图 2-5　制作木箱模型的前、后两层

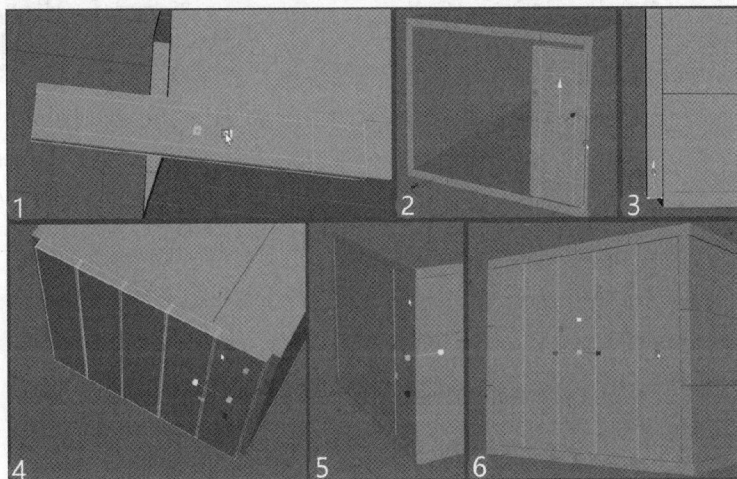

图 2-6　制作木箱模型的剩余部分

（6）下面制作木箱模型的外形，如图 2-7 所示。

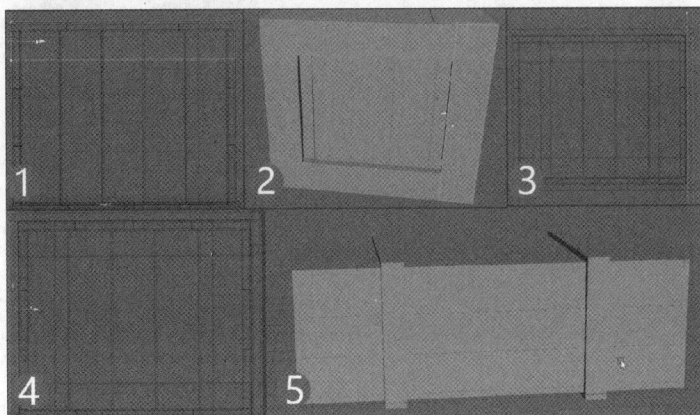

图 2-7　制作木箱模型的外形

（7）新建场景，先创建一个多边形平面模型，再在"通道盒/层编辑器"面板中设置"细分宽度"和"高度细分数"均为"1"，将多边形平面模型移动至图 2-8 左上方框选的位置。下面制作打开的木箱模型，首先复制一个上面制作完成的木箱模型，再选择拆开的木板模型，按住 Shift 键的同时右击，在弹出的快捷菜单中选择"结合"命令，将二者合并在一起，拖动合并后的模型到合适的位置。

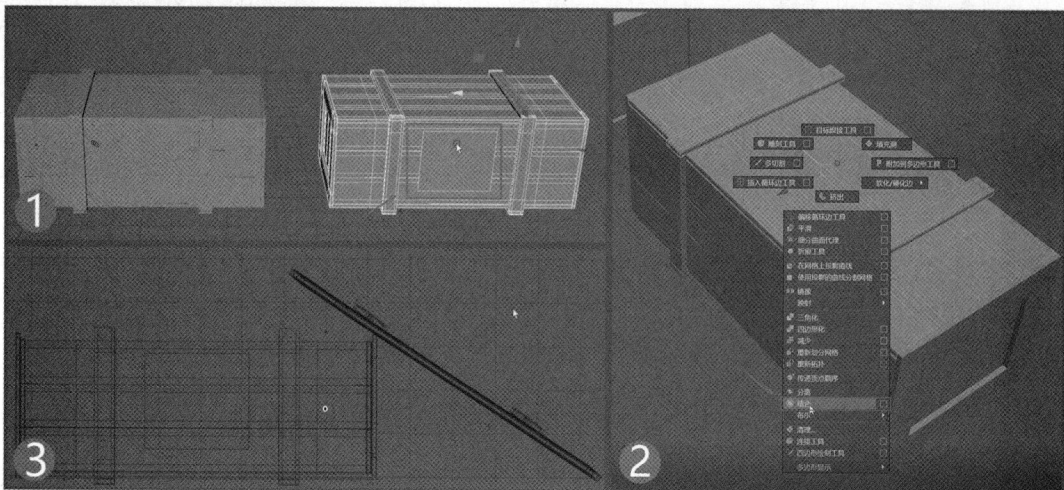

图 2-8　制作打开的木箱

2.1.2　铁锹模型制作

（1）新建场景，先创建一个多边形立方体模型，再在"通道盒/层编辑器"面板中设置"缩放 X"为"5"，"缩放 Y"为"5"，"缩放 Z"为"1"，"细分宽度"为"2"，"高度细分数"为"2"，这样就得到了一个如图 2-9 所示的四边形模型。

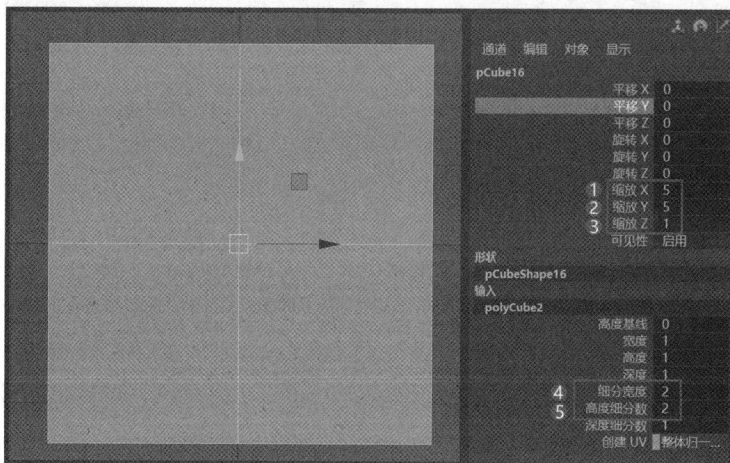

图 2-9　制作四边形模型

（2）选择四边形模型，按住 Shift 键的同时右击，在弹出的快捷菜单中选择"顶点"命令，调整厚度和弯曲度，如图 2-10 所示。

（3）使用"多切割"命令添加一条循环边，开启对称功能，选择"世界 X"选项。使用"多切割"命令制作出铁锹模型接缝处。选择面，按住 Shift 键的同时右击，在弹出的快捷菜单中选择"复制面"命令。全选复制的面，单击"挤出"按钮，设置"厚度"为"0.1"，如图 2-11 所示。

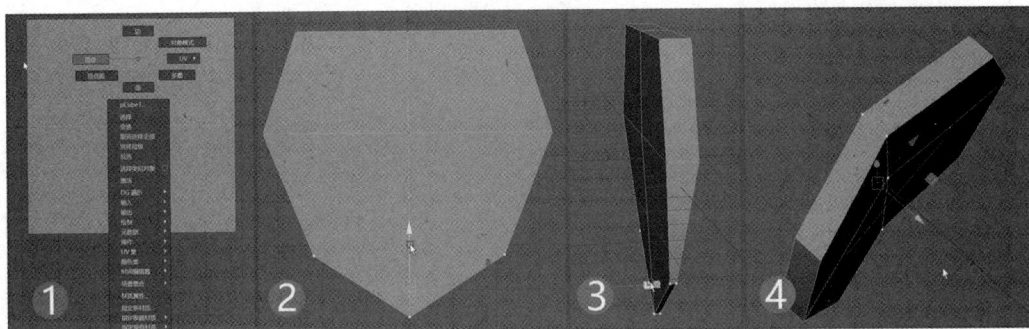

图 2-10 调整铁锹模型的厚度和弯曲度

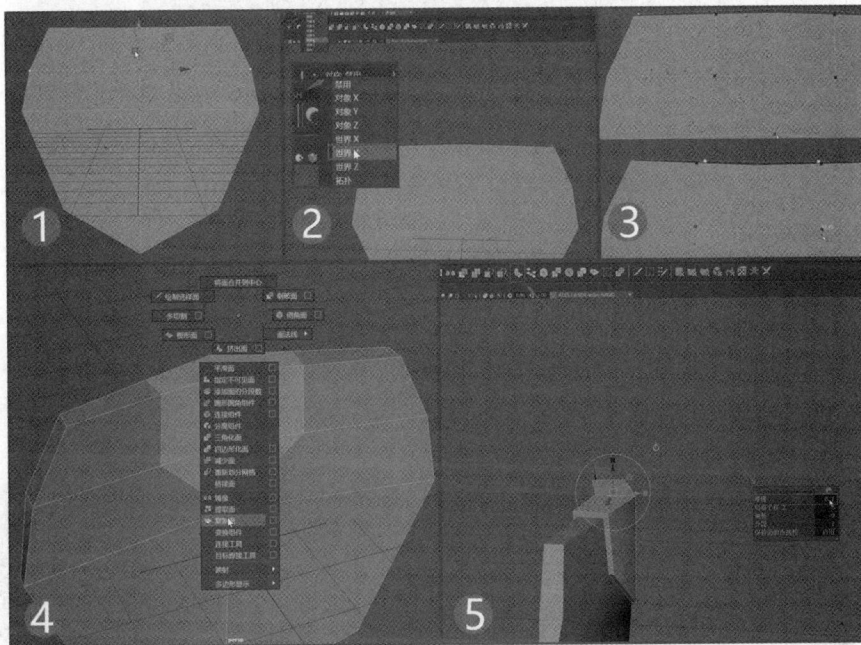

图 2-11 制作铁锹模型接缝处

（4）选择面，按住 Shift 键进行缩放，在点模式下制作出杆子模型的形状。选择面，按住 Shift 键进行向上挤出，并选择面，挤出把手模型，调整位置，对把手模型进行卡边，如图 2-12 所示。

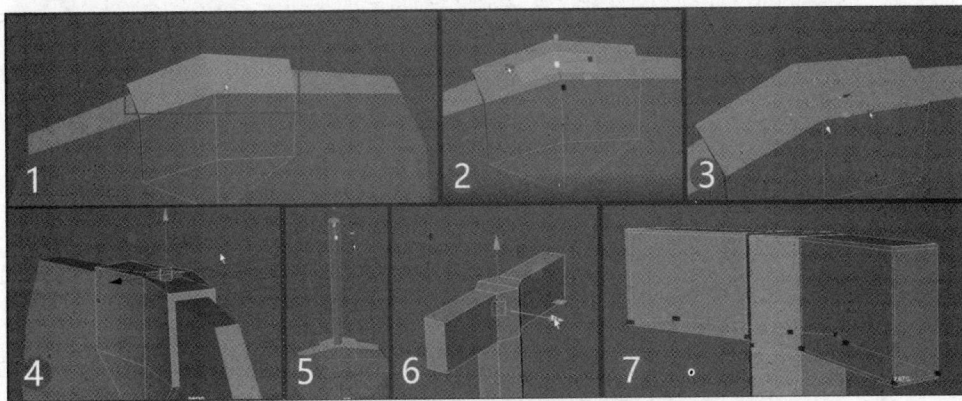

图 2-12 制作杆子模型

（5）选择铁锹模型接缝处，对铁锹模型接缝边缘卡线，按快捷键 Ctrl+Delete 将多余的线删除，对铁锹模型两侧边缘卡线，并调整铁锹模型的大体轮廓，如图 2-13 所示。

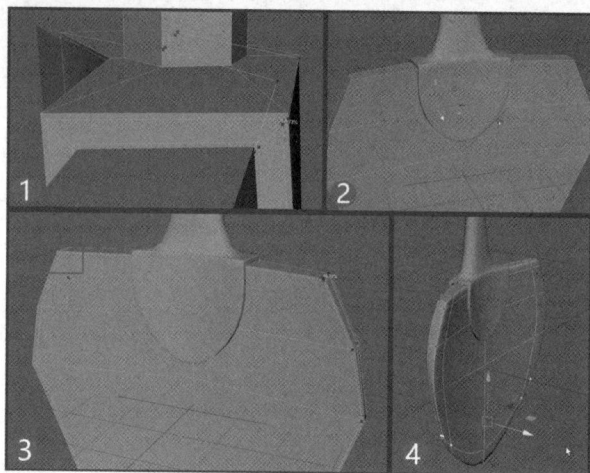

图 2-13　调整铁锹模型的细节

2.1.3　箩筐模型制作

（1）新建场景，先创建一个多边形圆柱体模型，再在"通道盒/层编辑器"面板中设置"轴向细分数"为"8"，并将底面以外的面删除，这样就得到了一个多边形平面模型，如图 2-14 所示。

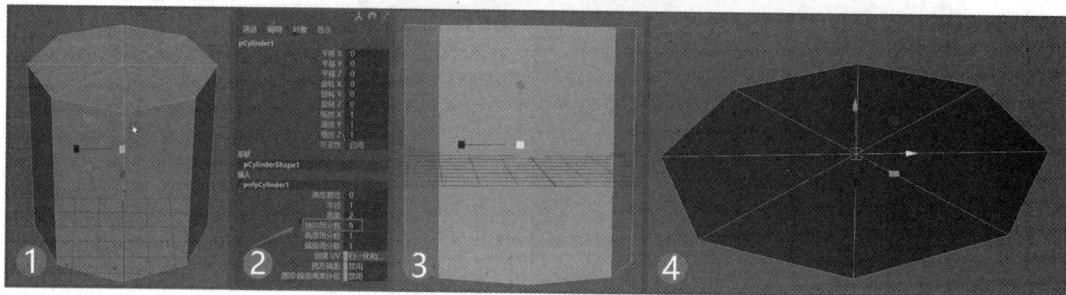

图 2-14　制作多边形平面模型

（2）选择多边形平面模型，双击一条边，全选循环边，进行挤出和缩放，这样箩筐模型的大体轮廓就制作完成了，如图 2-15 所示。

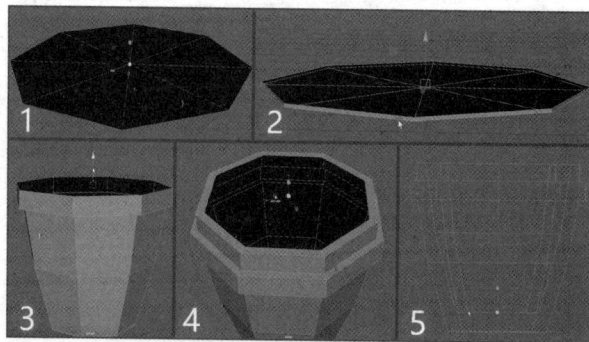

图 2-15　制作箩筐模型的大体轮廓

（3）选择循环边，按住 Shift 键的同时右击，在弹出的快捷菜单中选择"填充洞"命令，这样就出现了一个多边面，使用"多切割"命令将其连接。对外框边缘的线进行倒角，设置"分数"为"0.1"。使用"多切割"命令对笭筐模型内部进行卡边，如图 2-16 所示。

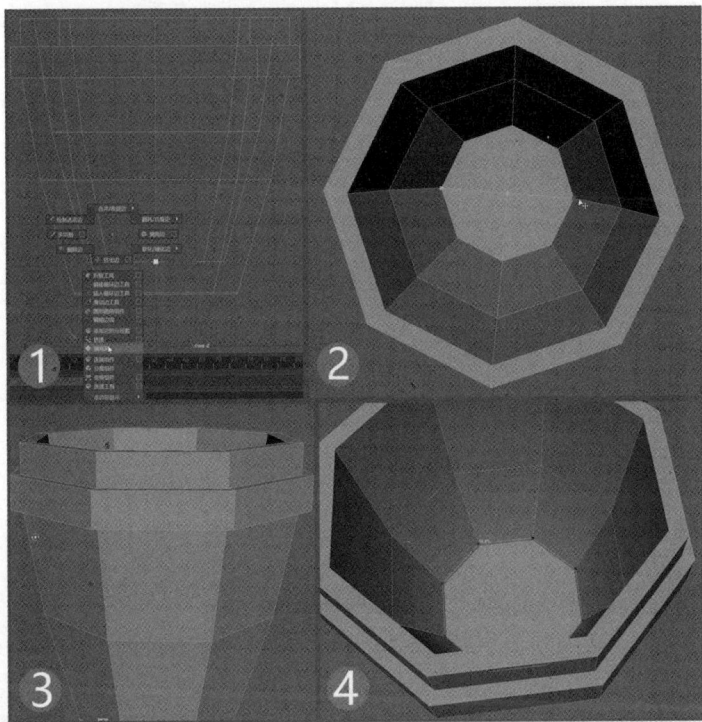

图 2-16　处理笭筐模型的结构线

（4）创建两个多边形立方体模型，按住 Shift 键的同时右击，在弹出的快捷菜单中选择"结合"命令，将两个多边形立方体模型合并在一起。选择面模式，将两个多边形立方体模型的顶面删除，并选择顶部循环边，按住 Shift 键的同时右击，在弹出的快捷菜单中选择"桥接"命令，设置"曲线类型"为"融合"，"分段"为"9"，这样提手模型就制作完成了，如图 2-17 所示。

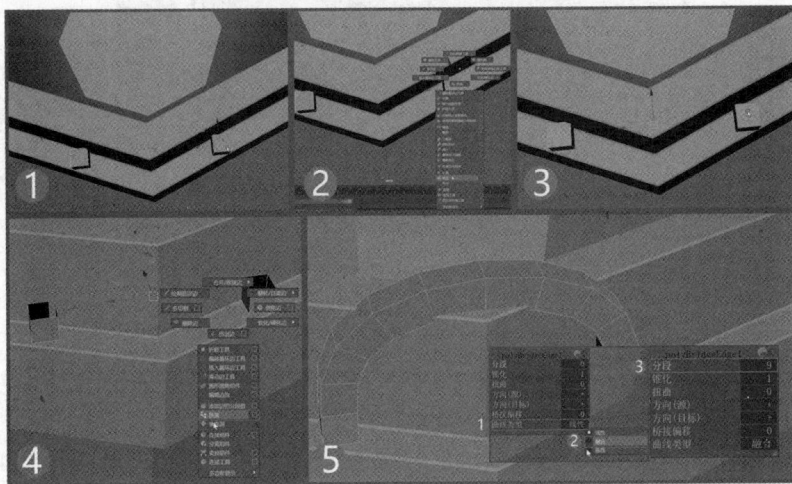

图 2-17　制作提手模型

（5）调整提手模型的顶点使其与箩筐模型契合，选择刚刚调整的顶点，按快捷键 Shift+I 将其单独显示，对提手模型卡边，切换到顶视图，先按 W 键再按 D 键显示出枢轴，按住 X 键的同时移动枢轴至箩筐模型的中心，复制一个提手模型，设置"缩放 Z"为"-1"，这样箩筐模型就制作完成了，如图 2-18 所示。

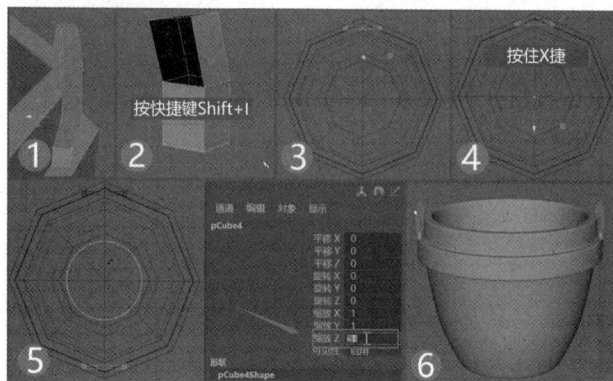

图 2-18　调整提手模型

2.1.4　炮车（包含炸弹）模型制作

（1）新建场景，先创建一个多边形圆柱体模型，再在"通道盒/层编辑器"面板中设置"旋转 X"为"90"，"轴向细分数"为"8"，并将底面以外的面全部删除，调整中心点，这样就得到了一个多边形曲面模型，如图 2-19 所示。

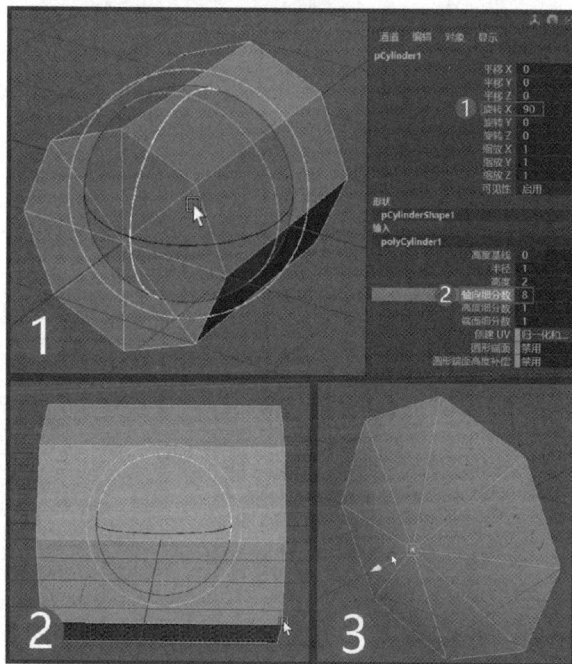

图 2-19　制作多边形曲面模型

（2）选择循环边，通过挤出和缩放制作出炮车（包含炸弹）模型的大体轮廓，按住 Shift 键的同时右击，在弹出的快捷菜单中选择"填充洞"命令。使用"多切割"命令连接顶点，将炮车（包含炸弹）模型多余的线删除，如图 2-20 所示。

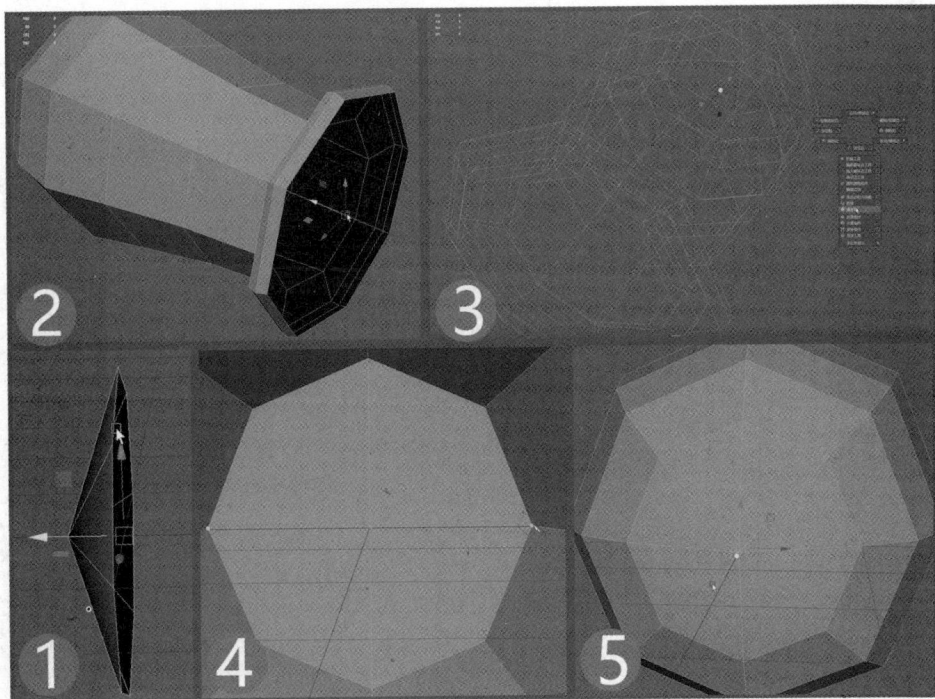

图 2-20 制作炮车（包含炸弹）模型的大体轮廓

（3）选择两条循环边，按住 Shift 键的同时右击，在弹出的快捷菜单中选择"倒角边"命令，设置"分数"为"0.15"，在面模式下选择刚刚倒角产生的循环面，按住 Shift 键进行挤出，调整循环面的大小。选择循环边进行倒角，设置"分数"为"0.1"，"分段"为"2"，如图 2-21 所示。

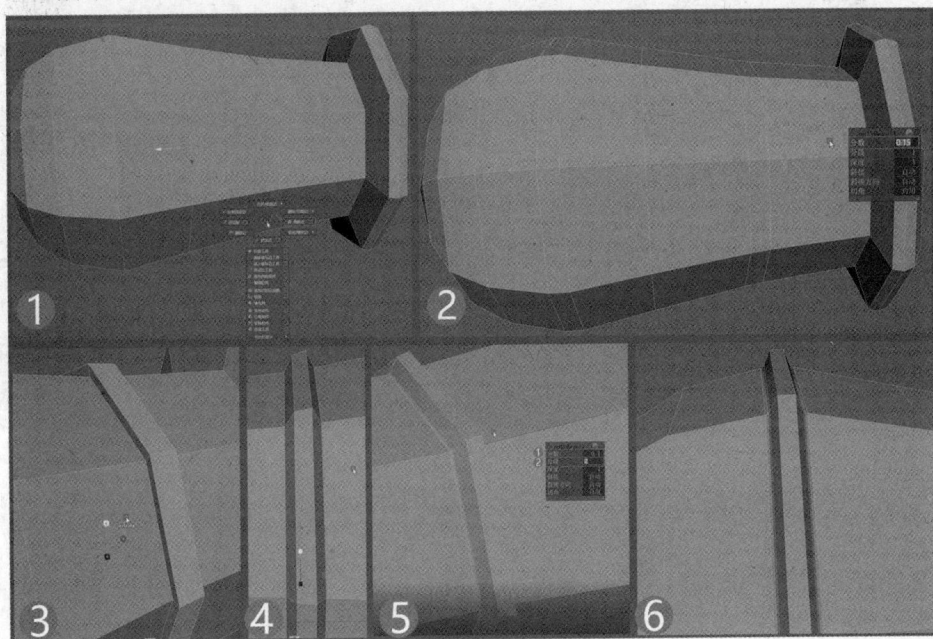

图 2-21 制作炮车（包含炸弹）模型的结构线

（4）先创建一个多边形圆柱体模型，再在"通道盒/层编辑器"面板中设置"轴向细分数"为"8"，按住 Shift 键的同时右击，在弹出的快捷菜单中选择"连接工具"命令，调整多边形圆柱体模型的形状，进行卡边，制作完成以后调整其位置，选择"创建"→"曲线工具"→"Bezier 曲线工具"命令，调整引线的弯曲度，如图 2-22 所示。

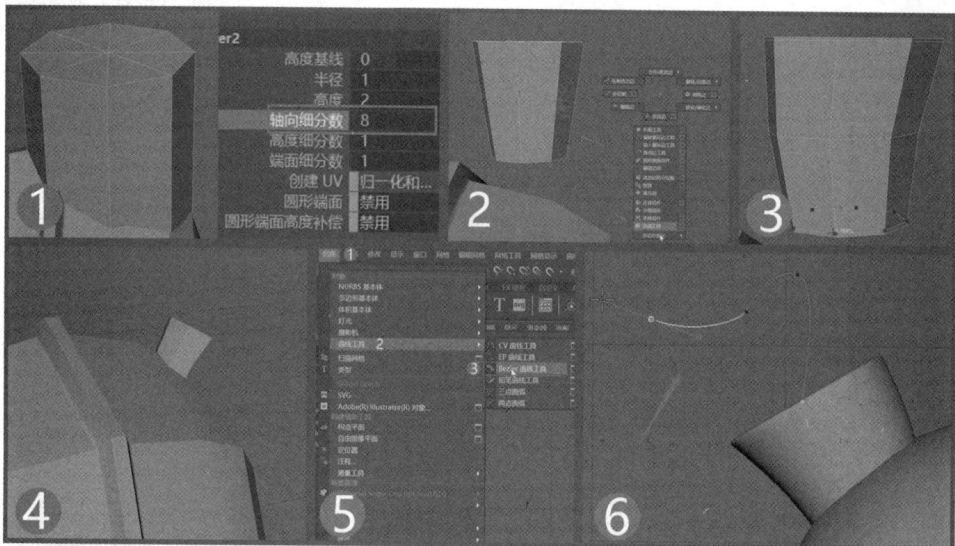

图 2-22　制作引线 1

（5）选择顶面并按 Shift 键加选曲线，单击"挤出"按钮，设置"分段"为"17"，"扭曲"为"-180"，"锥化"为"1.3"，"平滑角度"为"30"，如图 2-23 所示。

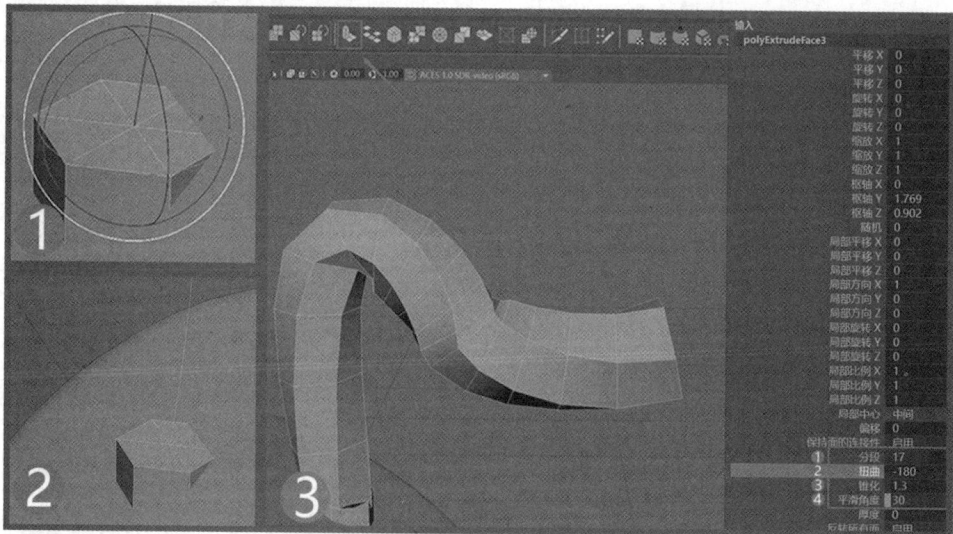

图 2-23　制作引线 2

（6）将多余的线删除，选择引线并按快捷键 Shift+I 将其单独显示，进行卡边，调整顶点位置，并调整引线位置，如图 2-24 所示。

（7）创建一个多边形圆环模型，设置"旋转 Z"为"-90"，"轴向细分数"为"8"，"高度细分数"为"8"。选择两条环线进行倒角，设置"分数"为"0.1"，"分段"为"2"。选择多边形圆环模型，将"半径"改为"2.5"，"截面半径"改为"0.6"，得到车轮模型，如

图 2-25 所示。

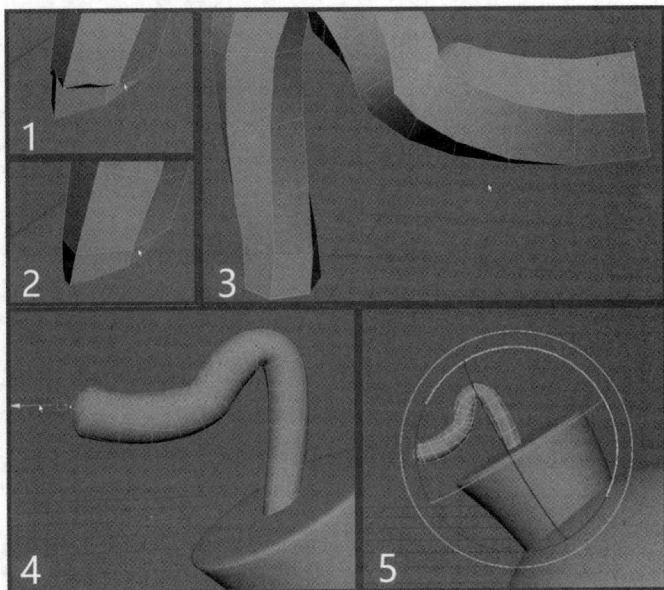

图 2-24   制作引线 3

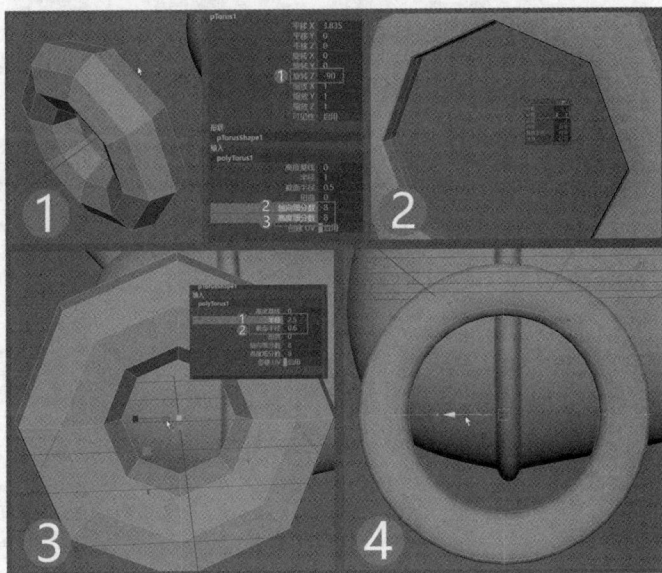

图 2-25   制作车轮模型 1

（8）创建一个多边形立方体模型，调整其大小，并对其进行卡边，复制多边形立方体模型。创建一个多边形圆柱体模型，设置"旋转 Z"为"-90"，"轴向细分数"为"8"，先调整多边形圆柱体模型的大小再对其进行卡边，如图 2-26 所示。

（9）先创建一个多边形球体模型，再在"通道盒/层编辑器"面板中设置"旋转 Z"为"-90"，"轴向细分数"为"8"，"高度细分数"为"8"，在面模式下选择一半的面，并选择外层的循环边，将其向内挤出，切换到顶视图，调整并复制出其另一半。选择全部车轮模型部分，按住 Shift 键的同时右击，在弹出的快捷菜单中选择"结合"命令，再次按住 Shift键的同时右击，在弹出的快捷菜单中选择"合并顶点"命令，如图 2-27 所示。

图 2-26　制作车轮模型 2

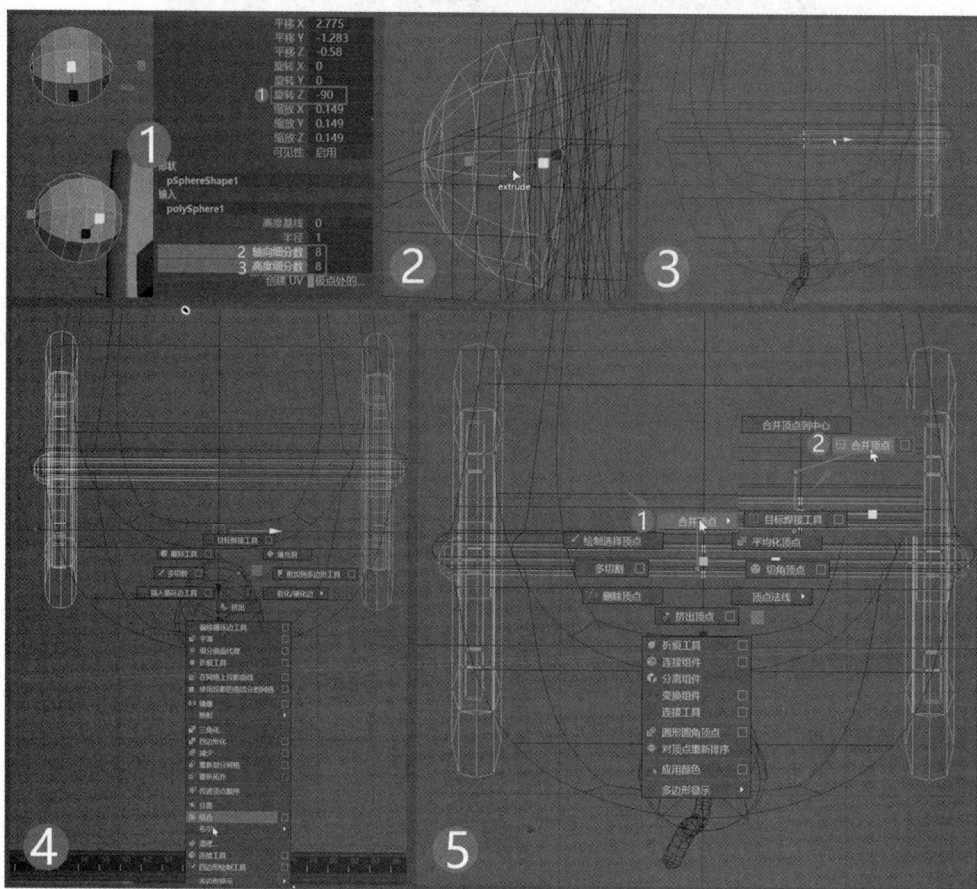

图 2-27　制作车轮模型 3

（10）调整车轮模型形状，在车轮模型中间添加循环边，选择两侧的循环边进行倒角，设置"分数"为"0.01"，"分段"为"2"，将炮车（包含炸弹）模型的大体轮廓调整好。新建一个多边形球体模型，设置"轴向细分数"为"8"，"高度细分数"为"8"，把新建的多边形球体模型当作炸弹，如图 2-28 所示。

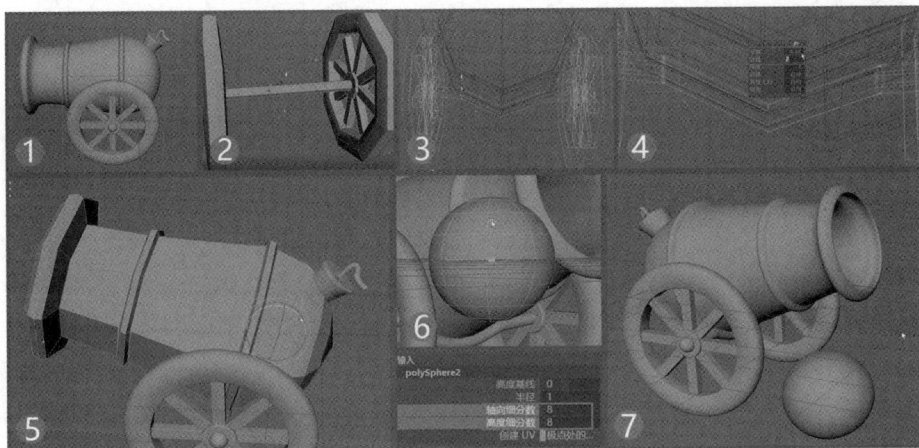

图 2-28   制作炸弹模型

2.1.5   武器（枪）模型制作

视频教程：卡通
动画场景模型
场景建模 2

（1）新建场景，先创建一个多边形圆柱体模型，再在"通道盒/层编辑器"面板中设置"缩放 X""缩放 Y""缩放 Z"均为"4"，"细分宽度""高度细分数"均为"2"。选择最外层的一圈线进行挤出，将底面删除，再次进行挤出，这样就得到一个多边形模型，如图 2-29 所示。

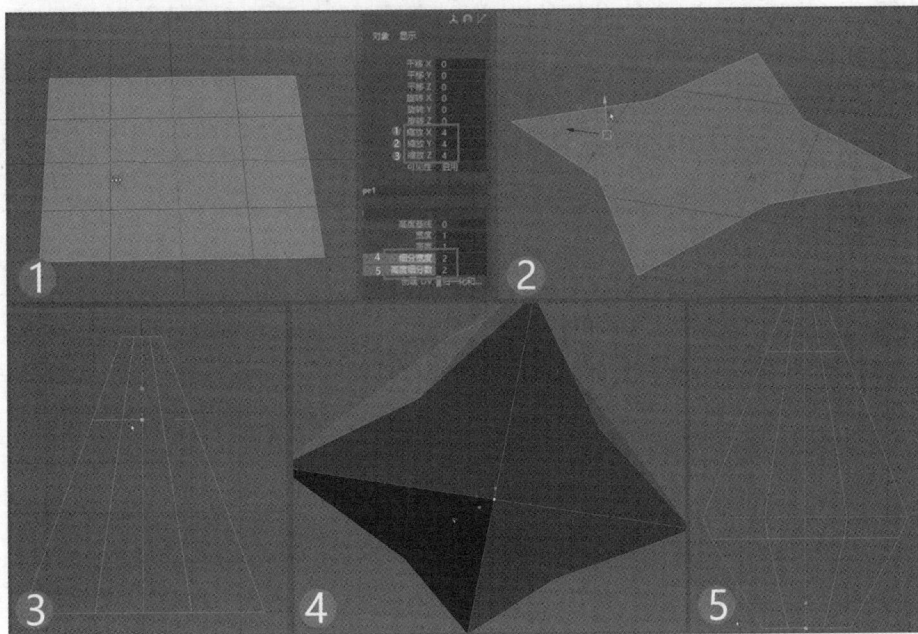

图 2-29   制作多边形模型

（2）选择循环边，进行倒角，调整枪头模型的大体轮廓。再次选择循环边，单击"圆形圆角"按钮调整循环边的形状，进行挤出，对得到的模型进行封洞，单击"多切割"按钮连接多边面，如图 2-30 所示。

（3）选择循环边进行倒角，设置"分数"为"2"，添加一圈循环边，将枪头模型与枪身模型分离，按住 Shift 键的同时右击，在弹出的快捷菜单中选择"提取面"命令。再次选择循环边，单击"圆形圆角"按钮调整循环边的形状，如图 2-31 所示。

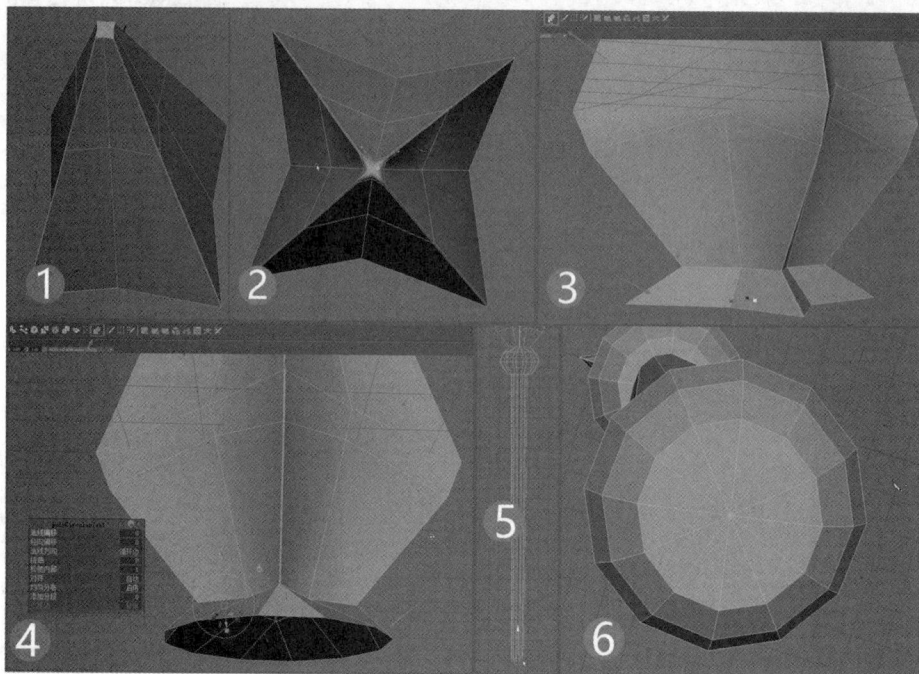

图 2-30　制作枪头模型

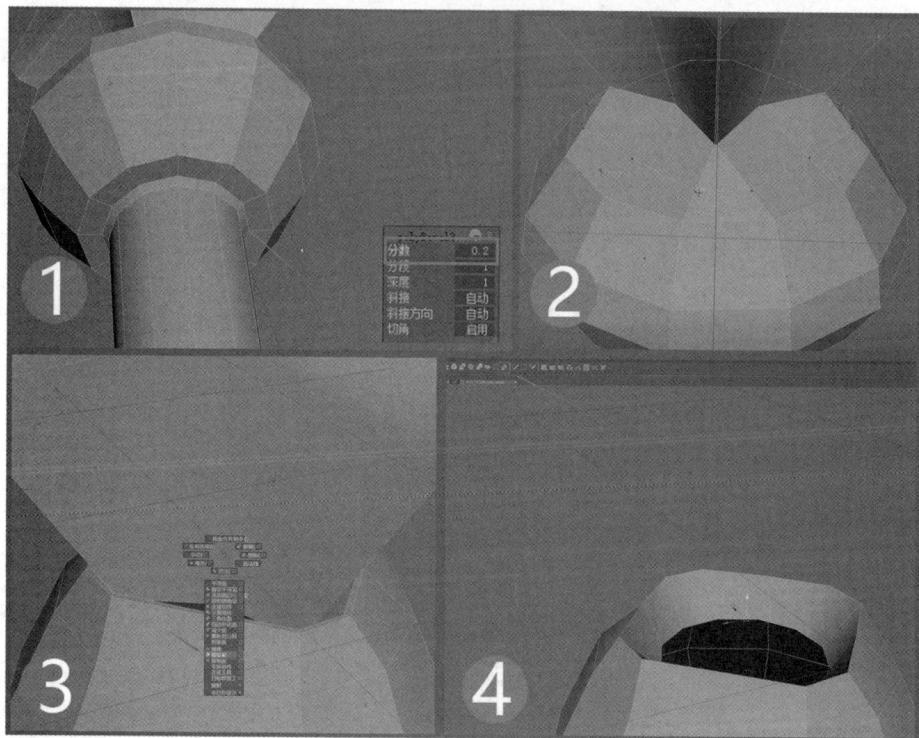

图 2-31　调整枪身模型的细节

（4）在面模式下双击循环面，按住 Shift 键的同时右击，在弹出的快捷菜单中选择"复制面"命令，对复制的面进行挤出。在第二次挤出时设置"保持面的连接性"为"禁用"，得到枪巾模型，如图 2-32 所示。

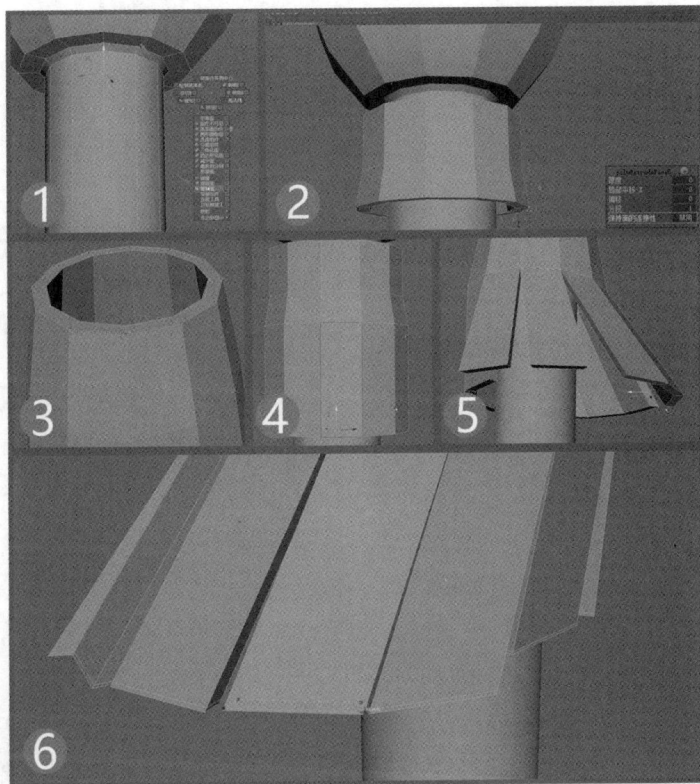

图 2-32 制作枪巾模型

2.1.6 卡通动画场景搭建及小物件模型制作

（1）新建场景，先创建一个多边形平面模型，再在"通道盒/层编辑器"面板中设置"缩放 X""缩放 Y""缩放 Z"均为"80"，选择面进行向下挤出，按住 Shift 键的同时右击，在弹出的快捷菜单中选择"平滑"命令，设置"分段"为"1"，如图 2-33 所示。

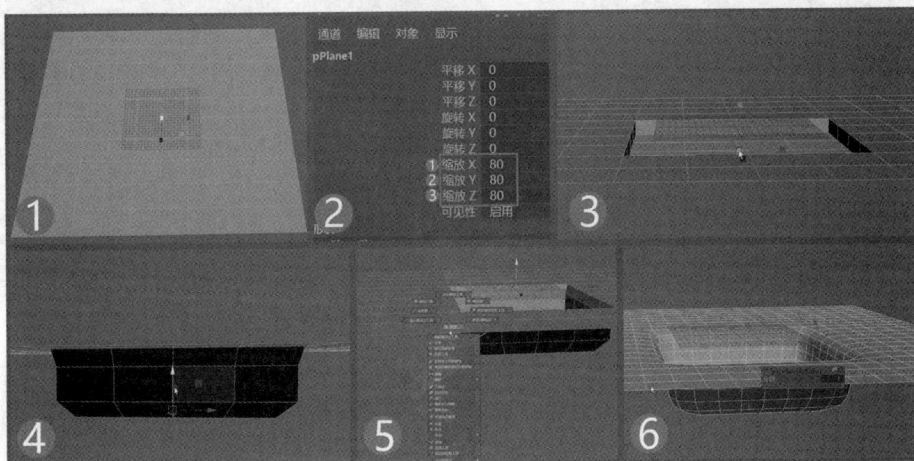

图 2-33 制作沙滩模型

（2）先创建一个多边形平面模型，再在"通道盒/层编辑器"面板中设置"细分宽度"

和"高度细分数"均为"10"，按 B 键启用软选择功能，调整多边形平面模型，让多边形平面模型有凹凸感，按住 Shift 键的同时右击，在弹出的快捷菜单中选择"平滑"命令，设置"分段"为"1"，如图 2-34 所示。

（3）先创建一个多边形圆柱体模型，再在"通道盒/层编辑器"面板中设置"轴向细分数"为"8"，在边模式下调整多边形圆柱体模型的大体轮廓，得到木柱模型，对木柱模型进行卡边，复制木柱模型并调整其位置，如图 2-35 所示。

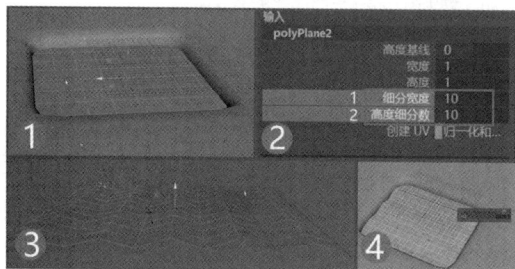

图 2-34 制作水面模型

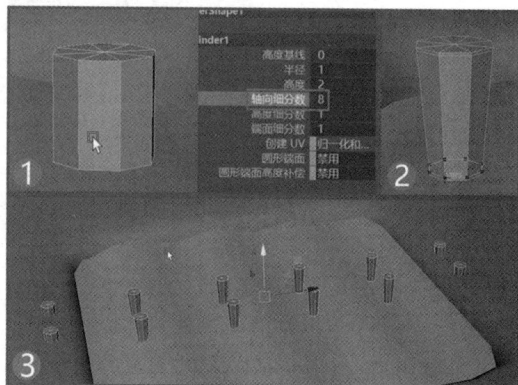

图 2-35 制作木柱模型

（4）创建一个多边形立方体模型，调整多边形立方体模型的大体轮廓，得到木板模型，对木板模型进行卡边，复制木板模型并调整其位置，按住 Shift 键的同时右击，在弹出的快捷菜单中选择"结合"命令，将木板模型与木柱模型合并在一起，得到完整的桥模型，如图 2-36 所示。

（5）创建一个多边形立方体模型，调整多边形立方体模型的大体轮廓，得到木板模型，使用"多切割"命令添加分段并进行挤出，得到看台模型，对看台模型进行卡边，如图 2-37 所示。

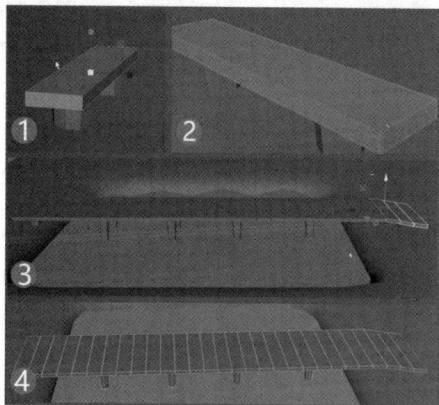

图 2-36 制作桥模型

图 2-37 制作看台模型

（6）先创建一个多边形圆柱体模型，再在"通道盒/层编辑器"面板中设置"半径"为"0.6"，"轴向细分数"为"8"，制作出旗杆模型。复制旗杆模型，对每根旗杆模型两侧卡边，如图 2-38 所示。

（7）先创建一个多边形圆柱体模型，再在"通道盒/层编辑器"面板中设置"高度细分数"为"3"，"深度细分数"为"7"，制作出旗面模型。选择其中的 4 个面进行挤出，对旗面模型卡边，对旗面模型进行调整，如图 2-39 所示。

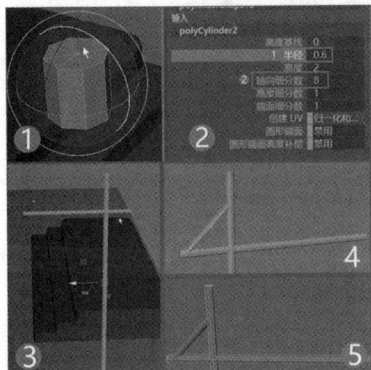

图 2-38　制作旗杆模型

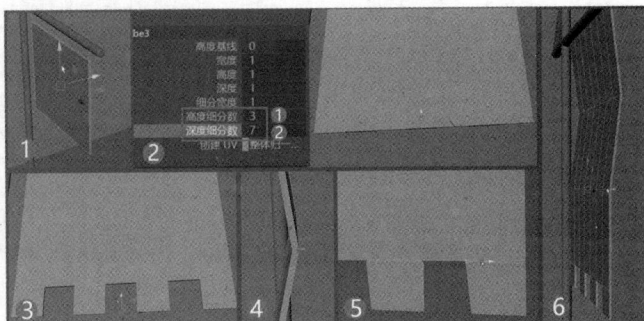

图 2-39　制作旗面模型

（8）复制一根旗杆模型，制作另一个旗面模型。先创建一个多边形立方体模型，再在"通道盒/层编辑器"面板中设置"高度细分数"为"4"，制作出旗面模型，对旗面模型卡边，对旗面模型进行调整，如图 2-40 所示。

（9）将之前制作好的与场景有关的道具模型导入现在的场景，复制未拆开的木箱模型并进行摆放，如图 2-41 所示。

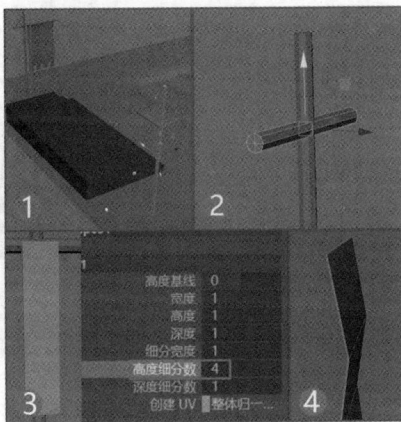

图 2-40　制作另一个旗面模型

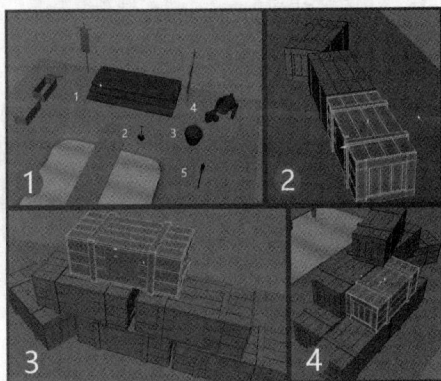

图 2-41　复制好的未拆开的木箱模型的摆放

（10）选择铁锹模型，将其调整到如图 2-42 所示的位置。

（11）调整拆开的木箱模型与铁锹模型的位置，复制炮车模型及炸弹模型，选择其中一个炸弹模型，将炸弹模型放入炮车模型，如图 2-43 所示。

图 2-42　铁锹模型的摆放

图 2-43　炮车（包含炸弹）模型的摆放

（12）复制武器（枪）模型，将其调整到如图 2-44 所示的位置。

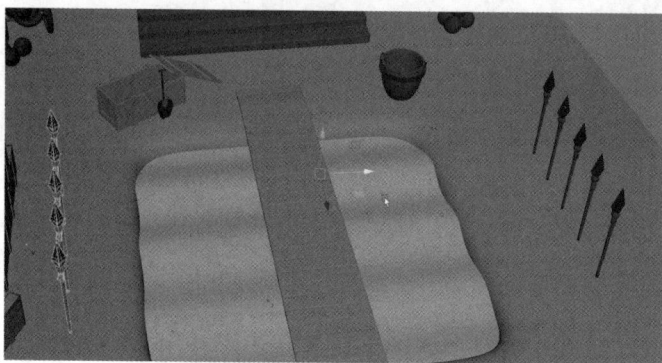

图 2-44　武器（枪）模型的摆放

（13）先创建一个多边形圆盘模型，再在"通道盒/层编辑器"面板中设置"细分"为"2"，调整多边形圆盘模型的大小，在点模式下，调整多边形圆盘模型的顶点，使其具有凹凸感，制作出石灰模型在箩筐模型内的效果。先将箩筐模型与石灰模型结合，再复制结合后的模型并调整其位置，如图 2-45 所示。

（14）复制箩筐模型，将其摆放到桥模型上。选择其中一个箩筐模型，制作出将石灰模型倒入湖中的效果。创建一个多边形立方体模型，选择该模型进行细分，在点模式下调整出倒出石灰模型的效果，如图 2-46 所示。

图 2-45　制作石灰模型及箩筐模型

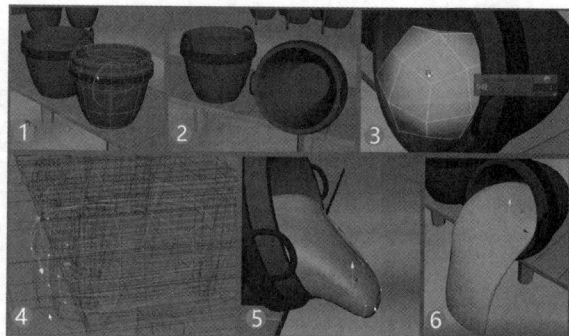

图 2-46　制作倒出石灰模型的效果

（15）先创建一个多边形球体模型，再在"通道盒/层编辑器"面板中设置"轴向细分数"和"高度细分数"均为"12"，选择线进行倒角，设置"分数"为"0.1"，调整中间的线，制作出鸦片模型。复制鸦片模型，让拆开的木箱模型内填满鸦片模型，并在拆开的木箱模型外也摆放一些鸦片模型，如图 2-47 所示。

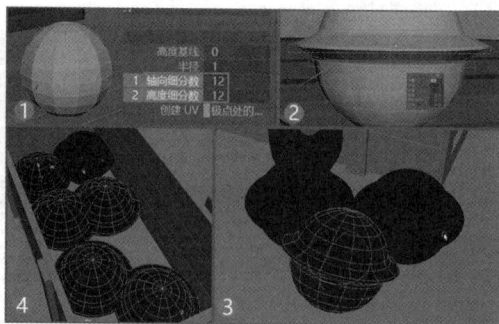

图 2-47　制作鸦片模型

（16）先调整武器（枪）模型，再对场景细节进行优化，如图 2-48 所示。

（17）最终效果如图 2-49 所示。

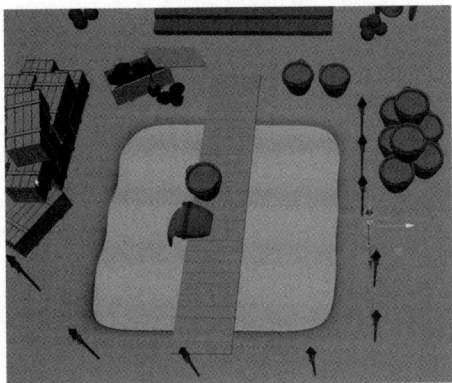

图 2-48　优化场景细节

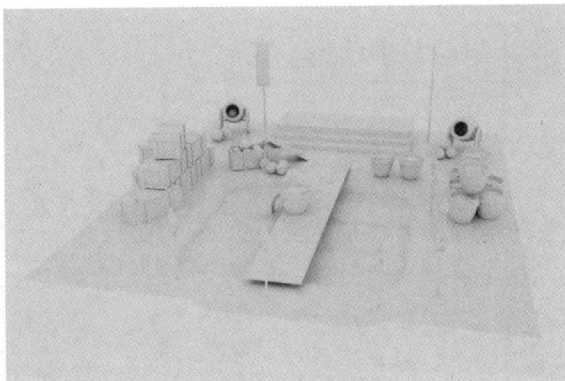

图 2-49　最终效果

课后练习：制作水井模型。

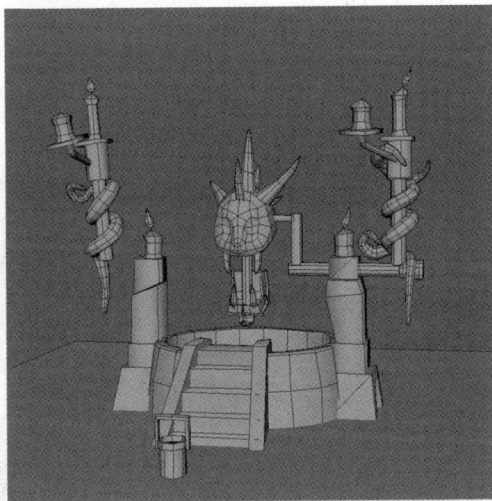

2.2　影视动画场景模型制作（活动页 2 项目）

教学目标

　　了解武术擂台场景模型制作的特点，以及掌握使用"可编辑多边形"工具制作武术擂台场景模型的方法。通过学习武术擂台场景模型的制作过程，掌握"可编辑多边形"工具建模的过程。这部分内容将对接考取"1+X"证书的三维动画模型制作部分知识点。

教学重点和难点

　　（1）了解中国传统武术文化，对影视动画中的武术擂台场景模型制作有一定的认识，熟悉使用"可编辑多边形"工具建模的技能，能够制作武术擂台场景模型。

（2）掌握"可编辑多边形"工具的相关命令，能够制作相关的影视动画场景模型。

思政故事背景

中国传统武术，崇尚武德，但仅限于习武之人的自我修养。精武体育第一次将武德的第一要素定为"爱国"，大大拓展了武德境界。

精武体育打破了传统的武术门派，综合了中国各派武术之精粹，吸取了适合国人健身的西方竞技体育的元素，形成了一个具有群众性、广泛性、普及性的强身大格局，强调以技击为载体，以武德为皈依的精武理念。精武体育改变了武术的旧式传授方法，输入了现代教育思想，摒弃了门户之见，融合各派武术精粹于一体，开创了各派武术各扬其长、共同发展的新局面。

精武体育秉承霍元甲的"容人间豪气于一体，聚仁人志士于一堂，求大同，为民众的博大胸怀，坚忍不拔，排除万难，弘扬爱国、正义、修身、助人的精武精神"。

近一个世纪以来，精武体育名扬天下，而霍元甲成为民族的骄傲。全世界多个国家和地区都设有精武体育机构。精武体育的意义已经远远超出它原来的内容，成为炎黄子孙的一种民族情怀。

精武精神影视动画场景模型制作案例

本案例制作的是精武精神影视动画场景模型。效果展示如图 2-50 所示。

视频教程：

影视动画场景模型
擂台建模 1（有字幕）

影视动画场景模型
擂台建模 2（有字幕）

影视动画场景模型
擂台建模 3（有字幕）

图 2-50　效果展示

（1）根据精武精神场景，查找相关的鼓参考图片，如图 2-51 所示。

（2）打开 Maya，单击"多边形建模"→"多边形立方体"按钮，创建大多边形立方体模型，将大多边形立方体模型的"缩放 X"改为"63.5"，"缩放 Y"改为"7.3"，"缩放 Z"改为"63.5"，如图 2-52 所示。

图 2-51　鼓参考图片

图 2-52　创建大多边形立方体模型

（3）先创建一个小多边形立方体模型，再在"通道盒/层编辑器"面板中设置"缩放 X"为"2.5"，"缩放 Y"为"1.3"，"缩放 Z"为"12.4"。先按 D 键，再按 V 键，将小多边形立方体模型的枢轴移动到该模型左上方外侧的顶点上，按 D 键取消移动枢轴，按 4 键，显示线框，按住 V 键，将小多边形立方体模型移动到大多边形立方体模型上，如图 2-53 所示。

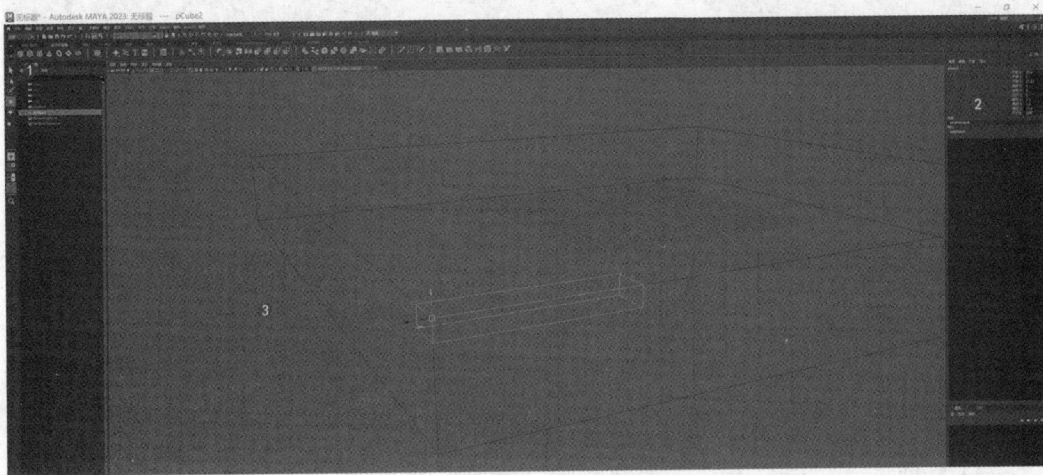

图 2-53　创建小多边形立方体模型

（4）选中大多边形立方体模型，新建图层，调整图层模式，使其线框虽显示但无法被选中，如图 2-54 所示。

图 2-54　调整图层模式

（5）单击"冻结变换"按钮，按快捷键 Shift+D 复制小多边形立方体模型，将复制的小多边形立方体模型的"平移 Z"改为"-12.5"。先按快捷键 Ctrl+G 对两个多边形立方体模型进行打组，再按快捷键 Shift+D 对打组后的模型进行复制，将复制的模型的"缩放 Z"改为"-1"，如图 2-55 所示。

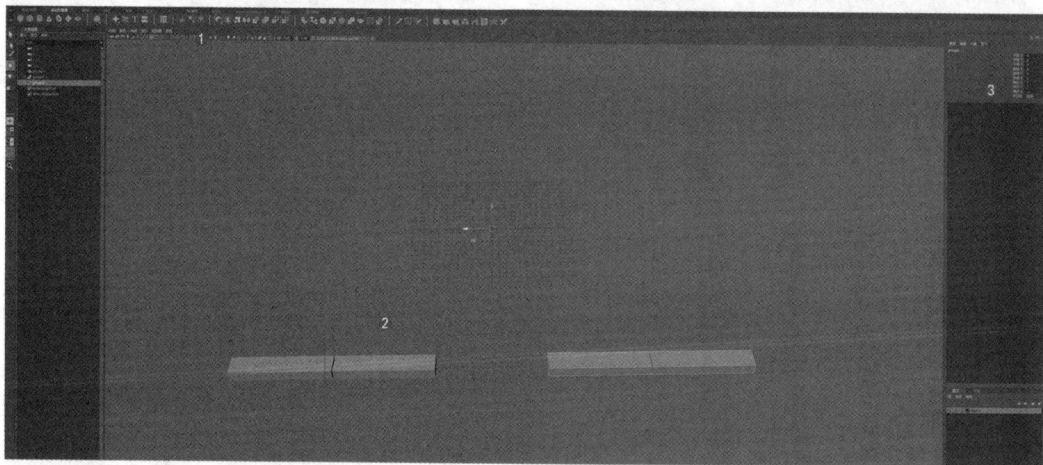

图 2-55　复制模型 1

（6）再次按快捷键 Ctrl+G 进行打组和复制，把复制的模型的"缩放 X"改为"-1"，并再次进行打组和复制，将其旋转 90°，改变重叠的模型顶点的位置，如图 2-56 所示。

（7）创建一个"缩放 X"为"3"，"缩放 Y"为"1.5"，"缩放 Z"为"8.3"的多边形立方体模型，将其与外围的多边形立方体模型对齐，如图 2-57 所示

（8）按顺序复制多边形立方体模型，如图 2-58 所示。

（9）先创建一个"缩放 X"为"58.5"，"缩放 Y"为"2.65"，"缩放 Z"为"58.5"的多边形立方体模型，将它上方的面放大并向下移动，再创建一个"缩放 X"为"53.4"，"缩放

Y"为"1.75","缩放 Z"为"53.4"的多边形立方体模型，作为支柱模型，如图 2-59 所示。

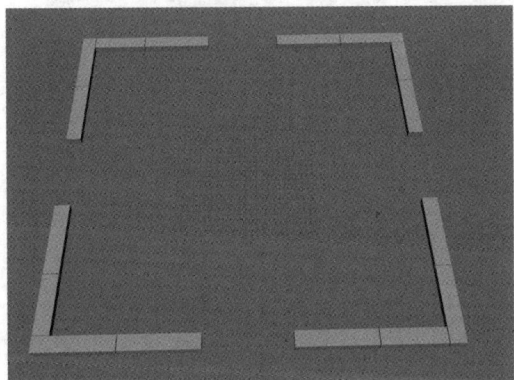

图 2-56　复制模型 2

图 2-57　创建多边形立方体模型

图 2-58　按顺序复制多边形立方体模型

图 2-59　制作支柱模型

（10）创建一个"缩放 X""缩放 Y""缩放 Z"均为"44.5"的多边形平面模型，将其放到最上面，如图 2-60 所示。

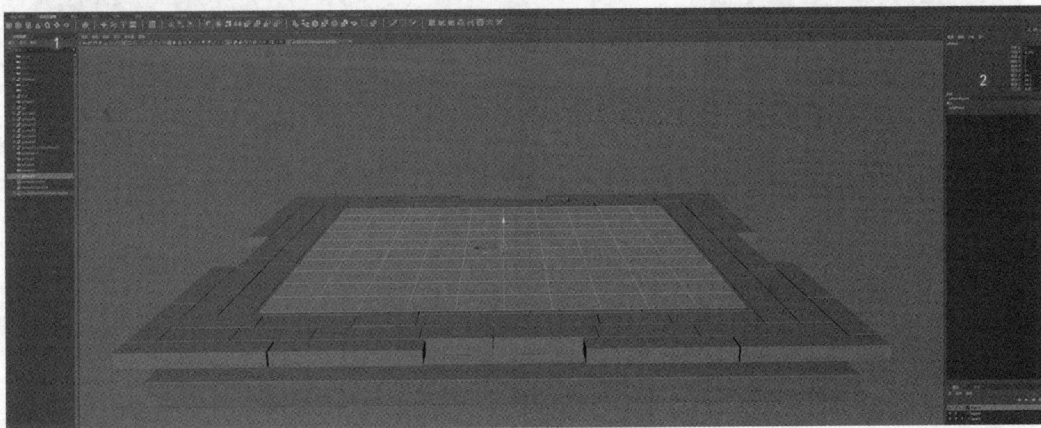

图 2-60　创建多边形平面模型

（11）创建一个"缩放 X"为"2.3"，"缩放 Y"为"7.8"，"缩放 Z"为"1.35"的多边形立方体模型，使用"插入循环边工具"命令，在创建的多边形立方体模型的下方插入一条边，将它上方的两个顶点向后移动，使用"挤出"工具，向内挤出斜面，如图 2-61 所示。

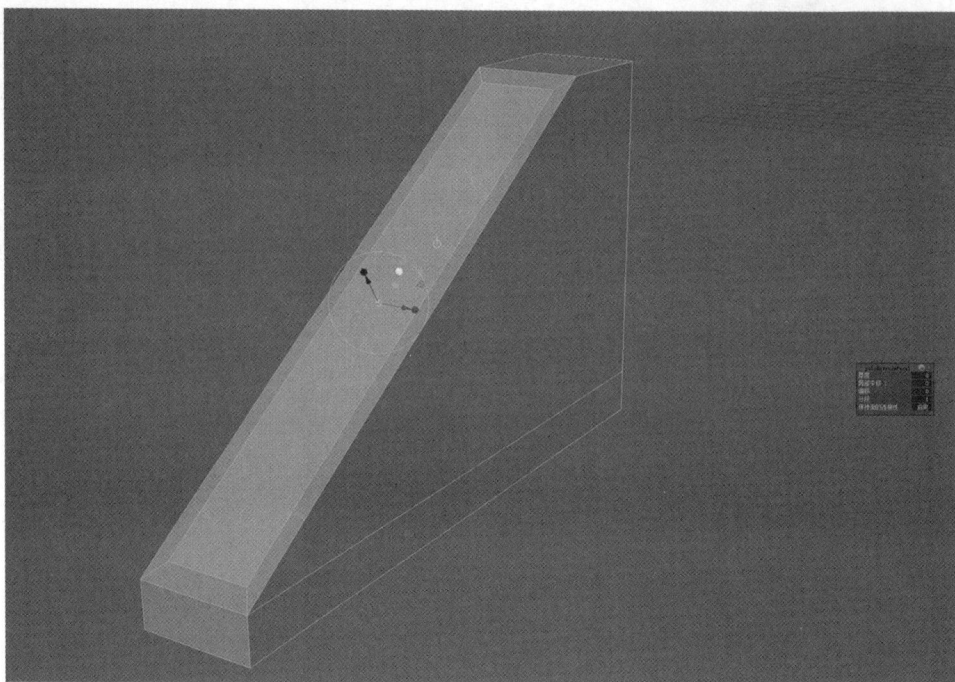

图 2-61　制作挡墙模型

（12）使用"插入循环边工具"命令，在四角与边缘卡线，如图 2-62 所示。

（13）按快捷键 Shift+D 进行复制和打组，并继续复制，将复制的模型的"缩放 Z"改为"−1"，继续复制并旋转 90°，如图 2-63 所示。

图 2-62　卡线

图 2-63　复制台阶挡墙模型

（14）创建一个"缩放 X"为"12.1"，"缩放 Y"为"1.5"，"缩放 Z"为"12.5"的多边形立方体模型，将创建的多边形立方体模型移动到台阶模型底部，并向上复制 5 次，将复制的 5 个多边形立方体模型组合起来，并将其打组和复制到四周，如图 2-64 所示。

（15）将台阶模型与两侧的挡墙模型组合起来，选中台阶模型露在外面的面，并将其提取出来，如图 2-65 所示。

（16）将多余的面删除，合并顶点，在线转接处进行倒角。将处理好的面复制 3 份，并将复制的面移动到台阶模型上方，作为地毯模型，如图 2-66 所示。

（17）创建一个"缩放 X"为"4.5"，"缩放 Y"为"2.65"，"缩放 Z"为"4.5"的多边形立方体模型，将最上方的面缩小并向上挤出，如图 2-67 所示。

图 2-64　制作台阶模型

图 2-65　提取面

图 2-66　制作地毯模型

图 2-67　制作石柱模型

（18）将石柱模型下方第一层和第二层的 8 个面向内挤出，使用"插入循环边工具"命令进行边缘卡线，如图 2-68 所示。

（19）复制多个石柱模型，并将复制的石柱模型移动至擂台模型的四周，注意需要在石柱模型与台阶模型之间也放置一个复制的石柱模型。这样擂台模型的主体部分就制作完成了，如图 2-69 所示。

图 2-68　完善模型

图 2-69　复制石柱模型

（20）创建一个"缩放 X"为"2"，"缩放 Y"为"13"，"缩放 Z"为"1.75"的多边形立方体模型，在它的下方与中间各插入两条循环边，调整顶点位置，把上方的顶点向擂台模型方向偏移，在边缘插入循环边，如图 2-70 所示。

（21）先复制鼓架模型一侧的柱子模型，将复制的柱子模型的"缩放 Z"改为"-1"。再复制两个柱子模型，将其旋转 90°。创建一个多边形立方体模型，将这个多边形立方体模型复制 4 份作为 4 个柱子模型的支撑，如图 2-71 所示。

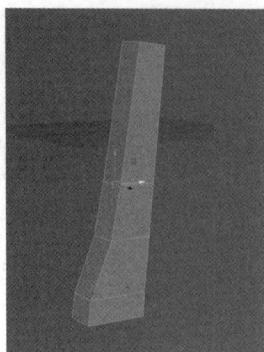

图 2-70　制作鼓架模型

图 2-71　复制鼓架模型

（22）创建一个"缩放 X"为"16"，"缩放 Y"为"1.1"，"缩放 Z"为"1.2"的多边形立方体模型，在创建的多边形立方体模型的中间插入两条循环边，将靠下的循环边向 Y 轴缩小，并在多边形立方体模型的边缘插入一条循环边，将多边形立方体模型向擂台模型方向旋转 15°，复制一个多边形立方体模型，并将其根据鼓架模型两侧柱子模型的角度分别往两个方向旋转 15°，如图 2-72 所示。

（23）将两个多边形立方体模型移动到 4 个柱子模型之间，并将这两个多边形立方体模型向上复制一次，在柱子模型中间插入 13 条循环边，调整循环边的位置，使其成半圆形，使用插入"循环边"命令在边缘卡线，如图 2-73 所示。

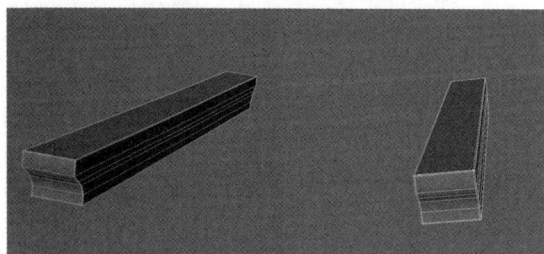

图 2-72　制作鼓架模型顶部

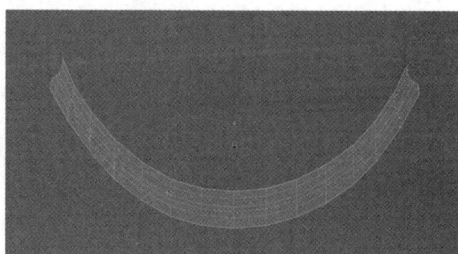

图 2-73　制作弧形

（24）将弧形往擂台模型方向旋转 15°，复制一个弧形，并将其往反方向旋转 15°，如图 2-74 所示。

（25）创建一个"缩放 X"为"6.7"，"缩放 Y"为"6.7"，"缩放 Z"为"6.7"的多边形圆柱体模型，在中间插入 5 条循环边，调整循环边的长短，并将两端的面和边缩小，如图 2-75 所示。

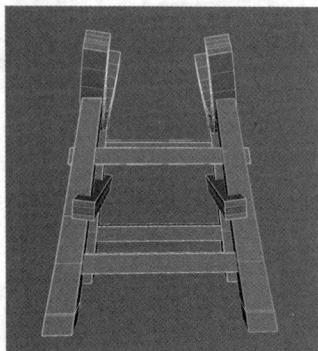

图 2-74　完善鼓架

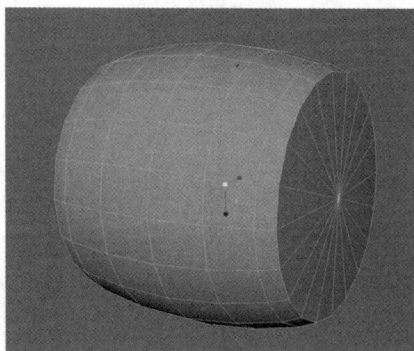

图 2-75　制作鼓身模型

（26）分别在多边形圆柱体模型两端倒数第二条边旁插入循环边，并将两端的边和面缩小，在边缘卡线，如图 2-76 所示。

（27）创建一个多边形圆柱体模型和两个多边形圆环模型，调整多边形圆环模型的半径和多边形圆柱体模型的大小，如图 2-77 所示。

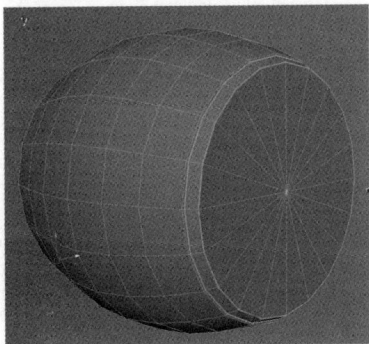

图 2-76　边缘卡线

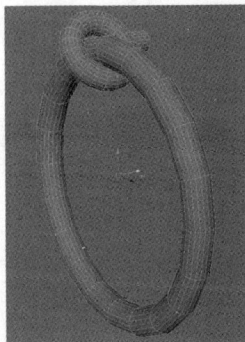

图 2-77　创建多边形圆柱体模型和多边形圆环模型

（28）将多边形圆环模型移动到鼓身模型侧面，把鼓架模型和鼓身模型一起复制，并将复制后与复制前的鼓架模型和鼓身模型分别移动到擂台模型的两侧，如图 2-78 所示。

图 2-78　鼓架模型和鼓身模型的摆放

（29）创建一个多边形立方体模型，将其移动到擂台模型的后方，调整顶点位置，使其形成梯形，并对其进行倒角，如图 2-79 所示。

（30）创建一个多边形圆柱体模型，将其拖动到石墩模型的上方，调整为不超过石墩模型的大小，并向上挤出，如图 2-80 所示。

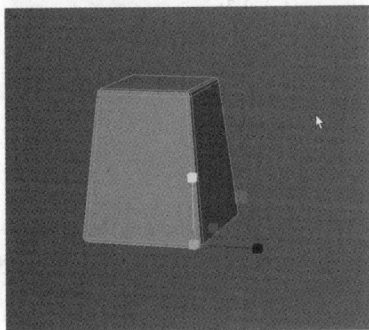

图 2-79　制作石墩模型

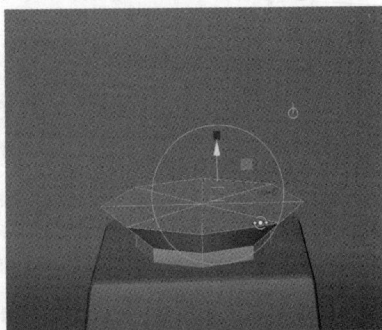

图 2-80　制作旗杆模型

（31）挤出如图 2-81 所示的形状。

（32）创建一个多边形圆柱体模型，将其移动到旗杆模型的旁边，将两端的点向两边拉出，为两端添加循环边，如图 2-82 所示。

图 2-81　挤出的形状

图 2-82　制作旗头模型

（33）调整中间循环边的大小，如图 2-83 所示。

（34）创建一个多边形平面模型，将其移动到旗头模型的下方，调整多边形平面模型的大小和位置，并将多边形平面模型向前挤出，如图 2-84 所示。

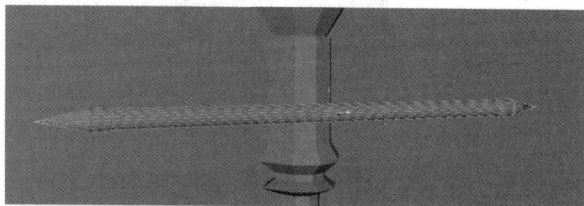

图 2-83　调整中间循环边的大小

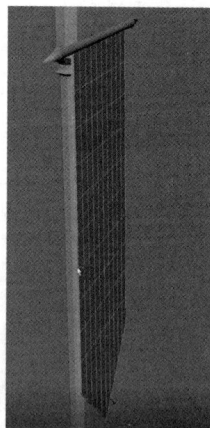

图 2-84　制作旗面模型

（35）复制两个旗面模型，将其横向缩小，并使用软选择功能扭曲顶点位置，将两个旗面模型移动到主旗面模型两侧，如图 2-85 所示。

（36）选择旗面模型的顶点，移动顶点以产生一些弯曲效果，选择"创建"→"曲线工具"→"EP 曲线工具"命令，创建一个连接旗头模型两侧并环绕旗杆模型的曲线，如图 2-86 所示。

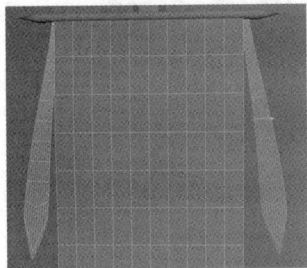

图 2-85　制作副旗面模型

图 2-86　创建曲线

（37）创建一个多边形圆柱体模型，把除圆以外的面删除，将多边形圆柱体模型移动到曲线的一端，对其进行旋转，使其朝向曲线。选择多边形平面模型，并加选曲线，使用"挤出"工具，调整分段，挤出模型，如图 2-87 所示。

图 2-87　挤出模型

（38）将石墩模型与整个旗身模型和旗面模型作为一个整体进行复制，将复制后的模型移动到擂台模型后方的右侧。创建一个多边形平面模型，将其放大后移动到擂台模型的最下方，作为地面模型。最终效果如图 2-88 所示。

图 2-88　最终效果

课后练习： 制作酒馆场景模型。

2.3 卡通动画（盲盒）角色模型制作（活动页 3 项目）

视频教程：

卡通动画（盲盒）角色
模型 角色建模 1

卡通动画（盲盒）角色
模型 角色建模 2

卡通动画（盲盒）角色
模型 角色建模 3

教学目标

当前，盲盒作为一种潮流玩具，精准契合了年轻消费者需求，众多"盲盒+"商业模式，如考古盲盒、文具盲盒、美妆盲盒、零食盲盒等迅速产生。如何制作一个卡通动画（盲盒）角色模型？怎么才能让卡通动画（盲盒）角色模型将原本角色的形象特征表现出来？它有哪些形式？如何处理模型的细节？下面就来解决上述问题。

通过学习林则徐卡通动画（盲盒）角色模型制作，了解鸦片对中华民族的危害，对卡通动画（盲盒）角色模型制作有一定的认识。这部分内容将对接考取"1+X"证书的三维动画模型制作部分知识点。

教学重点和难点

（1）了解毒品的危害，远离毒品，提高爱国主义精神。

（2）了解卡通动画（盲盒）角色模型制作流程，以及卡通动画（盲盒）角色模型细节的处理方法和角色特征的表现技能。

（3）掌握使用三维动画软件制作卡通动画（盲盒）角色模型的方法。

思政故事背景

林则徐（1785 年 8 月 30 日—1850 年 11 月 22 日），福建省侯官（今福建省福州市）人，字元抚，又字少穆、石麟，是清朝后期的政治家、思想家和诗人，曾任湖广总督、陕甘总督和云贵总督，两次受命钦差大臣。其因主张严禁鸦片，在中国有民族英雄之誉。

1839 年，林则徐于广东省禁烟时，派人明察暗访，让外国鸦片商人交出鸦片，并将没收的鸦片于 1839 年 6 月 3 日在虎门销毁。虎门销烟使中英关系陷入极度紧张状态，成为第一次鸦片战争英国入侵中国的借口。尽管林则徐一生力抗西方入侵，但他对西方的文化、科技和贸易持开放态度，主张学其优而用之。根据相关文献记载，他至少略通英、葡两种外语，且着力翻译西方报刊和书籍。

林则徐是我国近代史上伟大的爱国者和中华民族的民族英雄，是中国近代传播西方文化与促进西学东渐的带头人。从中国国际法史角度来看，在鸦片战争中，林则徐不仅是维护国际法原则的中流砥柱，而且是中国引进国际法的第一人。

林则徐卡通动画（盲盒）角色模型制作案例

本案例制作的是林则徐卡通动画（盲盒）角色模型。效果展示如图 2-89 所示。

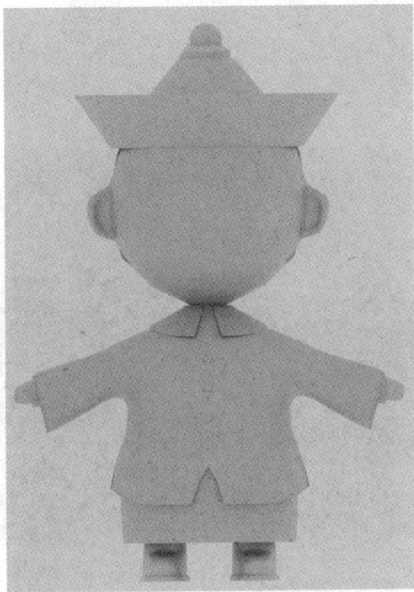

图 2-89　效果展示

（1）新建场景，在前视图、左视图和右视图中单击"图像平面"按钮，导入准备好的素材图片，调整素材图片的大小和位置。选择调整好的素材图片，在"显示"选项卡中单击"创建新层并指定选定对象"按钮，将模式调整为"R"，锁定素材图片，如图 2-90 所示。

（2）创建一个多边形立方体模型，调整多边形立方体模型的大小和位置。选择多边形立方体模型，按住 Shift 键的同时右击，在弹出的快捷菜单中选择"平滑"命令，开启对称功能，选择"世界 X"选项。选择模型，按 3 键将模型光滑显示，在前视图、左视图和右视图中，调整头部模型，调整后关闭对称功能，如图 2-91 所示。

（3）选择底面，先按 Shift 键将其挤出，再按 R 键将其向内缩放，并调整至合适大小，按 4 键显示线框，重新调整头部模型，如图 2-92 所示。注意，在每部分模型调整完成以后，都需要对其结构进行观察，以保持其结构基本不变。

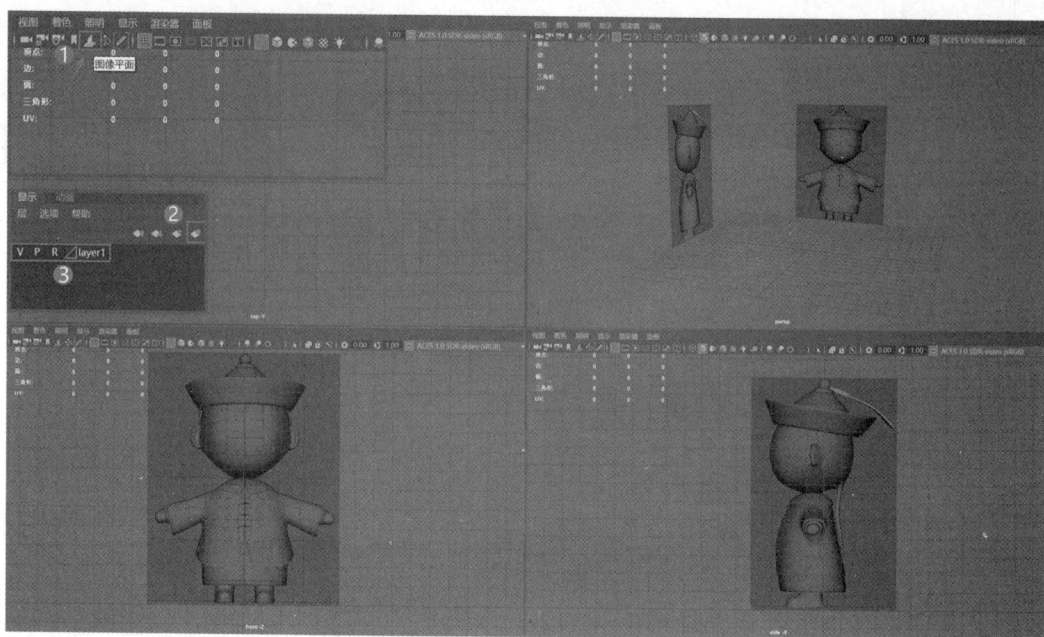

图 2-90　导入素材图片

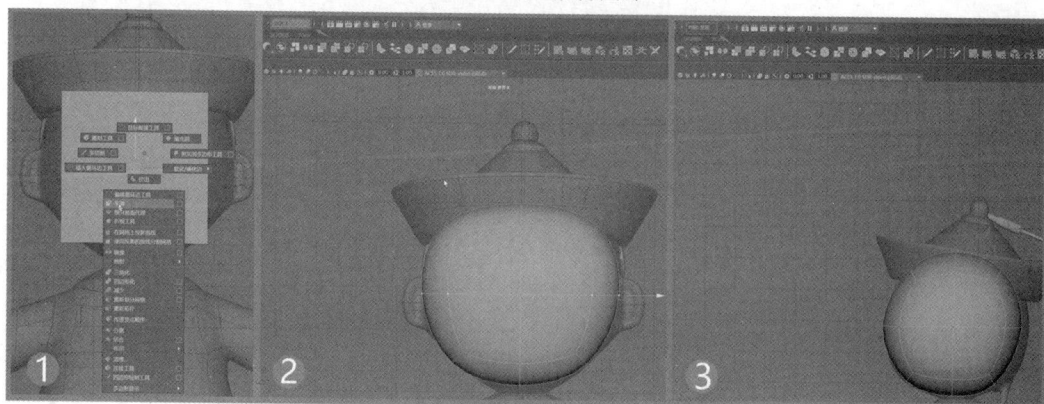

图 2-91　制作头部模型 1

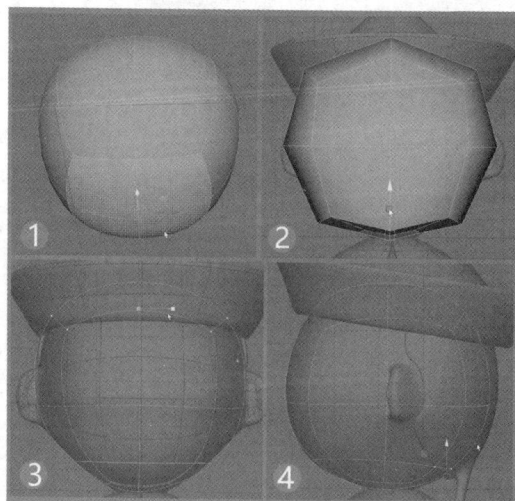

图 2-92　制作头部模型 2

（4）选择调整好的面，先按 R 键，再按住 Shift 键通过缩放进行挤出，得到如图 2-93 所示的身体模型。

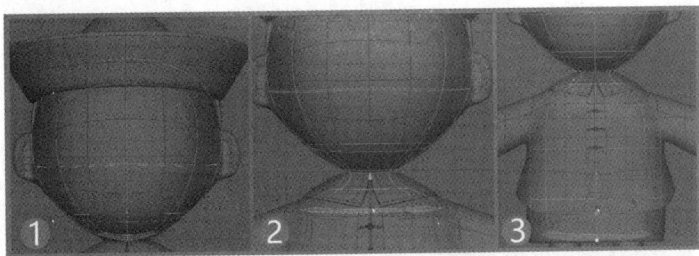

图 2-93　制作身体模型 1

（5）在前视图、左视图和右视图中，选择底面，先按 R 键，再按住 Shift 键通过缩放进行挤出，将底部结构制作出来，如图 2-94 所示。

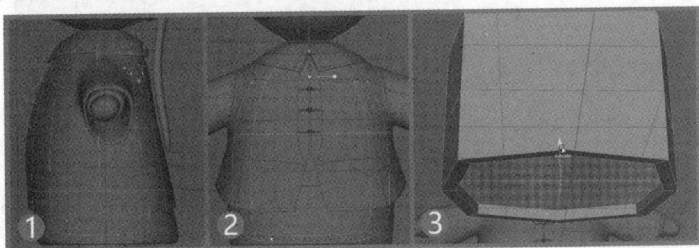

图 2-94　制作身体模型 2

（6）选择 4 个面，先按 R 键，再按住 Shift 键通过缩放进行挤出。先单击"多切割"按钮，给手臂模型添加一条循环边，然后选择循环边，单击"圆形圆角"按钮调整循环边的形状，使手臂模型圆滑。按 4 键显示线框，调整手臂模型，选择手臂模型尾部的面，先按 R 键，再按住 Shift 键通过缩放进行挤出。选择两条循环边，选择"倒角"命令，将"分数"改为"0.3"，"分段"改为"2"。再次选择两条循环边，选择"倒角"命令，将"分数"改为"0.1"，这样手臂模型就制作完成了，如图 2-95 所示。

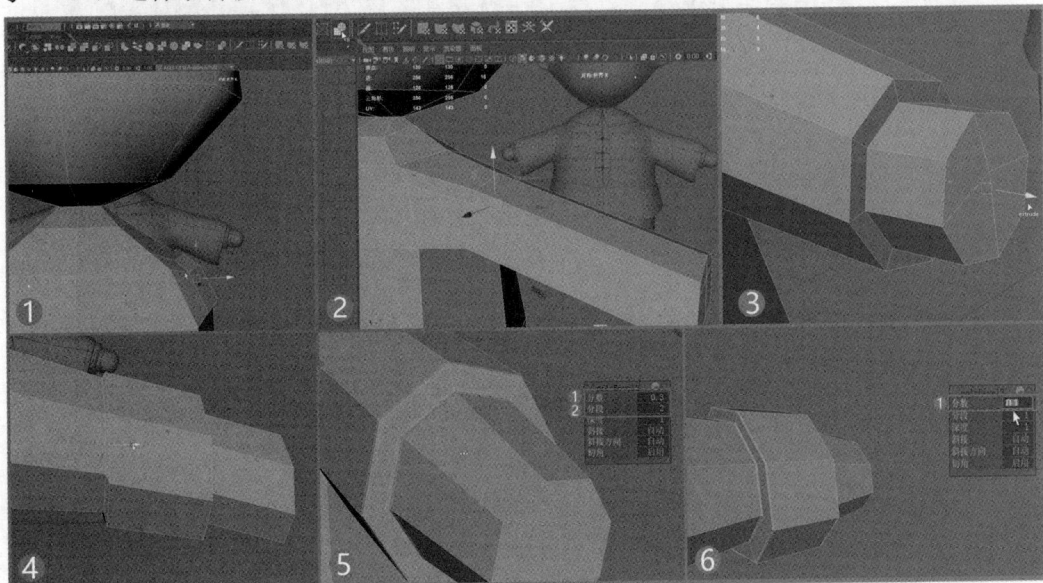

图 2-95　制作手臂模型

（7）在面模式下选择一半的面，按 Delete 键将其删除，使用"多切割"命令添加循环边，给模型增加面数，便于调整角色模型的大体轮廓，将耳朵模型的结构调整出来，如图 2-96 所示。

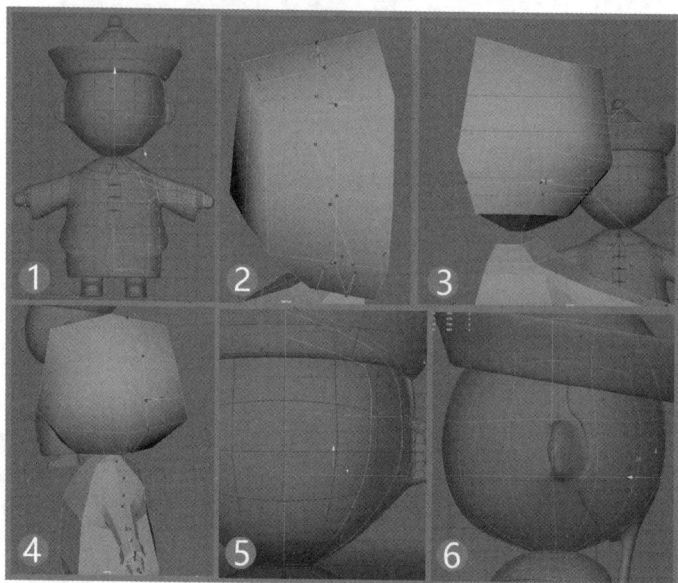

图 2-96　调整整体模型的结构

（8）选择面，先按 R 键，再按住 Shift 键通过缩放进行挤出，将耳朵模型的大体轮廓制作出来，对耳朵模型的结构进行调整。选择制作好的一半模型，按快捷键 Shift+D 进行复制。将复制的模型的"缩放 X"改为"-1"，按住 Shift 键的同时右击，在弹出的快捷菜单中选择"结合"命令，进行合并，在点模式下选择中间的顶点，按住 Shift 键的同时右击，在弹出的快捷菜单中选择"合并顶点"命令，调整模型，如图 2-97 所示。

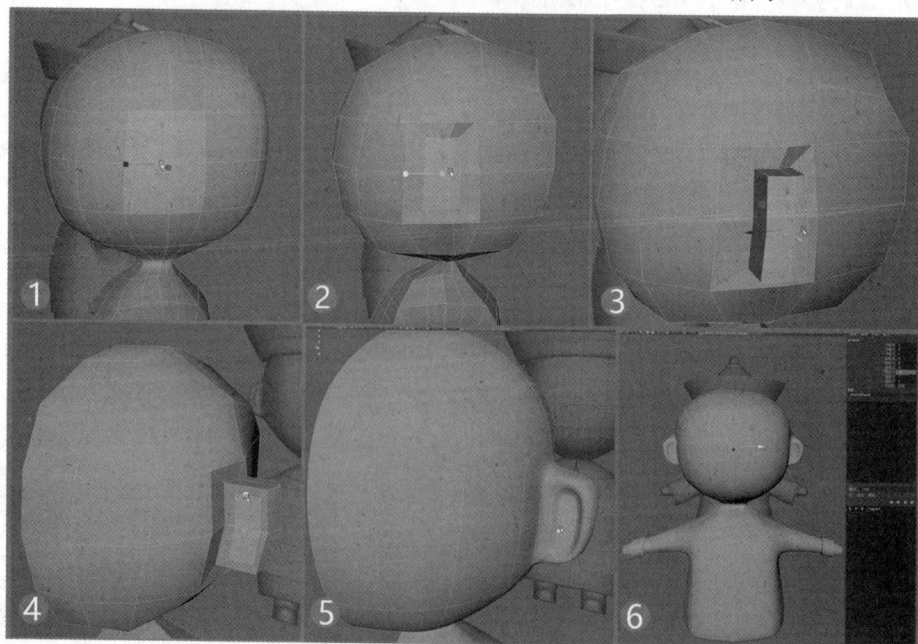

图 2-97　制作耳朵模型

（9）选择循环边，单击"圆形圆角"按钮调整循环边的形状，使模型圆滑，在点模式下调整底部结构，使用"多切割"命令对底部进行卡边，选择底面，先按 R 键，再按住 Shift 键通过缩放进行挤出，如图 2-98 所示。

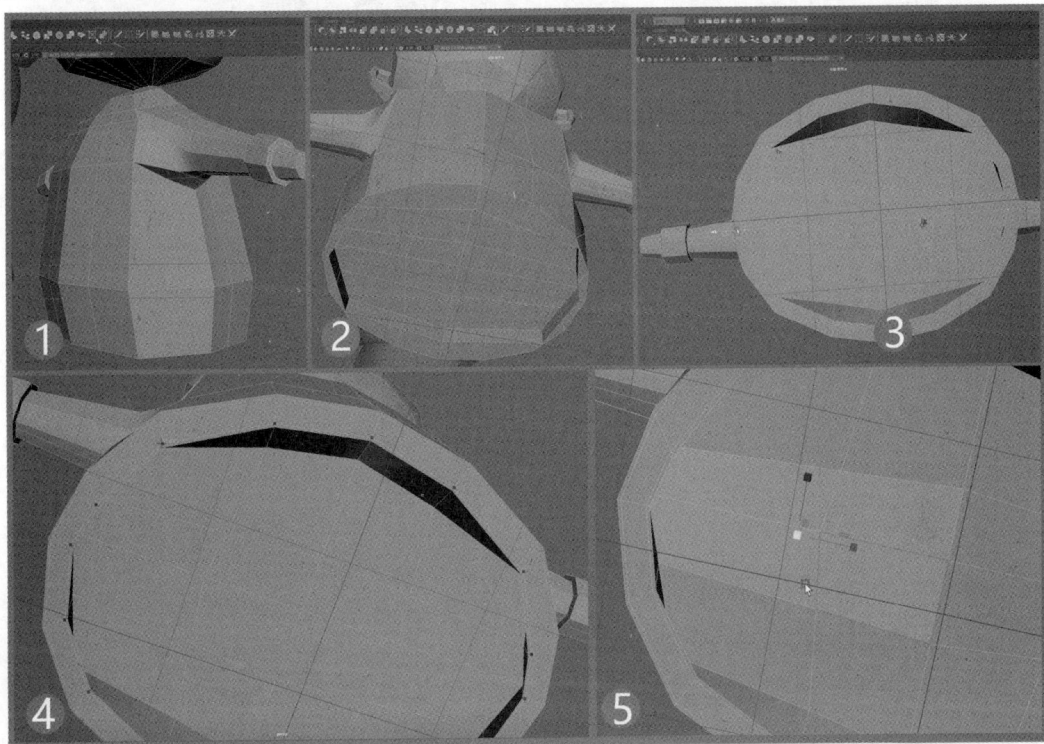

图 2-98　调整底部结构

（10）在点模式下调整脚部模型结构，进行挤出并卡出分段。选择鞋头模型前面的面进行挤出，制作出鞋头模型。选择底面，先按 R 键，再按住 Shift 键通过缩放进行挤出，将底部结构制作出来，如图 2-99 所示。使用"多切割"命令对脚部模型卡边，选择循环边进行倒角，将"分数"改为"0.1"，调整脚部模型的大体轮廓，如图 2-100 所示。

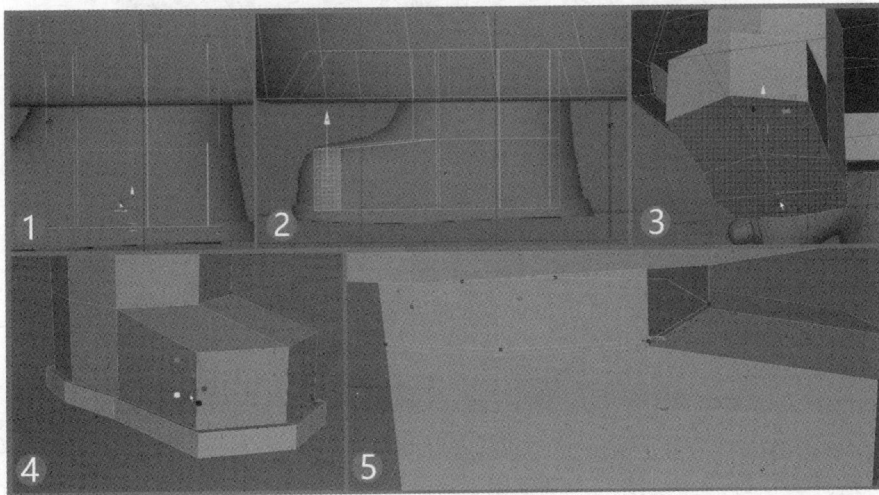

图 2-99　制作脚部模型

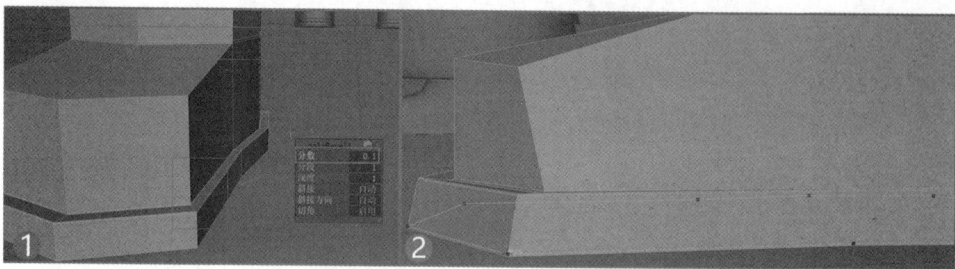

图 2-100　脚部模型卡边

（11）选择多余的线，按 Delete 键将其删除。在面模式下选择一半的面，按 Delete 键将其删除。选择剩余的面，按住 Shift 键的同时右击，在弹出的快捷菜单中选择"复制面"命令，将"局部平移 Z"改为"0.1"，让衣服模型与角色模型有一定的距离，以便于调整，如图 2-101 所示。

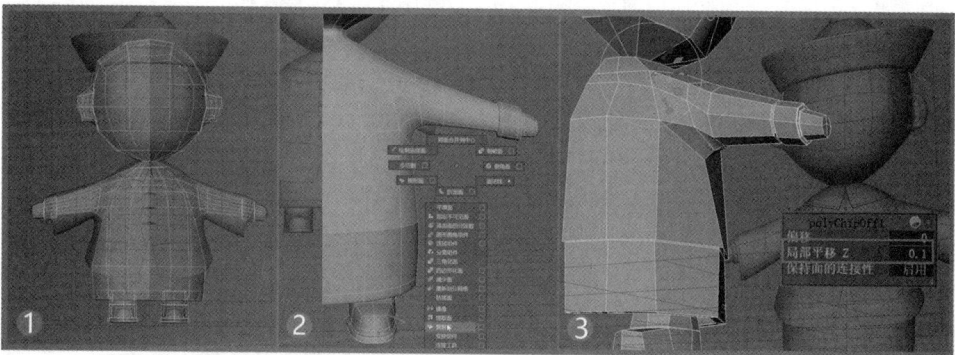

图 2-101　制作衣服模型 1

（12）在点模式下选择袖口模型的顶点进行调整，制作出袖子模型的大体轮廓。选择循环边，按 Shift 键进行挤出，按 R 键进行缩放，制作出袖子模型，如图 2-102 所示。

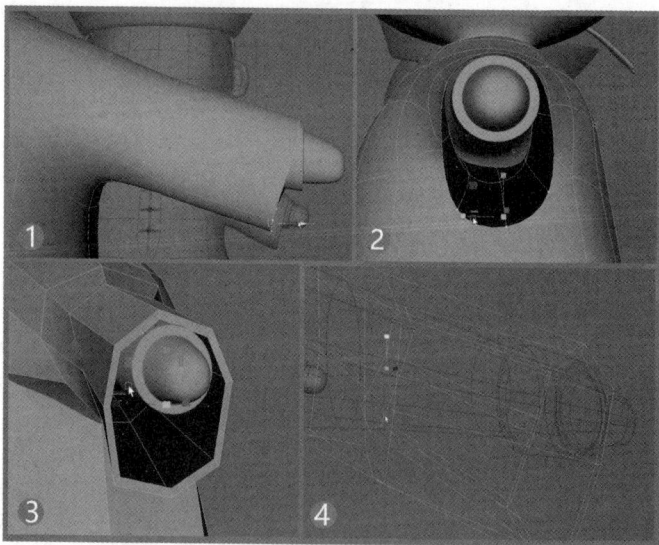

图 2-102　制作袖子模型

（13）选择制作好的一半模型，按 D 键，调整枢轴的位置，按快捷键 Shift+D 进行复制，将复制的模型的"缩放 X"改为"−1"。同时选择制作好的一半模型和复制的模型，按住 Shift

键的同时右击，在弹出的快捷菜单中选择"结合"命令，将两个部分合并在一起。在点模式下选择中间的顶点，按住 Shift 键的同时右击，在弹出的快捷菜单中选择"合并顶点"命令，调整衣服模型，使用"多切割"命令将衣服模型分叉的结构线卡出。选择面，按 Delete 键删除，在点模式下调整衣服模型的结构，如图 2-103 所示。侧面衣服模型分叉的制作步骤同上。

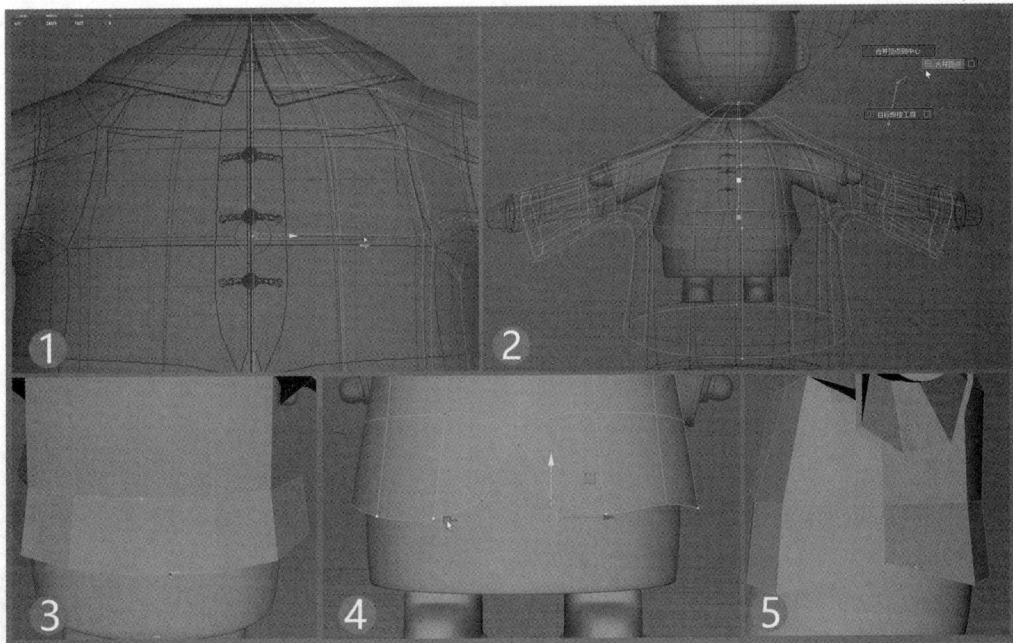

图 2-103 制作衣服模型 2

（14）选择循环面，按住 Shift 键的同时右击，在弹出的快捷菜单中选择"复制面"命令，将"局部平移 Z"改为"0.1"。选择复制的面，单击"挤出"按钮，将"局部平移 Z"改为"0.1"，这样就制作出了领子模型的大体轮廓。在边模式下双击中间的环线，选择"倒角"命令，将"分数"改为"0.5"，选择倒角，按 Delete 键将产生的面删除，如图 2-104 所示。

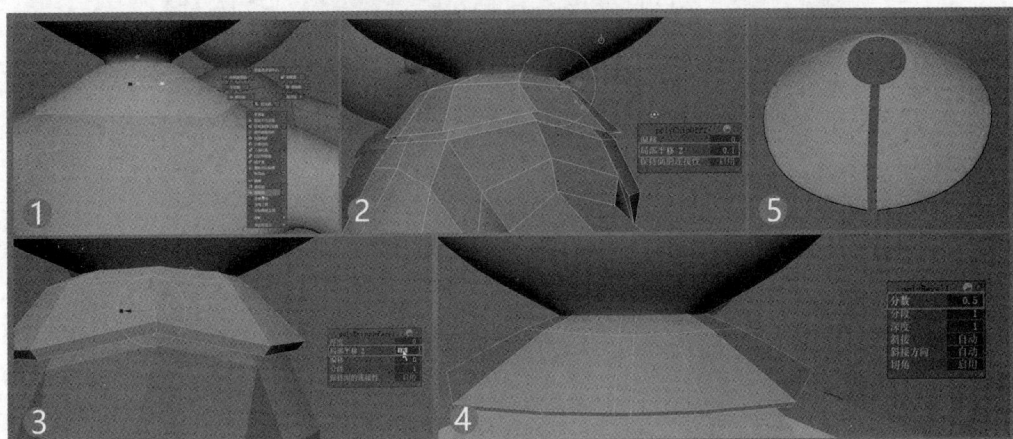

图 2-104 制作领子模型

（15）在点模式下选择顶点，对领子模型进行调整。选择循环边，按住 Shift 键的同时右击，在弹出的快捷菜单中选择"填充洞"命令。使用"多切割"命令连接多边面，对领子模型进行卡边，在面模式下选择一半的面，按 Delete 键进行删除。选择领子模型，按快捷键 Shift+D 进行复制，将复制的领子模型的"缩放 X"改为"-1"。选择领子模型，按住 Shift 键的同时右击，在弹出的快捷菜单中选择"结合"命令，将两个部分合并在一起。在点模式下选择中间的顶点，按住 Shift 键的同时右击，在弹出的快捷菜单中选择"合并顶点"命令，如图 2-105 所示。

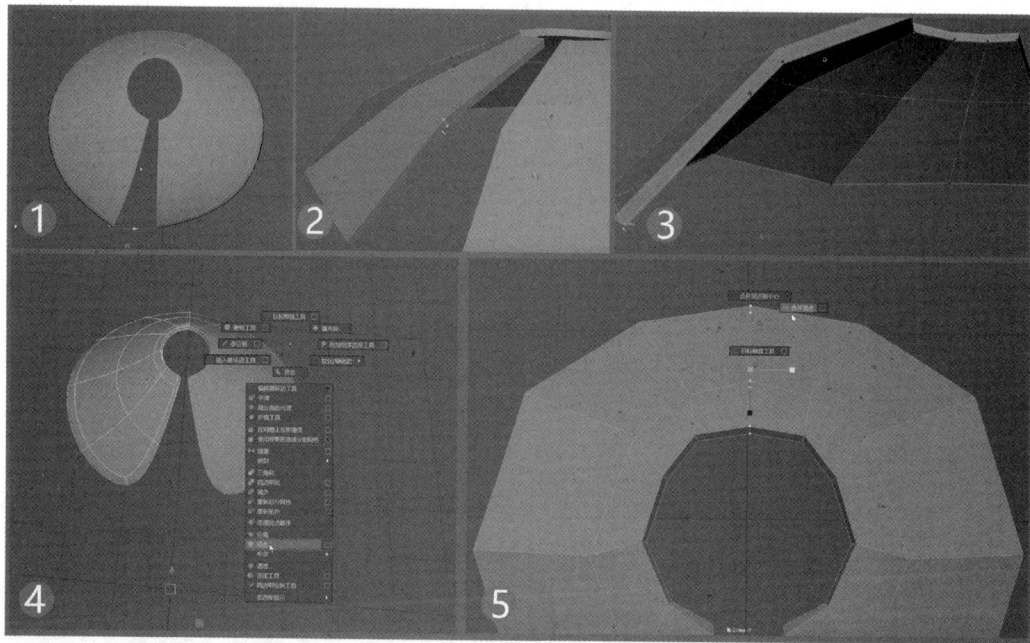

图 2-105　调整领子模型的细节

（16）在点模式下，选择顶点，对头部模型进行调整。在面模式下，选择面，按住 Shift 键的同时右击，在弹出的快捷菜单中选择"复制面"命令，将"局部平移 Z"改为"0.1"，选择复制的面，单击"挤出"按钮，将"厚度"改为"0.2"，如图 2-106 所示。

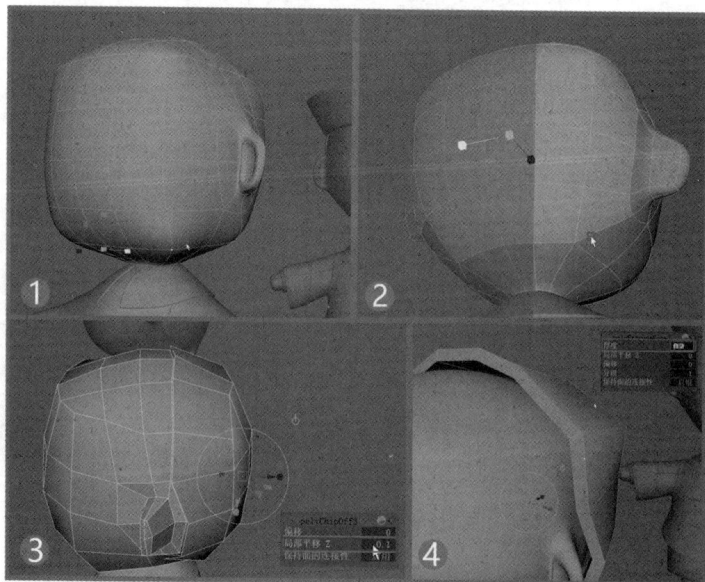

图 2-106　制作头发模型 1

（17）选择面，按 Shift 键进行挤出，按 R 键进行缩放，在边模式下调整头发模型的结构，在点模式下调整头发模型的大体轮廓，如图 2-107 所示。

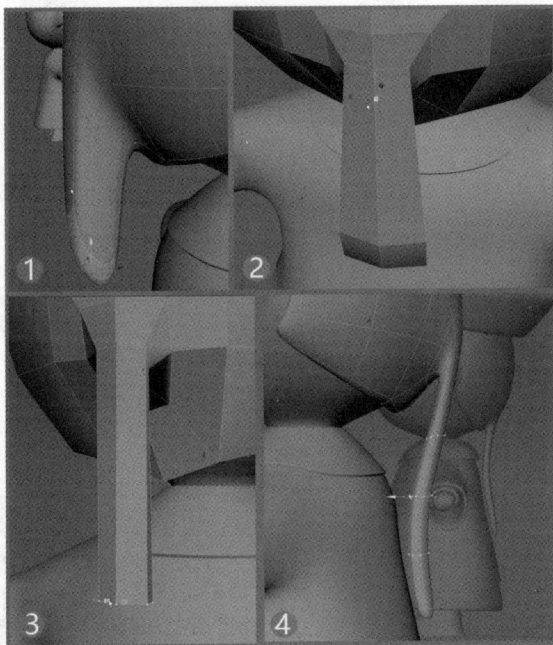

图 2-107　制作头发模型 2

（18）先创建一个多边形圆柱体模型，再在"通道盒/层编辑器"面板中设置"轴向细分数"为"8"。选择除底面以外的面，按 Delete 键删除。选择循环边，按 Shift 键进行挤出，按 R 键进行缩放，制作出帽子模型的大体轮廓。选择循环边进行倒角，将"分数"改为"0.2"，如图 2-108 所示。

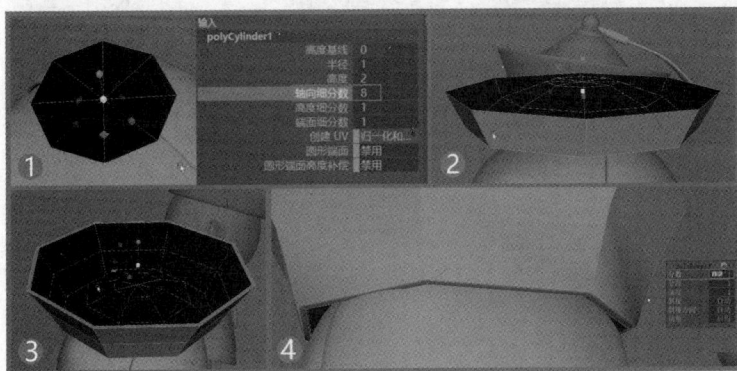

图 2-108　制作帽子模型 1

（19）选择帽子模型顶部的循环边进行倒角，设置"分数"为"0.1"。选择帽子顶部的循环面，按住 Shift 键的同时右击，在弹出的快捷菜单中选择"复制面"命令。选择复制的循环面，按 Shift 键进行挤出，按 R 键进行缩放，制作出帽子模型顶部的大体轮廓。先选择黑色的面，再选择"网格显示"→"反向"命令，这样就能得到正常显示的模型了，如图 2-109 所示。选择帽子模型顶部的循环边进行倒角，将"分数"改为"0.2"，如图 2-110 所示。

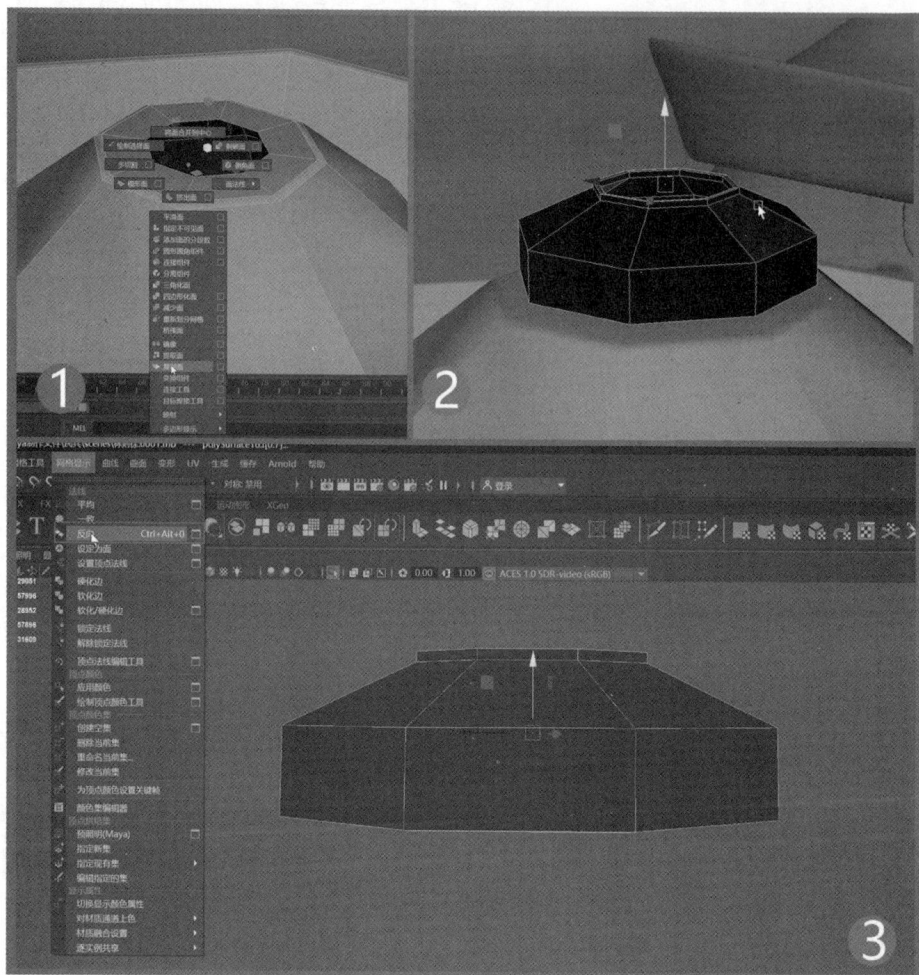

图 2-109　制作帽子模型 2

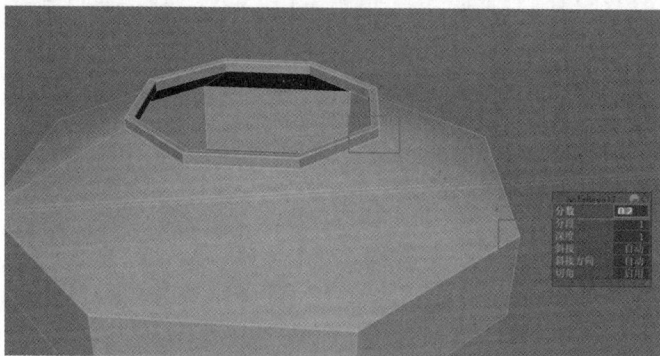

图 2-110　制作帽子模型 3

（20）先创建一个多边形球体模型，再在"通道盒/层编辑器"面板中设置"轴向细分数"为"8"，"高度细分数"为"8"，如图 2-111 所示。选择"修改"→"对齐工具"命令，将多边形球体模型调整至合适位置。

（21）创建一个多边形立方体模型，按住 Shift 键的同时右击，在弹出的快捷菜单中选择"平滑"命令，设置"分段"为"1"。选择面，按 Shift 键进行挤出，按 R 键进行缩放，制作出花翎模型的大体轮廓。选择中间的循环边进行倒角，将"分数"改为"0.8"。选择面，分别进行挤出，在点模式下调整花翎模型的大体轮廓，如图 2-112 所示。

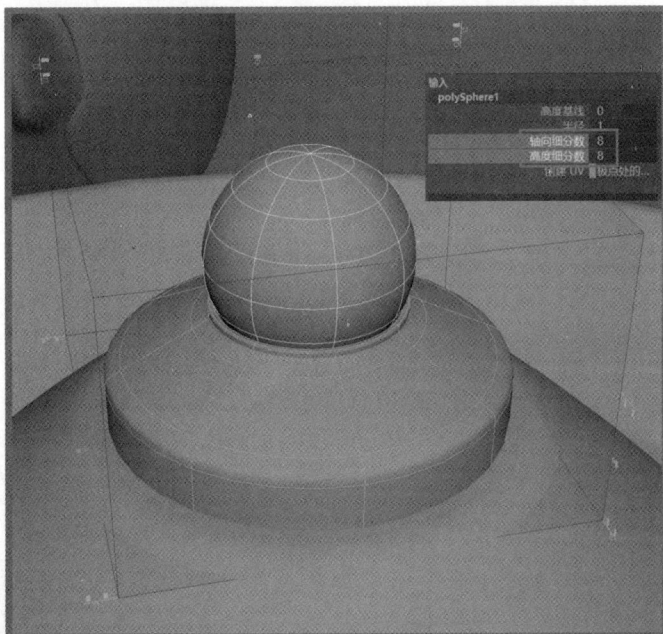

图 2-111　制作帽子模型 4

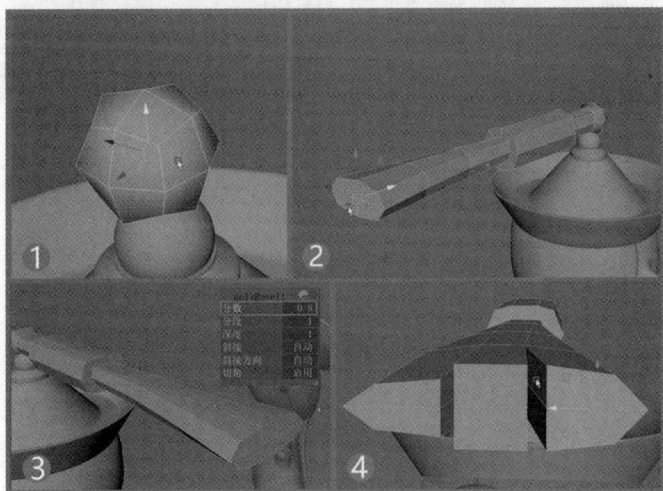

图 2-112　制作花翎模型

（22）先创建一个多边形圆柱体模型，再在"通道盒/层编辑器"面板中设置"轴向细分数"为"8"，调整多边形圆柱体模型的大小和位置，按 D 键，将多边形圆柱体模型的枢轴调整至居中的位置，按快捷键 Shift+D 进行复制，将复制的多边形圆柱体模型的"缩放 X"改为"-1"，如图 2-113 所示。选择两个多边形圆柱体模型，按住 Shift 键的同时右击，在弹出的快捷菜单中选择"结合"命令。

（23）在面模式下，选择两个多边形圆柱体模型的顶面，按 Delete 键删除。在边模式下选择两条循环边，按住 Shift 键的同时右击，在弹出的快捷菜单中选择"桥接"命令，将"分段"改为"6"，"方向（源）"与"方向（目标）"均改为"+"，"曲线类型"改为"融合"。

此时，出现绿色的面是因为材质节点丢失，可以为绳结模型赋予 aiStandardSurface 材质球，按快捷键 Shift+D 对绳结模型进行复制，并调整复制的绳结模型的位置，如图 2-114 所示。

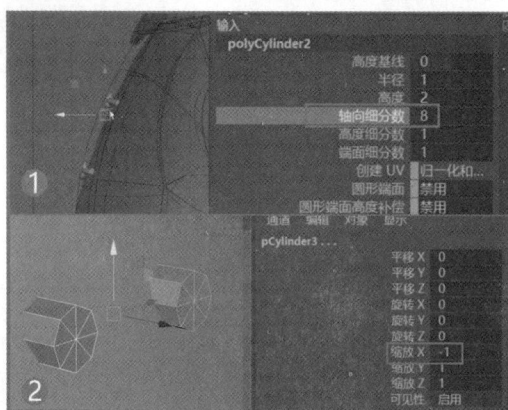

图 2-113　制作扣子模型 1

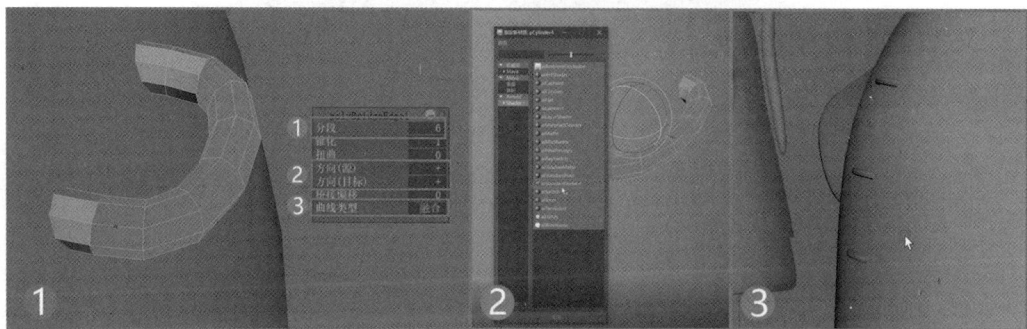

图 2-114　制作扣子模型 2

（24）先创建一个多边形球体模型，再在"通道盒/层编辑器"面板中设置"轴向细分数"为"8"，"高度细分数"为"8"。按快捷键 Shift+D 对绳结模型进行复制，并调整复制的绳结模型的位置，如图 2-115 所示。将衣服模型与帽子模型合并在一起，并将剩余部分合并在一起，将模型分为内、外两个部分。

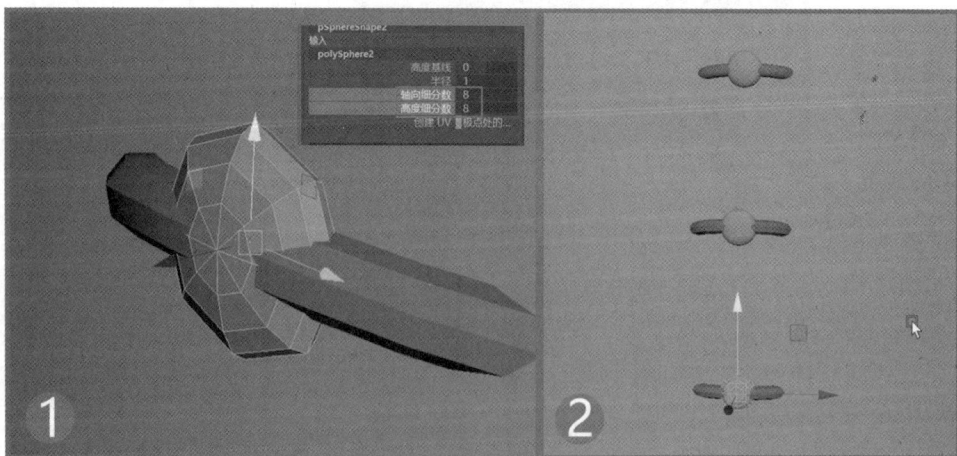

图 2-115　制作扣子模型 3

（25）这样卡通动画（盲盒）角色模型就制作完成了。最终效果如图 2-116 所示。

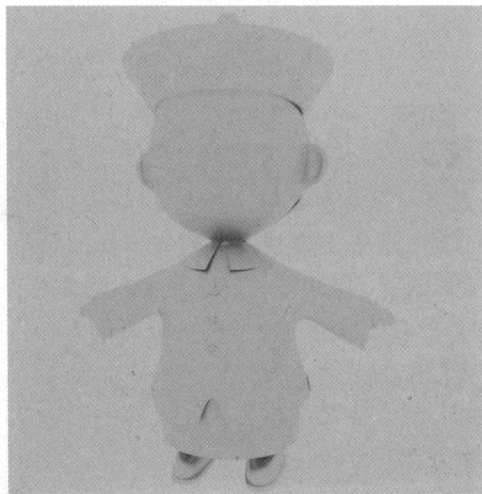

图 2-116　最终效果

课后练习：制作《龙猫》中的女孩的卡通动画（盲盒）角色模型。

2.4　影视动画（盲盒）角色模型制作（活动页 4 项目）

教学目标

掌握影视动画（盲盒）角色模型制作流程，了解如何制作一个武生角色模型，以及制作武生角色模型使用了哪些软件，最终呈现出一个怎样的效果。这部分内容将对接考取"1+X"证书的三维动画模型制作部分知识点。

教学重点和难点

（1）了解中国传统武术文化，对武生角色模型制作有一定的认识，熟练使用"可编辑多边形"工具。

（2）掌握制作模型、材质与贴图等的方法，能够制作相关的影视动画（盲盒）角色模型。

（3）掌握影视动画（盲盒）角色模型制作流程。

思政故事背景

功夫，英文 Kung fu，又称中国功夫、中国传统武术，是在中国清末关于"武术"的别称，主要体现为个人在武术上的应用和造诣，具有哲理性，以"制止侵袭"为技术导向，是一种引领修行者认识人与自然、社会客观规律的传统教化方式和个人修为。

功夫，是中华民族智慧的结晶，是中华民族传统文化的体现，是世界上独一无二的"武化"。它讲究刚柔并济，内外兼修，既有刚健雄美的外形，又有典雅深邃的内涵，蕴含着先哲们对生命和宇宙的参悟，是中国劳动人民长期积累的宝贵文化遗产。

中国功夫在世界上影响广泛，世界各国出现了大量中国功夫题材的影视作品，少林、太极、咏春拳等中国功夫在全球广泛传播。

武生角色模型制作案例

本案例制作的是一个能够彰显中国功夫特色的影视动画（盲盒）角色模型。本案例制作的思路是在 Character Creator 中创建模型的基本体，在 ZBrush 中进行模型大体轮廓的调整及细节的刻画，在 Zwrap 中进行包裹烘焙，在 Marvelous Designer 中进行服装制作，在 Substance Painter 中进行材质与贴图制作。效果展示如图 2-117 所示。

图 2-117　效果展示

数字化学习资源：影视动画（盲盒）角色模型制作

详见：影视动画（盲盒）角色模型制作的数字化学习资源。

视频教程：

| 次世代角色 1（工程目录创建） | 次世代角色 2（模型制作） | 次世代角色 3（ZBrush 上） | 次世代角色 4（ZBrush 下） | 次世代角色 5（Maya 眼睛制作） |

| 次世代角色 6（裤子细节制作） | 次世代角色 7（Substance Painter 上） | 次世代角色 8（Substance Painter 下） | 次世代角色 9（Maya 贴图上） | 次世代角色 10（Maya 贴图下） |

课后练习：制作影视动画（盲盒）角色模型，要求模型比例得当且布线合理。

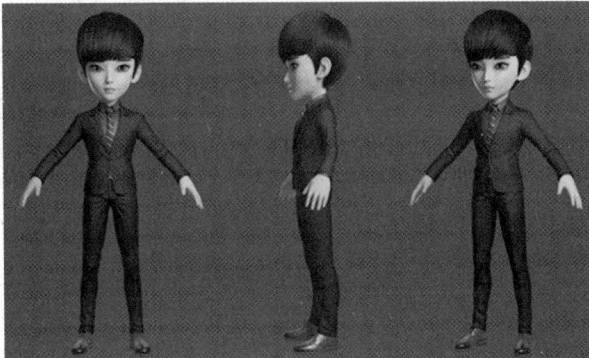

知识与技能小结

通过本项目的学习，学生基本能够掌握在 Maya 中建模的方法，以及三维动画场景模型和角色模型制作的技能。本项目中的案例添加了课程思政元素，学生通过学习，可以深入了解民族文化，增强文化自信，树立良好的价值观。本项目中的案例还结合了考取"1+X"证书的部分知识点，学生通过学习，可以提高考取"1+X"证书的通过率。

拓展任务

场景建模任务：制作小蜜蜂家园的卡通动画场景模型，要求布线合理，面数控制在 5万面以内。

角色建模任务：制作小和尚的卡通动画（盲盒）角色模型，要求比例准确，布线合理，面数控制在 2 万面以内。

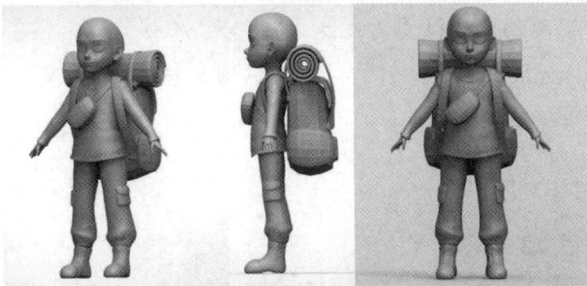

项目 3   三维动画材质与贴图篇

简单来说，材质就是物体的质地。材质可以看成材料和质感的结合。在渲染程序中，它是表面各可视属性的结合，这些可视属性是指表面的色彩、纹理、光滑度、透明度、反射率、折射率、发光度等。正是有了这些属性，才能让我们识别三维动画模型是什么制作成的。也正是有了这些属性，计算机的三维虚拟世界才会和真实世界一样缤纷多彩。必须仔细分析不同材质，才能更好地把握质感。材质的本质仍然是光，离开光，材质是无法体现的。举例来说，借助夜晚微弱的天空光，往往很难分辨物体的材质，而在正常的照明条件下，则很容易分辨物体的材质。另外，在彩色光源的照射下，很难分辨物体表面的颜色，而在白色光源的照射下，则很容易分辨物体表面的颜色。这种情况表明物体的材质与光的微妙关系。下面具体分析二者之间的相互作用。

色彩是光的一种特性，我们通常看到的色彩是光作用于眼睛的结果。而当光线照射到物体上时，物体会吸收一些光色，同时也会漫反射一些光色，这些漫反射出来的光色到达眼睛之后，可以反映出物体表面的颜色。这种颜色在绘画中被称为"固有色"。这些被漫反射出来的光色除了会影响视觉，还会影响周围的物体，这就是光能传递。当然，影响的范围不会像我们的视觉范围那么大，它应遵循光能衰减的原理。

纹理与材质是两个息息相关的环节，初学者很容易将纹理与材质混淆，严格来说，二者的作用不同，但目的都是为模型增加真实的视觉效果，以模拟出现实世界中的材料和质感。Maya 纹理与材质的节点非常多，功能也非常强大，尤其是 Mental Ray 渲染器提供的节点，可以模拟出逼真的材质效果。本章主要介绍编辑 UV 贴图、创建节点、编辑节点、赋予材质、使用各种类型材质和使用 Substance Painter 制作材质等内容。通过对本章的学习，学生可以掌握制作与赋予材质的方法，以及一些常用节点的特性。

结合案例，学生可以认识中华民族传统文化和中华民族精神。此外，快速掌握有关三维动画材质的知识，还可以提升思想政治素质。

【能力要求】

（1）掌握使用 Maya 编辑 UV 贴图的技能（"1+X"证书）。

（2）掌握编辑三维动画模型材质的技能（"1+X"证书）。

（3）掌握使用 Substance Painter 制作材质与贴图的技能（"1+X"证书）。

（4）了解一些常用节点的特性。

【学习导览】

本项目思维导图如下。

3.1　卡通动画场景材质与贴图制作

3.2　卡通动画（盲盒）角色材质与贴图制作

项目3　三维动画材质与贴图篇

3.3　影视动画场景材质与贴图制作

3.1　卡通动画场景材质与贴图制作（活动页 1 项目）

教学目标

通过前期学习的卡通动画场景模型制作可知，这个阶段需要熟练使用 Maya 制作固有材质，对三维动画场景中的色彩进行搭配，了解三维动画场景中有哪些制作固有材质的方法。这部分内容将对接考取"1+X"证书的三维动画材质与贴图制作部分知识点。

教学重点和难点

（1）了解虎门销烟场景传达的禁毒知识，学习中国人民面对外来侵略积极应对的精神。

（2）了解卡通动画场景固有材质的制作流程、材质色彩的搭配方式，以及贴图的表现方式。

（3）掌握卡通动画场景固有材质的制作方法。

视频教程：卡通场景模型场景贴图

虎门销烟卡通动画场景材质与贴图制作案例

本案例制作的是虎门销烟卡通动画场景材质与贴图，其中包括木箱、铁锹、箩筐、炮车（包含炸弹）、武器（枪）等贴图的制作。效果展示如图 3-1 所示。

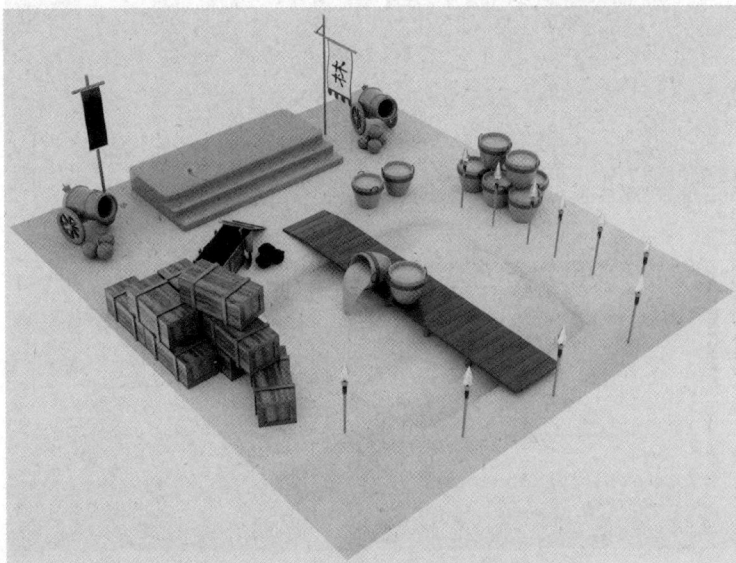

图 3-1　效果展示

3.1.1　木箱贴图制作

（1）先选择多边形平面模型，再选择"UV"→"UV 编辑器"命令，打开"UV 编辑器"面板，右击，在弹出的快捷菜单中选择"UV 壳"命令，在 UV 壳模式下选择 UV 贴图，按住 Shift 键的同时右击，在弹出的快捷菜单中选择"展开"→"展开"命令，调整 UV 贴图的大小和方向，如图 3-2 所示。

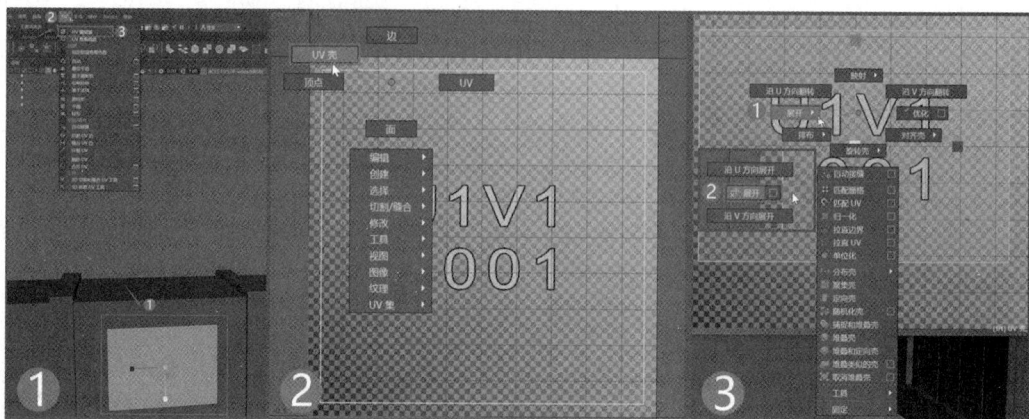

图 3-2　调整 UV 贴图的大小和方向

（2）在 UV 壳模式下选择 UV 贴图，单击"UV 快照"按钮，选择 UV 贴图导出的文件，设置"图像格式"为"PNG"，单击"应用"按钮，这样 UV 贴图就导出到选择好的文件夹中了，将导出的 UV 贴图导入 Photoshop 进行编辑，将准备好的素材图片导入 Photoshop，并调整至合适的大小，如图 3-3 所示。

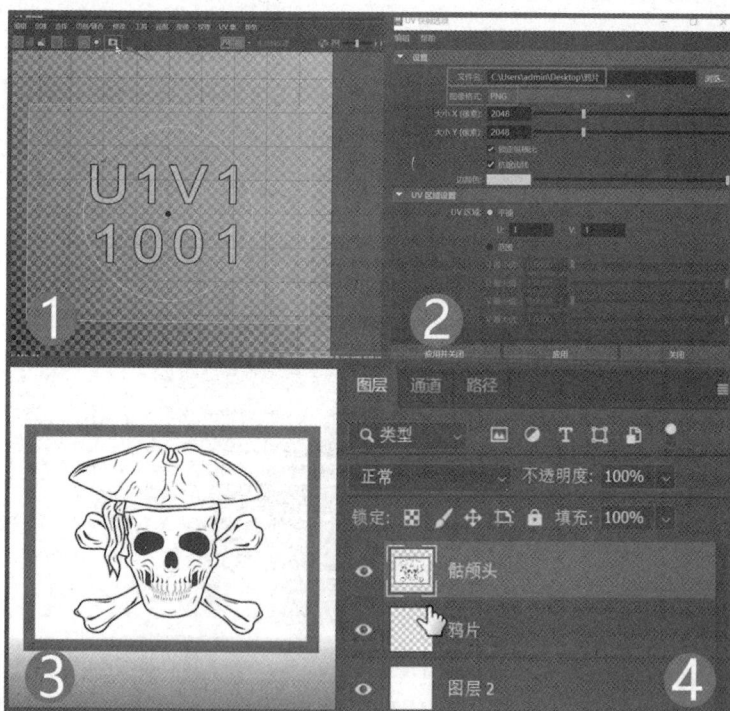

图 3-3　将 UV 贴图导入 Photoshop

（3）将步骤（2）中导入的 UV 贴图删除，导出调整好的素材图片到选择好的文件夹中，并将其命名为"鸦片 1"，设置"保存类型"为"PNG"。在 Maya 中选择多边形平面模型，按住鼠标右键并拖动鼠标至"指定新材质"命令上，松开鼠标右键，在弹出的快捷菜单中选择"指定新材质"命令，在弹出的"指定新材质"面板中选择"Shader"→"aiStandardSurface"选项，在"Base"卷展栏中设置"Color"选项的颜色属性，在"文件属性"卷展栏中选择"图像名称"为"鸦片 1.png"，如图 3-4 所示。

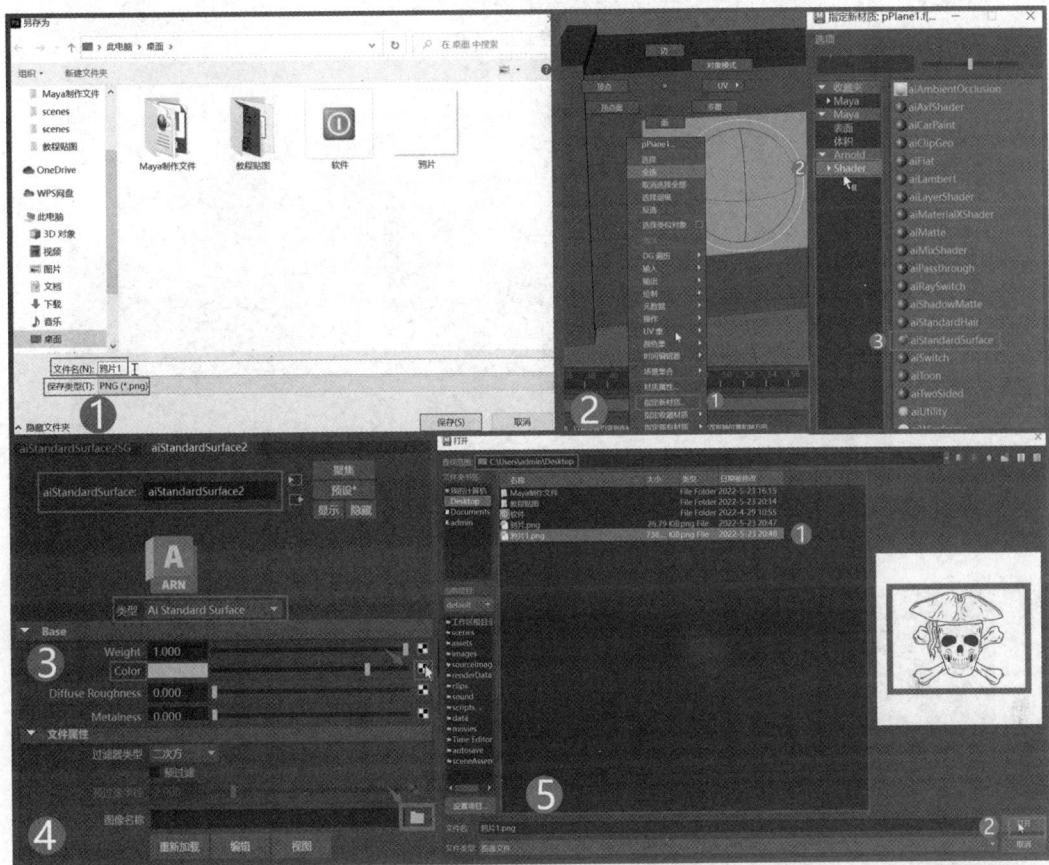

图 3-4　将素材图片导入 Maya 1

（4）先选择木箱模型，再选择"UV"→"自动"命令，将 UV 贴图展开后，选择"UV"→"UV 编辑器"命令，打开"UV 编辑器"面板，右击，在弹出的快捷菜单中选择"UV 壳"命令，在 UV 壳模式下选择所有 UV 贴图，对 UV 贴图的位置和大小进行调整。选择木箱模型，按住鼠标右键并拖动鼠标至"指定新材质"命令上，松开鼠标右键，在弹出的快捷菜单中选择"指定新材质"命令，在弹出的"指定新材质"面板中选择"Shader"→"aiStandardSurface"选项，在"Base"卷展栏中设置"Color"选项的颜色属性，如图 3-5 所示。在"文件属性"卷展栏中选择"图像名称"为"木箱贴图.png"，如图 3-6 所示。

（5）选择拆开的木箱模型，单击"显示 Hypershade 窗口"按钮，右击制作好的材质球，在弹出的快捷菜单中选择"为当前选择指定材质"命令，这样就为拆开的木箱模型赋予了与未拆开的木箱模型一样的贴图了，如图 3-7 所示。

图 3-5　自动展开 UV 贴图

图 3-6　将素材图片导入 Maya 2

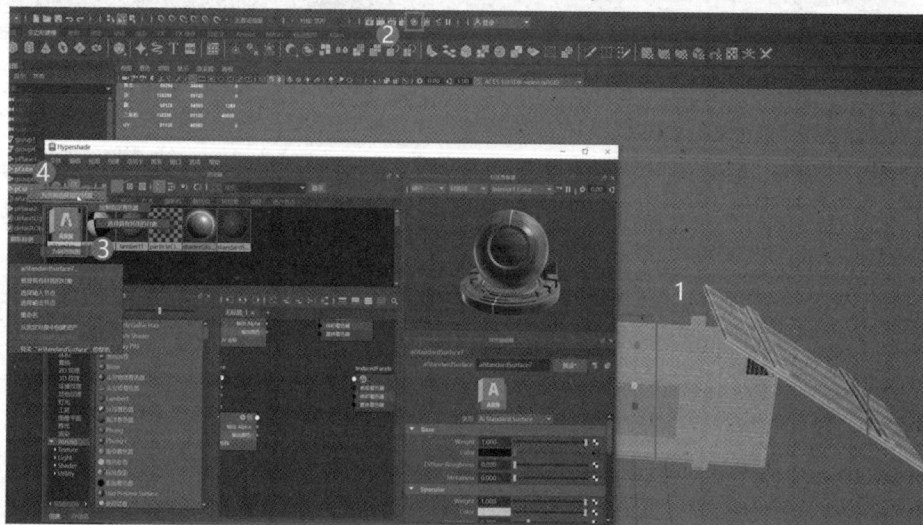

图 3-7　将材质球赋予拆开的木箱模型

（6）至此，木箱贴图制作完成。最终效果如图 3-8 所示。

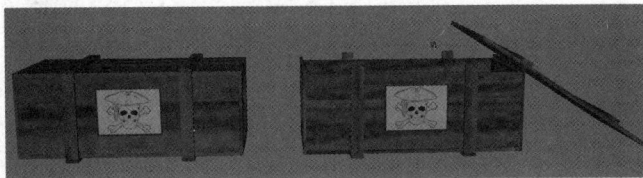

图 3-8　最终效果

3.1.2　铁锹贴图制作

（1）选择铁锹模型，在面模式下，选择面，按住鼠标右键并拖动鼠标至"指定新材质"命令上，松开鼠标右键，在弹出的快捷菜单中选择"指定新材质"命令，在弹出的"指定新材质"面板中选择"Shader"→"aiStandardSurface"选项，在"Base"卷展栏中设置"Color"选项的颜色属性，将颜色改为黑色，设置"Metalness"为"0.900"，如图 3-9 所示。

图 3-9　制作铁锹贴图 1

（2）在面模式下，选择面，按住鼠标右键并拖动鼠标至"指定新材质"命令上，松开鼠标右键，在弹出的快捷菜单中选择"指定新材质"命令，在弹出的"指定新材质"面板中选择"Shader"→"aiStandardSurface"选项，在"Base"卷展栏中设置"Color"选项的颜色属性，分别设置"H"为"0.000"、"S"为"0.000"、"V"为"0.180"，"H"为"18.500"、"S"为"0.900"、"V"为"0.200"，"H"为"24.000"、"S"为"0.950"、"V"为"0.450"，如图 3-10 所示。

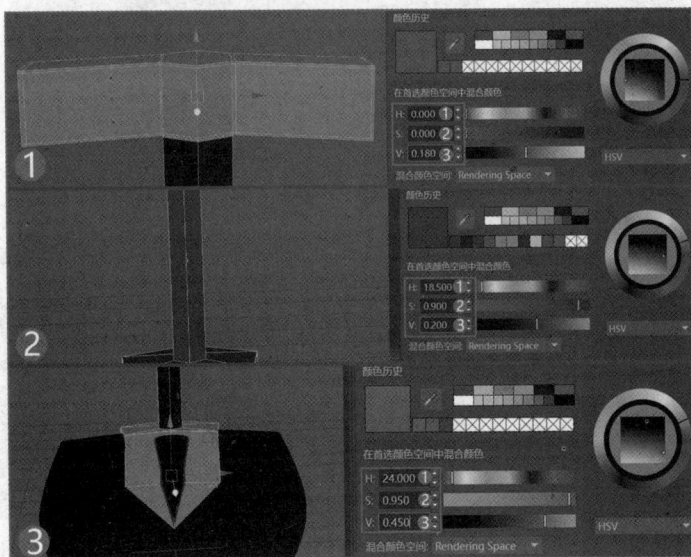

图 3-10　制作铁锹贴图 2

（3）至此，铁锹贴图制作完成。最终效果如图 3-11 所示。

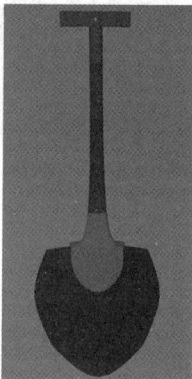

图 3-11　最终效果

3.1.3　箩筐贴图制作

（1）选择箩筐模型，在面模式下，选择面，按住鼠标右键并拖动鼠标至"指定新材质"命令上，松开鼠标右键，在弹出的快捷菜单中选择"指定新材质"命令，在弹出的"指定新材质"面板中选择"Shader"→"aiStandardSurface"选项，在"Base"卷展栏中设置"Color"选项的颜色属性，分别设置"H"为"35.500"、"S"为"0.900"、"V"为"0.400"，"H"为"22.700"、"S"为"0.980"、"V"为"0.200"，"H"为"38.500"、"S"为"1.000"、"V"为"0.140"，如图 3-12 所示。

（2）至此，箩筐贴图制作完成。最终效果如图 3-13 所示。

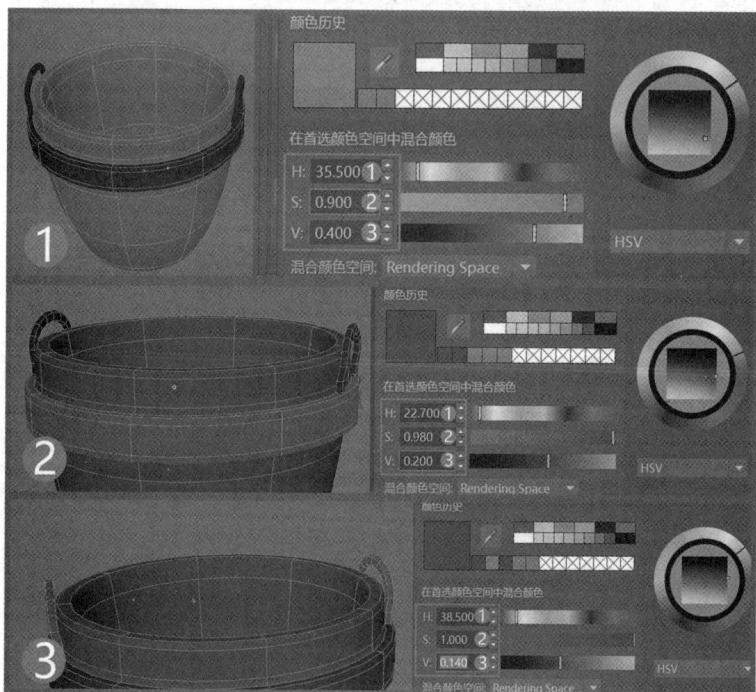

图 3-12　制作箩筐贴图

图 3-13　最终效果

3.1.4　炮车（包含炸弹）贴图制作

（1）除了可以为模型进行 UV 贴图，还可以为模型的表面进行固有色贴图。在面模式下，选择面，按住鼠标右键并拖动鼠标至"指定新材质"命令上，松开鼠标右键，在弹出的快捷菜单中选择"指定新材质"命令，在弹出的"指定新材质"面板中选择"Shader"→"aiStandardSurface"选项，在"Base"卷展栏中设置"Color"选项的颜色属性，设置"H"为"25.0"、"S"为"1.000"、"V"为"0.400"，如图 3-14 所示。

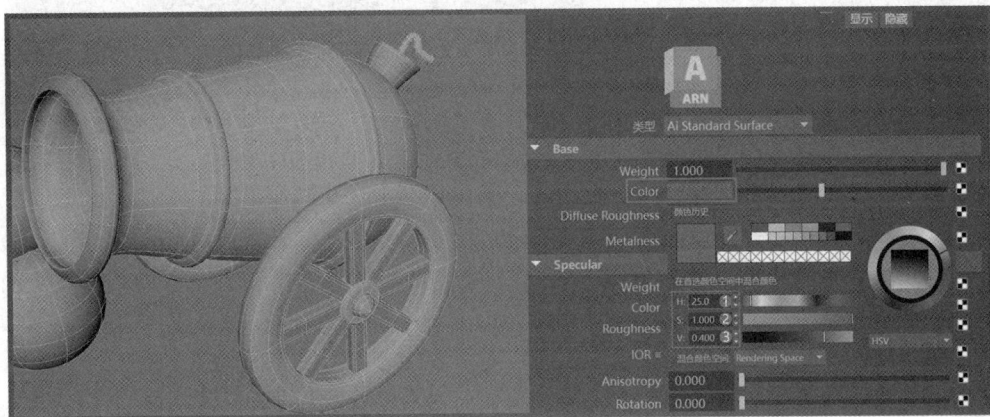

图 3-14　制作炮车（包含炸弹）贴图 1

（2）在面模式下，选择面，按住鼠标右键并拖动鼠标至"指定新材质"命令上，松开鼠标右键，在弹出的快捷菜单中选择"指定新材质"命令，在弹出的"指定新材质"面板中选择"Shader"→"aiStandardSurface"选项，在"Base"卷展栏中设置"Color"选项的颜色属性，设置"H"为"25.000"、"S"为"0.000"、"V"为"0.160"，如图 3-15 所示。

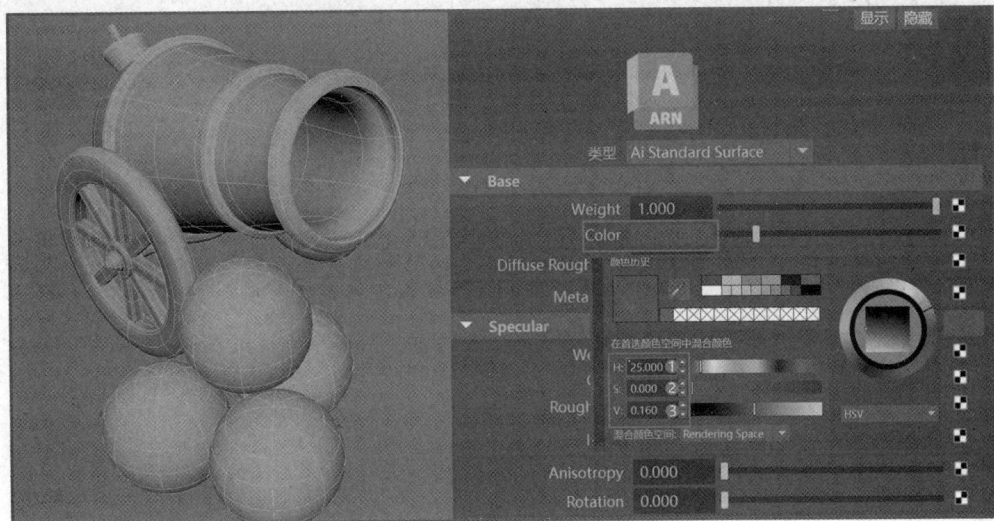

图 3-15　制作炮车（包含炸弹）贴图 2

（3）在面模式下，选择面，按住鼠标右键并拖动鼠标至"指定新材质"命令上，松开鼠标右键，在弹出的快捷菜单中选择"指定新材质"命令，在弹出的"指定新材质"面板中选择"Shader"→"aiStandardSurface"选项，在"Base"卷展栏中设置"Color"选项的颜色属性，设置"H"为"17.500"、"S"为"1.000"、"V"为"0.260"，如图 3-16 所示。

图 3-16　制作炮车（包含炸弹）贴图 3

（4）在面模式下，选择面，按住鼠标右键并拖动鼠标至"指定新材质"命令上，松开鼠标右键，在弹出的快捷菜单中选择"指定新材质"命令，在弹出的"指定新材质"面板中选择"Shader"→"aiStandardSurface"选项，在"Base"卷展栏中设置"Color"选项的颜色属性，设置"H"为"26.000"、"S"为"0.950"、"V"为"0.700"，如图 3-17 所示。

（5）至此，炮车（包含炸弹）贴图制作完成。最终效果如图 3-18 所示。

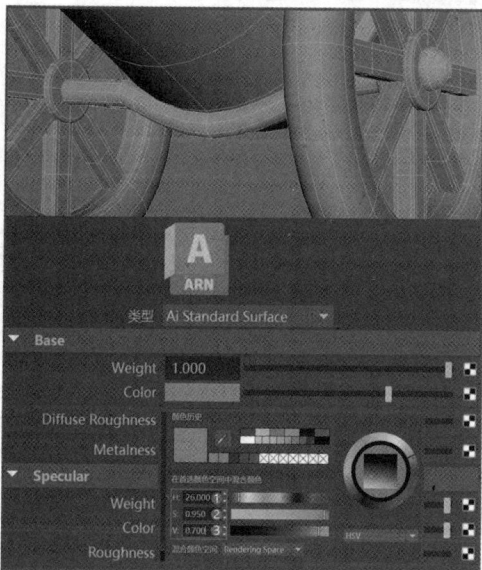

图 3-17　制作炮车（包含炸弹）贴图 4

图 3-18　最终效果

3.1.5　武器（枪）贴图制作

（1）选择武器（枪）模型的头部及尾部，按住鼠标右键并拖动鼠标至"指定新材质"命令上，松开鼠标右键，在弹出的快捷菜单中选择"指定新材质"命令，在弹出的"指定新材质"面板中选择"Shader"→"aiStandardSurface"选项，在"Base"卷展栏中设置"Metalness"为"1.000"。选择武器（枪）模型，在面模式下，选择面，按住鼠标右键并拖动鼠标至"指定新材质"命令上，松开鼠标右键，在弹出的快捷菜单中选择"指定新材质"命令，在弹出的"指定新材质"面板中选择"Shader"→"aiStandardSurface"选项，在"Base"卷展栏

中设置"Color"选项的颜色属性，分别设置"H"为"24.000"、"S"为"0.950"、"V"为
"0.450"，"H"为"360.00"、"S"为"1.000"、"V"为"1.000"，如图 3-19 所示。

（2）至此，武器（枪）贴图制作完成。最终效果如图 3-20 所示。

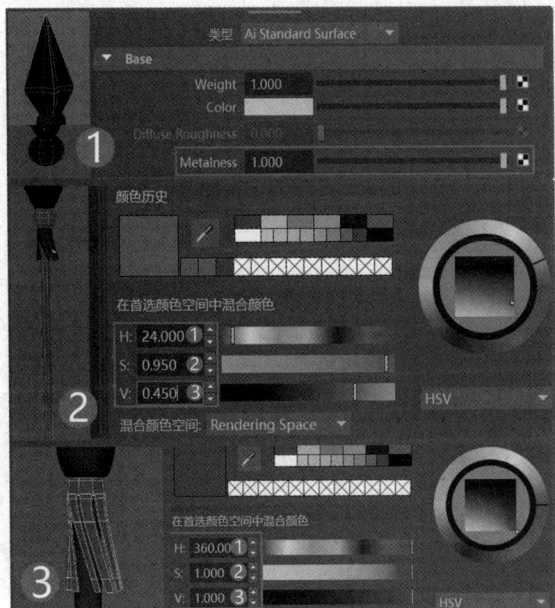

图 3-19　制作武器（枪）贴图

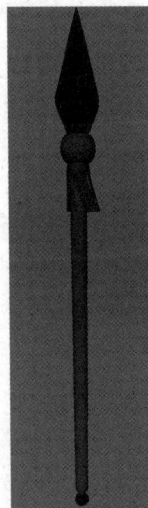

图 3-20　最终效果

3.1.6　地面及小物件贴图制作

（1）先选择沙滩模型，再选择"UV"→"UV 编辑器"命令，打开"UV 编辑器"面
板，右击，在弹出的快捷菜单中选择"UV 壳"命令，在 UV 壳模式下选择 UV 贴图，按住
Shift 键的同时右击，在弹出的快捷菜单中选择"展开"→"展开"命令，调整 UV 贴图的
大小和方向。在 UV 壳模式下选择 UV 贴图，单击"UV 快照"命令，选择 UV 贴图导出的
文件，设置"图像格式"为"PNG"，单击"应用"按钮，这样 UV 贴图就导出到选择好的
文件夹中了，将导出的 UV 贴图导入 Photoshop 进行编辑，将准备好的素材图片导入
Photoshop，并调整至合适的大小。将导入的 UV 贴图删除，导出调整好的素材图片至选择
好的文件夹中，并将其命名为"沙滩 tietu"，设置"保存类型"为"PNG"。选择沙滩模型，
按住鼠标右键并拖动鼠标至"指定新材质"命令上，松开鼠标右键，在弹出的快捷菜单中
选择"指定新材质"命令，在弹出的"指定新材质"面板中选择"Shader"→"aiStandardSurface"
选项，在"Base"卷展栏中设置"Color"选项的颜色属性，在"文件属性"卷展栏中选择
"图像名称"为"沙滩 tietu.png"，如图 3-21 所示。

（2）先选择木柱模型，再选择"UV"→"自动"命令，将 UV 贴图展开后，选择
"UV"→"UV 编辑器"命令，打开"UV 编辑器"面板，右击，在弹出的快捷菜单中
选择"UV 壳"命令，在 UV 壳模式下选择所有 UV 贴图，对 UV 贴图的位置和大小进
行调整。选择木柱模型，按住鼠标右键并拖动鼠标至"指定新材质"命令上，松开鼠
标右键，在弹出的快捷菜单中选择"指定新材质"命令，在弹出的"指定新材质"面
板中选择"Shader"→"aiStandardSurface"选项，在"Base"卷展栏中设置"Color"
选项的颜色属性，在"文件属性"卷展栏中选择"图像名称"为"木箱贴图.png"，如
图 3-22 所示。

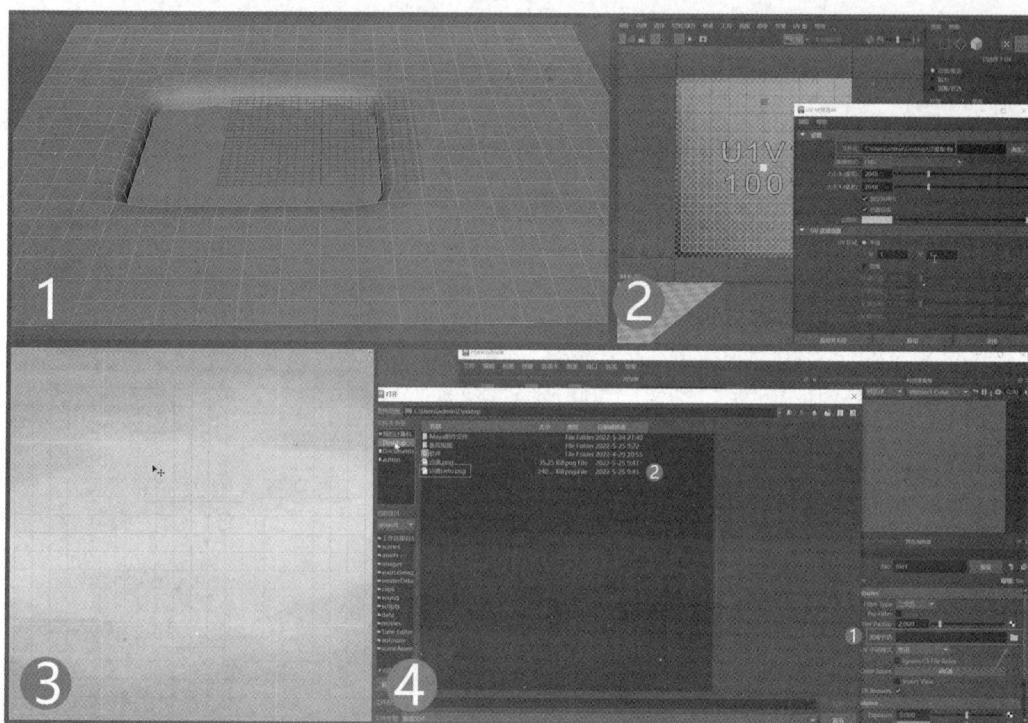

图 3-21　制作沙滩材质

图 3-22　制作木柱材质

（3）先选择木板模型，再选择"UV"→"自动"命令，将 UV 贴图展开后，选择
"UV"→"UV 编辑器"命令，打开"UV 编辑器"面板，右击，在弹出的快捷菜单中选
择"UV 壳"命令，在 UV 壳模式下选择所有 UV 贴图，对 UV 贴图的位置和方向进行

调整。选择木板模型，按住鼠标右键并拖动鼠标至"指定新材质"命令上，松开鼠标右键，在弹出的快捷菜单中选择"指定新材质"命令，在弹出的"指定新材质"面板中选择"Shader"→"aiStandardSurface"选项，在"Base"卷展栏中设置"Color"选项的颜色属性，在"文件属性"卷展栏中选择"图像名称"为"桥木纹.png"，如图 3-23 所示。

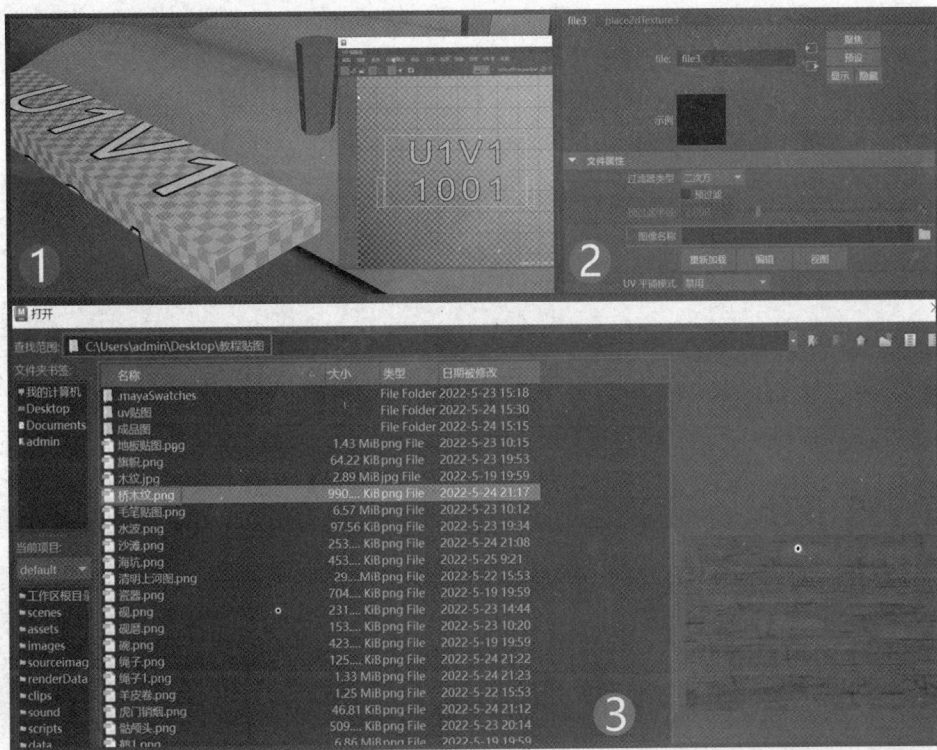

图 3-23　制作木板材质

（4）选择看台模型，按住鼠标右键并拖动鼠标至"指定新材质"命令上，松开鼠标右键，在弹出的快捷菜单中选择"指定新材质"命令，在弹出的"指定新材质"面板中选择"Shader"→"aiStandardSurface"选项，在"Base"卷展栏中设置"Color"选项的颜色属性，设置"H"为"34.096"、"S"为"0.836"、"V"为"0.346"，如图 3-24 所示。

图 3-24　制作看台材质

（5）先选择旗杆模型，再选择"UV"→"UV 编辑器"命令，打开"UV 编辑器"面板，单击"创建"→"基于摄影机"命令右侧的方块按钮，在边模式下选择旗杆模型两侧的循环边和中间的线，按快捷键 Shift+X 剪切，并按住 Shift 键的同时右击，在弹出的快捷菜单中选择"展开"→"展开"命令，排布 UV 贴图。选择旗杆模型，按住鼠标右键并拖动鼠标至"指定新材质"命令上，松开鼠标右键，在弹出的快捷菜单中选择"指定新材质"命令，在弹出的"指定新材质"面板中选择"Shader"→"aiStandardSurface"选项，在"Base"卷展栏中设置"Color"选项的颜色属性，在"文件属性"卷展栏中选择"图像名称"为"木箱贴图.png"，如图 3-25 所示。

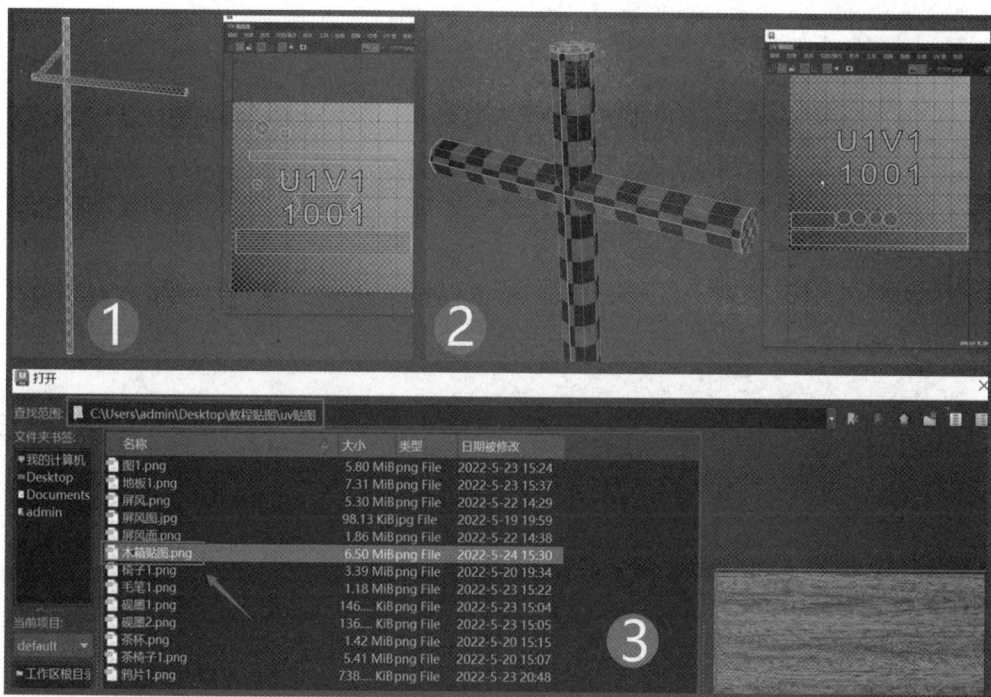

图 3-25　制作旗杆材质

（6）先选择旗面（林）模型，再选择"UV"→"UV 编辑器"命令，打开"UV 编辑器"面板，单击"创建"→"基于摄影机"命令右侧的方块按钮，在边模式下选择旗面（林）模型中间的循环边，按快捷键 Shift+X 剪切，并按住 Shift 键的同时右击，在弹出的快捷菜单中选择"展开"→"展开"命令，在"UV 工具包"面板的"展开"卷展栏中选择"优化"选项，把 UV 贴图展开后，排布 UV 贴图。在 UV 壳模式下选择 UV 贴图，单击"UV 快照"按钮，选择 UV 贴图导出的文件，设置"图像格式"为"PNG"，单击"应用"按钮，这样 UV 贴图就导出到选择好的文件夹中了，将导出的 UV 贴图导入 Photoshop 进行编辑，将准备好的素材图片导入 Photoshop，并调整至合适的大小。将导入的 UV 贴图删除，导出调整好的素材图片至选择好的文件夹中，并将其命名为"旗帜贴图"，设置"保存类型"为"PNG"。选择旗面（林）模型，按住鼠标右键并拖动鼠标至"指定新材质"命令上，松开鼠标右键，在弹出的快捷菜单中选择"指定新材质"命令，在弹出的"指定新材质"面板中选择"Shader"→"aiStandardSurface"选项，在"Base"卷展栏中设置"Color"选项的颜色属性，在"文件属性"卷展栏中选择"图像名称"为"旗帜贴图.png"，如图 3-26 所示。旗面（虎门销烟）材质的制作步骤同上，如图 3-27 所示。

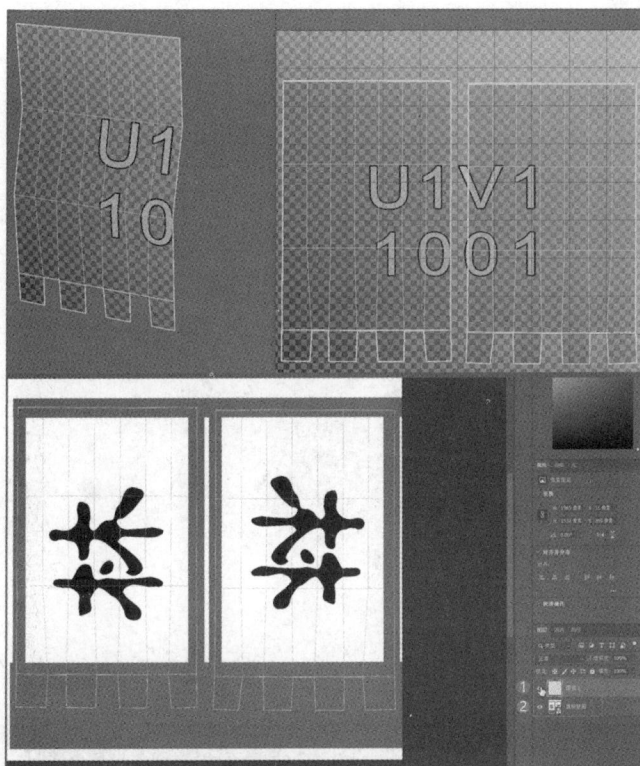

图 3-26 制作旗面（林）材质

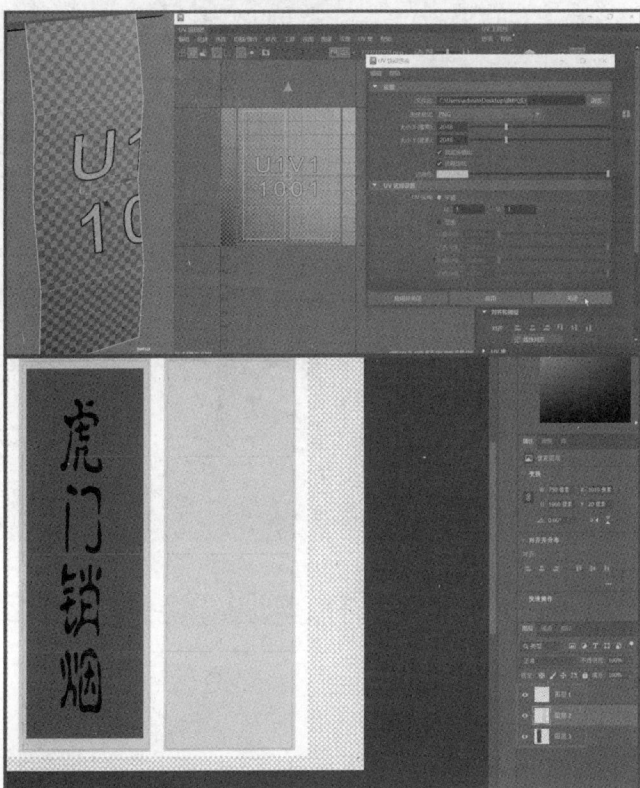

图 3-27 制作旗面（虎门销烟）材质

（7）至此，卡通动画场景材质与贴图制作完成。最终效果如图 3-28 所示

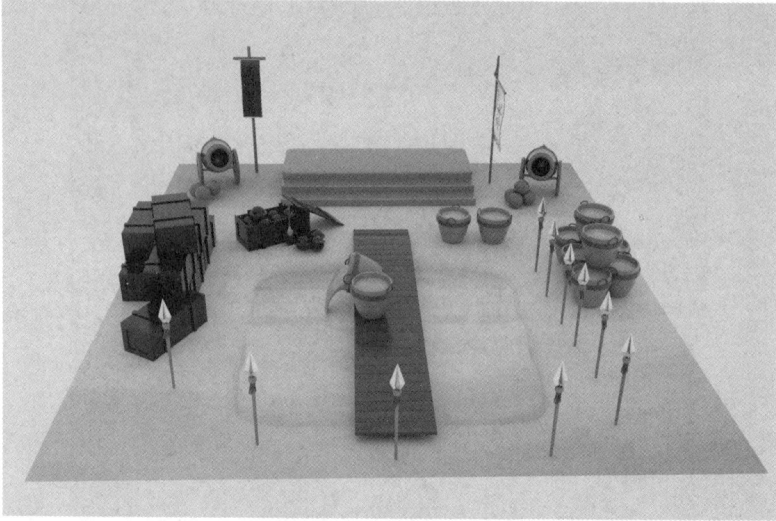

图 3-28　最终效果

课后练习：制作卡通动画场景材质与贴图，要求 UV 贴图分配合理，像素为 2048px×2048px。

3.2　卡通动画（盲盒）角色材质与贴图制作（活动页 3 项目）

教学目标

通过前期学习的卡通动画（盲盒）角色模型制作可知，这个阶段需要熟练使用

Substance Painter 制作固有材质，来设置卡通动画（盲盒）角色模型中的色彩，了解三维动画场景中有哪些制作固有材质的方法，并熟练掌握使用 Substance Painter 制作固有材质的相关设置，如何在 Substance Painter 中制作贴图，以及在 Substance Painter 中导入、导出 Maya 模型的方法。这部分内容将对接考取"1+X"证书的三维动画材质与贴图制作部分知识点。

教学重点和难点

（1）熟知林则徐是中华民族的民族英雄，维护了中华民族的尊严和利益。

（2）掌握在 Substance Painter 中制作卡通动画（盲盒）角色材质与贴图的流程，在 Substance Painter 中导入、导出 Maya 模型的方法，以及模型的 UV 贴图拆分方法。

（3）掌握卡通动画（盲盒）角色材质与贴图制作方法。

林则徐卡通动画（盲盒）角色材质与贴图制作案例

本案例制作的是林则徐卡通动画（盲盒）角色材质与贴图。效果展示如图 3-29 所示。

视频教程：

卡通动画（盲盒）　　卡通动画（盲盒）
角色模型　　　　　角色模型
角色 UV　　　　　角色贴图 1

卡通动画（盲盒）　　卡通动画（盲盒）
角色模型　　　　　角色模型
角色贴图 2　　　　角色贴图 3

图 3-29　效果展示

3.2.1　Maya 模型 UV 贴图展开

在 Maya 中将已经制作好的模型进行分组，将其分为两个部分，按住 Shift 键的同时右击，在弹出的快捷菜单中选择"结合"命令，分别为两个部分各赋予一个 aiStandardSurface 材质球，选择"UV"→"UV 编辑器"命令，打开"UV 编辑器"面板，选择模型，单击"创建"→"基于摄影机"命令右侧的方块按钮。在"UV 编辑器"面板中右击，在弹出的快捷菜单中选择"UV 壳"命令，在 UV 壳模式下先选择边模式，再选择需要剪切的位置，并按住 Shift 键的同时右击，在弹出的快捷菜单中选择"剪切"命令，选择剪切好的 UV 贴图，按住 Shift 键的同时右击，在弹出的快捷菜单中选择"展开"→"展开"命令，调整 UV 贴图的大小。模型贴图第一部分最终呈现效果如图 3-30 所示，第二部分最终呈现效果如图 3-31 所示。

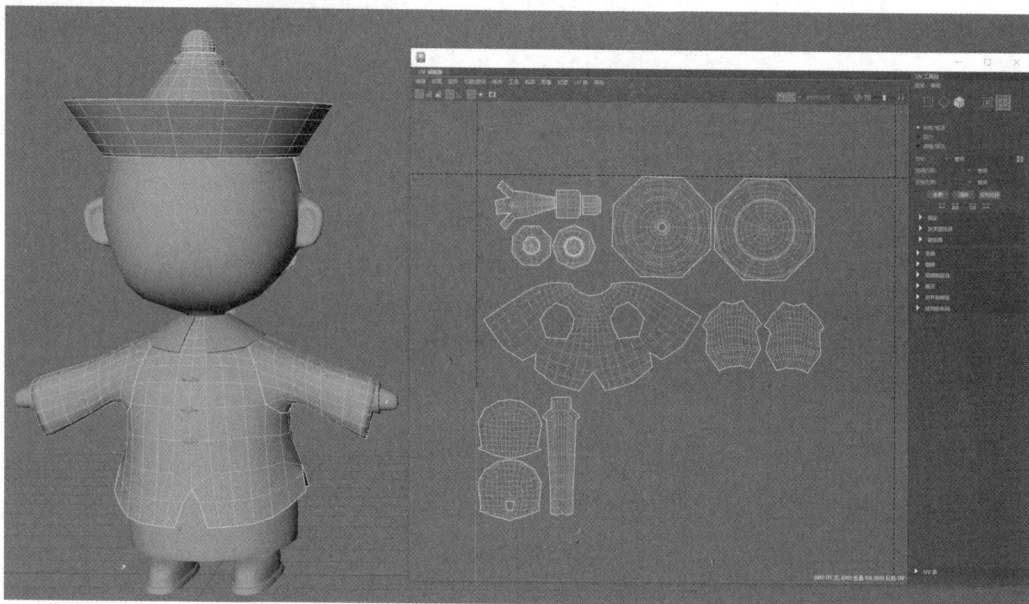

图 3-30　第一部分最终呈现效果

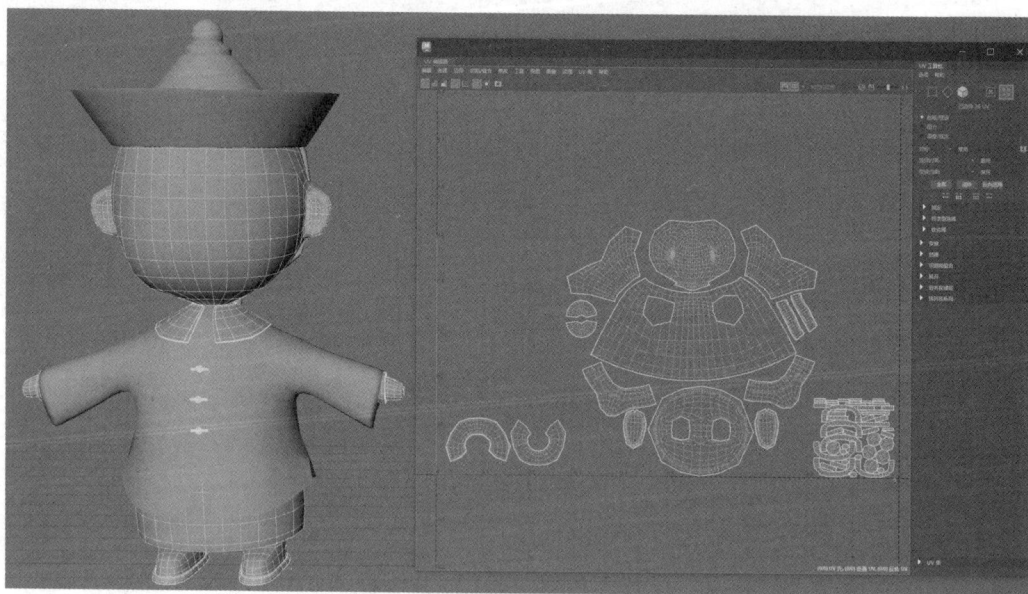

图 3-31　第二部分最终呈现效果

3.2.2　Maya 模型导入 Substance Painter

（1）先选择已经完成 UV 贴图展开的三维动画模型，再选择"文件"→"导出当前选择"命令，在"导出当前选择"面板中将"文件类型"改为"OBJexport"，将其导出至当前选择的文件夹中，如图 3-32 所示。

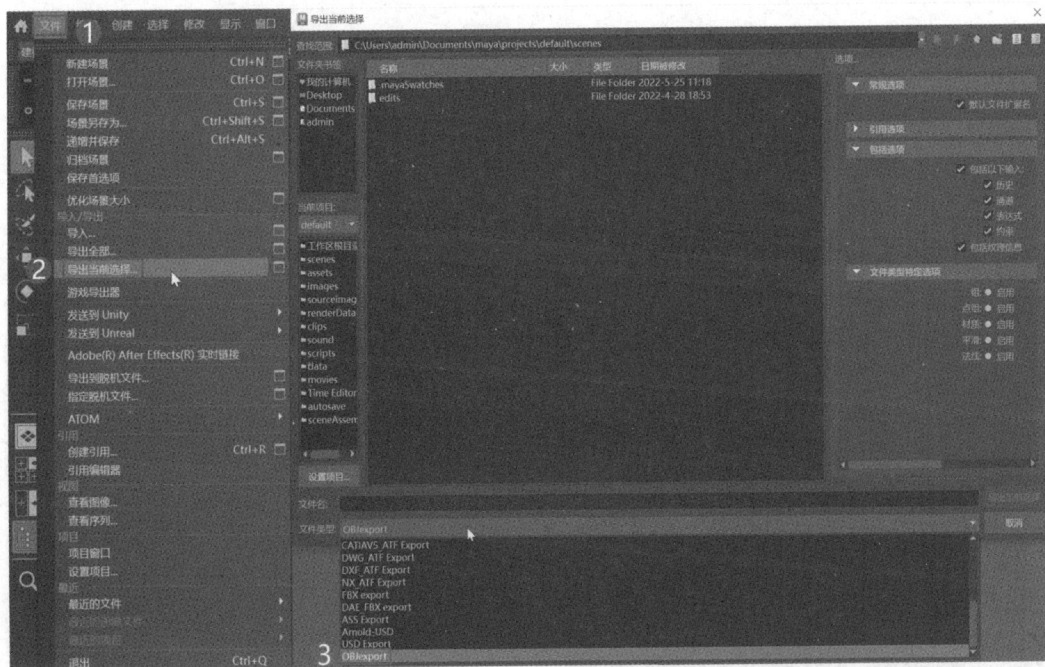

图 3-32　模型导出 OBJexport 格式

（2）打开 Substance Painter，选择"文件"→"新建"命令，单击"选择"按钮将 OBJ 格式的文件导入 Substance Painter，通过设置文件分辨率可以调整导出贴图的大小，选择"法线贴图格式"为"OpenGL"，单击"OK"按钮。这样 Maya 模型就成功导入 Substance Painter 了，如图 3-33 所示。

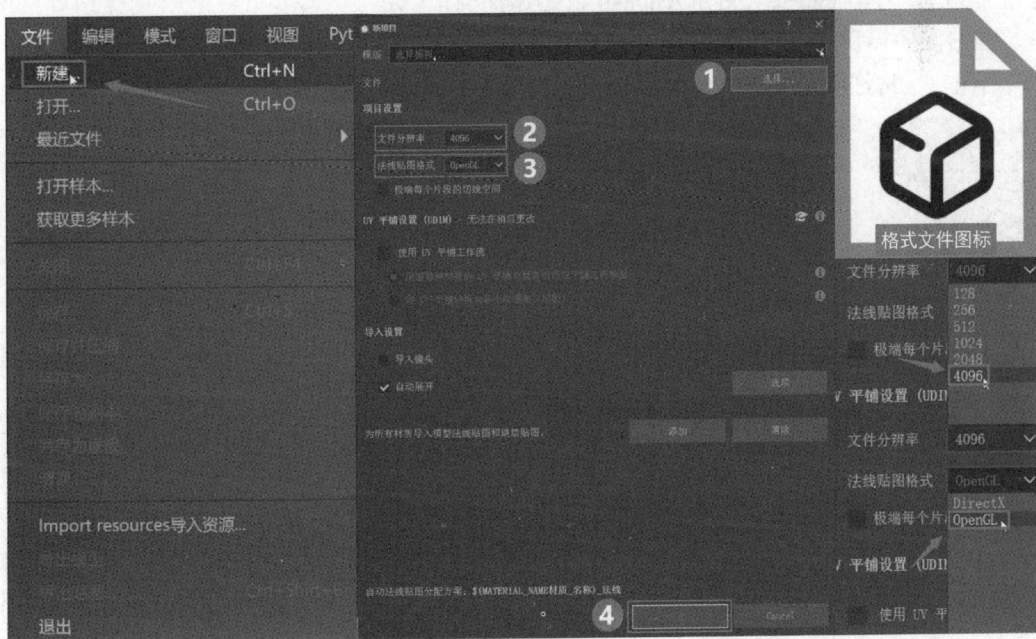

图 3-33　Maya 模型导入 Substance Painter

3.2.3　卡通动画（盲盒）角色材质第一部分制作

（1）在 Substance Painter 右侧的"TEXTURE SET 纹理集列表"面板中，选择先前赋予的材质球，为身体模型的纹理集添加材质。选择图层，单击"添加组"按钮。

（2）在组内添加 Human Cheek Skin 材质，在"UV 转换"卷展栏中将"比例"调整为"-0.1"，给 Human Cheek Skin 材质添加黑色遮罩。在左侧单击"几何体填充"按钮，在右侧的"属性-几何体填充"面板中单击"UV 块填充"按钮，选择需要添加材质的 UV 贴图，这样皮肤材质就制作完成了，如图 3-34 所示。

图 3-34　制作皮肤材质

（3）在组内添加 Fabric Rough Aligned 材质，在"UV 转换"卷展栏中将"比例"调整为"-106.11"，给 Fabric Rough Aligned 材质添加黑色遮罩。在左侧单击"几何体填充"按钮，在右侧的"属性-几何体填充"面板中单击"UV 块填充"按钮，选择需要添加材质的 UV 贴图，这样纽扣处的连接绳材质就制作完成了，如图 3-35 所示。

图 3-35　制作连接绳材质

（4）在组内添加 Fabric Soft Denim 材质，在"UV 转换"卷展栏中将"比例"调整为"-62.6"，给 Fabric Soft Denim 材质添加黑色遮罩。在左侧单击"几何体填充"按钮，在右侧的"属性-几何体填充"面板中单击"UV 块填充"按钮，选择需要添加材质的 UV 贴图，这样纽扣材质就制作完成了，如图 3-36 所示。

图 3-36　制作纽扣材质

（5）在组内添加 Fabric Rough 材质，在"UV 转换"卷展栏中将"比例"调整为"-24.43"，"偏移"调整为"0.03"，在"材质"选项组中将"Color"改为"黑色"，给 Fabric Rough 材质添加黑色遮罩。在左侧单击"几何体填充"按钮，在右侧的"属性-几何体填充"面板中单击"UV 块填充"按钮，选择需要添加材质的 UV 贴图，这样鞋面和袖口材质就制作完成了，如图 3-37 所示。

图 3-37　制作鞋面和袖口材质

（6）在组内添加 Fabric Rough 材质，在"UV 转换"卷展栏中将比例调整为"-6.15"，在"材质"选项组中将"Color"改为"白色"，给 Fabric Rough 材质添加黑色遮罩。在左侧单击"几何体填充"按钮，在右侧的"属性-几何体填充"面板中单击"UV 块填充"按钮，选择需要添加材质的 UV 贴图，这样鞋底材质就制作完成了，如图 3-38 所示。

图 3-38　制作鞋底材质

（7）在组内添加 Fabric Rough 材质，在"UV 转换"卷展栏中将"比例"调整为"-24.43"，在"材质"选项组中设置"Color"选项的颜色属性，将"R"改为"0.060"、"G"改为"0.178"、"B"改为"0.257"，给 Fabric Rough 材质添加黑色遮罩。在左侧单击"几何体填充"按钮，在右侧的"属性-几何体填充"面板中单击"UV 块填充"按钮，选择需要添加材质的 UV 贴图，这样领子和袖子材质就制作完成了，如图 3-39 所示。

图 3-39　制作领子和袖子材质

（8）在组内添加 Fabric Rough Aligned 材质，在"UV 转换"卷展栏中将"比例"调整为"-24.43"，给 Fabric Rough Aligned 材质添加黑色遮罩。在左侧单击"几何体填充"按钮，在右侧的"属性-几何体填充"面板中单击"UV 块填充"按钮，选择需要添加材质的 UV 贴图，这样内衬材质就制作完成了，如图 3-40 所示。

图 3-40 制作内衬材质

3.2.4 卡通动画（盲盒）角色材质第二部分制作

（1）在 Substance Painter 右侧选择"TEXTURE SET 纹理集列表"选项，并选择先前赋予的材质球，为衣服模型外部的纹理集添加材质。选择图层，单击"添加组"按钮。

（2）在组内添加 Human Back Skin 材质，在"UV 转换"卷展栏中将"比例"调整为"-55.65"，在"材质"选项组中将"Color"改为"黑色"，给 Human Back Skin 材质添加黑色遮罩。在左侧单击"几何体填充"按钮，在右侧的"属性-几何体填充"面板中单击"UV 块填充"按钮，选择需要添加材质的 UV 贴图，这样头发材质就制作完成了，如图 3-41 所示。

图 3-41 制作头发材质

（3）在组内添加 Fabric Rough 材质，在"UV 转换"卷展栏中将"比例"调整为"-17.5"，给 Fabric Rough 材质添加黑色遮罩。在左侧单击"几何体填充"按钮，在右侧的"属性-几何体填充"面板中单击"UV 块填充"按钮，选择需要添加材质的 UV 贴图，这样外衣材质就制作完成了，如图 3-42 所示。

图 3-42　制作外衣材质

（4）在组内添加 Plastic Glossy Pure 材质，在"UV 转换"卷展栏中将"材质"选项组中的"Base Color"改为"红色"，"Metallic"改为"0.3879"，"Roughness"改为"0.3084"。给 Plastic Glossy Pure 材质添加黑色遮罩。在左侧单击"几何体填充"按钮，在右侧的"属性-几何体填充"面板中单击"UV 块填充"按钮，选择需要添加材质的 UV 贴图，如图 3-43 所示。

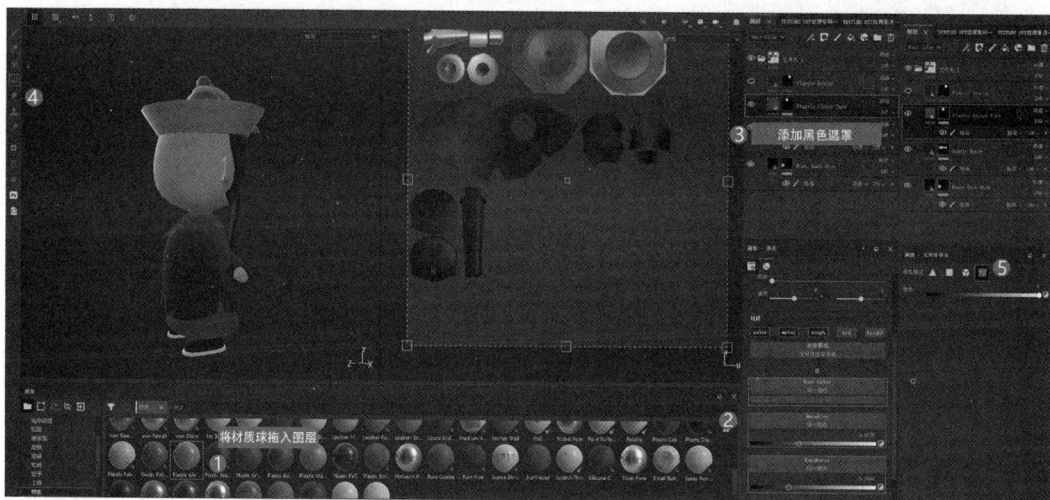

图 3-43　制作头饰材质 1

（5）在组内添加 Plastic Grainy 材质，在"UV 转换"卷展栏中将"比例"调整为"-17.5"，给 Plastic Grainy 材质添加黑色遮罩。在左侧单击"几何体填充"按钮，在右侧的"属性-几何体填充"面板中单击"UV 块填充"按钮，选择需要添加材质的 UV 贴图，如图 3-44 所示。

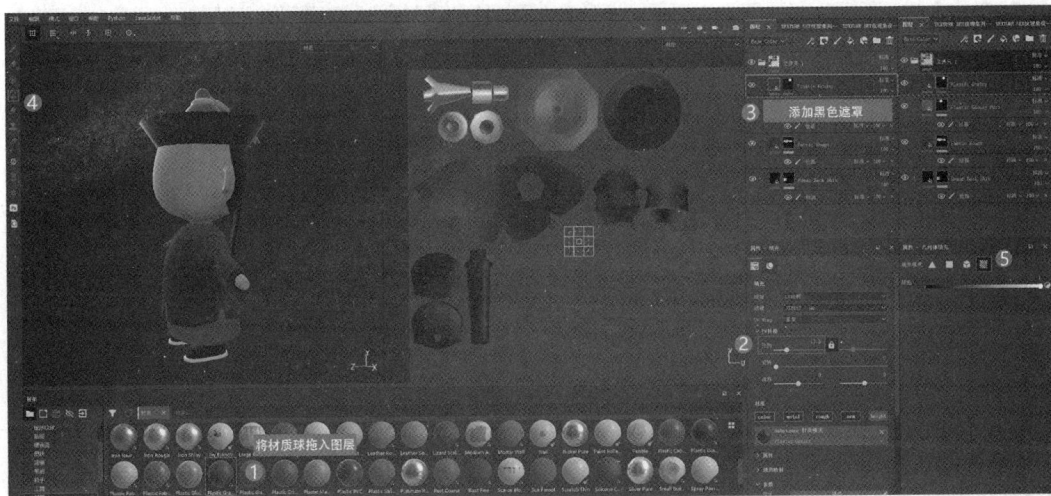

图 3-44　制作头饰材质 2

（6）在"属性-几何体填充"面板中单击"几何体填充"按钮，如图 3-45 所示。至此，头饰材质制作完成。

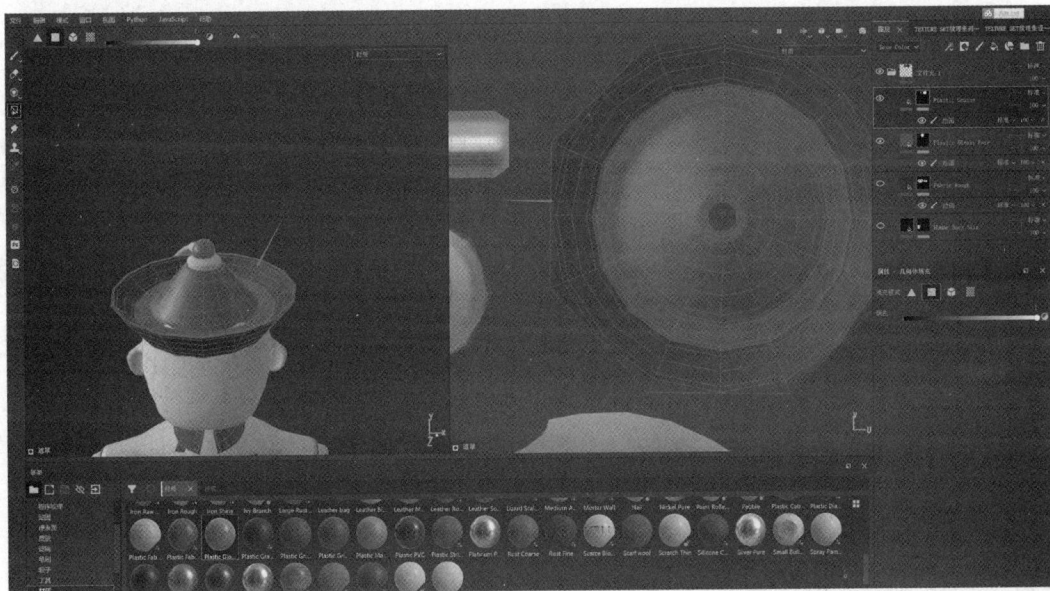

图 3-45　制作头饰材质 3

3.2.5　卡通动画（盲盒）角色面部表情绘制

在 Substance Painter 右侧选择"TEXTURE SET 纹理集列表"选项，返回身体模型的纹理集，选择图层，单击"添加图层"按钮，使用"笔刷"工具绘制卡通动画（盲盒）角色的面部表情。绘制面部表情如图 3-46 所示。

图 3-46　绘制面部表情

3.2.6　将在 Substance Painter 中生成的贴图导出到 Maya 中

（1）选择"文件"→"导出贴图"命令，在"全局设置"选项组中选择贴图要导出的文件地址，并分别设置输出目录和输出模板，单击"导出"按钮，如图 3-47 所示。

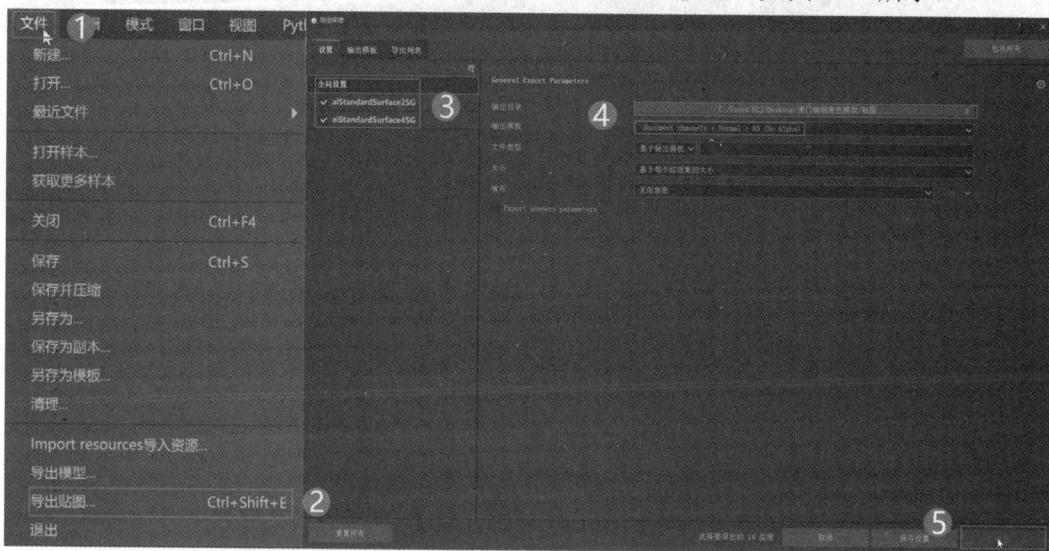

图 3-47　将在 Substance Painter 中生成的贴图导出到 Maya 中

（2）导出贴图类别如图 3-48 所示。导出贴图后，在文件夹中查看导出的贴图。其在一般情况下有如下几种。

Base_Color（颜色）贴图；

Height（高度）贴图（与 Normal 贴图的功能一样，也可以忽视不导出）；

Metallic（金属）贴图；

Normal（法线）贴图；

Roughness（漫反射粗糙度）贴图。

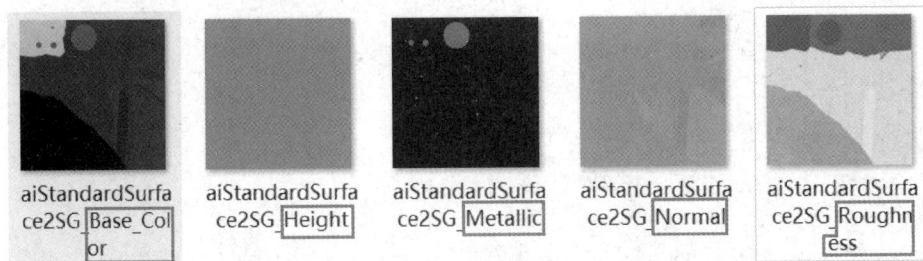

图 3-48　导出贴图类别

（3）在 Maya 中选择之前添加的 aiStandardSurface 材质球，导入 Substance Painter 导出的贴图，分别在"Base"卷展栏的"Color"和"Metalness"选项中导入 Base_Color 贴图和 Metallic 贴图，在"Specular"卷展栏的"Roughness"选项中导入 Roughness 贴图，在"Geometry"卷展栏的"Bump Mapping"选项中导入 Normal 贴图。关于 Normal 贴图的补充操作有：①设置"用作"为"切线空间法线"。②取消勾选"Arnold"卷展栏中的"Flip R Channel"和"Flip G Channel"复选框。将贴图导入 Maya 如图 3-49 所示。

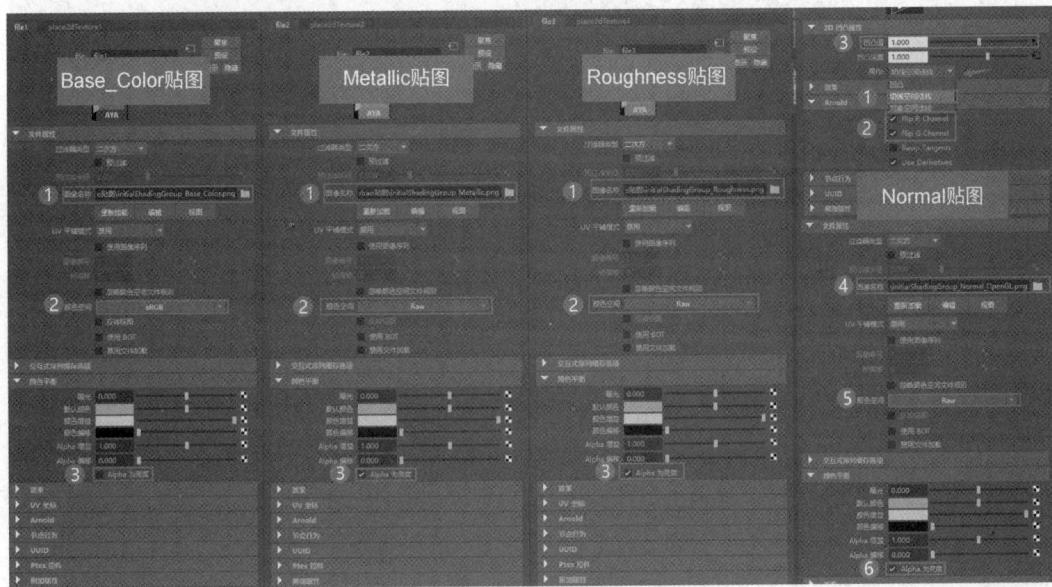

图 3-49　将贴图导入 Maya

（4）将 Substance Painter 中导出的贴图都贴到材质球上后，选择配件，按住鼠标右键并拖动鼠标至"指定新材质"命令上，松开鼠标右键，在弹出的快捷菜单中选择"指定新材质"命令，在弹出的"指定新材质"面板中选择"Shader"→"aiStandardSurface"选项，在"Base"卷展栏中选择"Metalness"为"0.935"，如图 3-50 所示。

（5）按住鼠标右键并拖动鼠标至"指定新材质"命令上，松开鼠标右键，在弹出的快捷菜单中选择"指定新材质"命令，在弹出的"指定新材质"面板中选择"Shader"→"aiStandardSurface"选项，在"Base"卷展栏中设置"Color"选项的颜色属性，将颜色改为黑色，如图 3-51 所示。

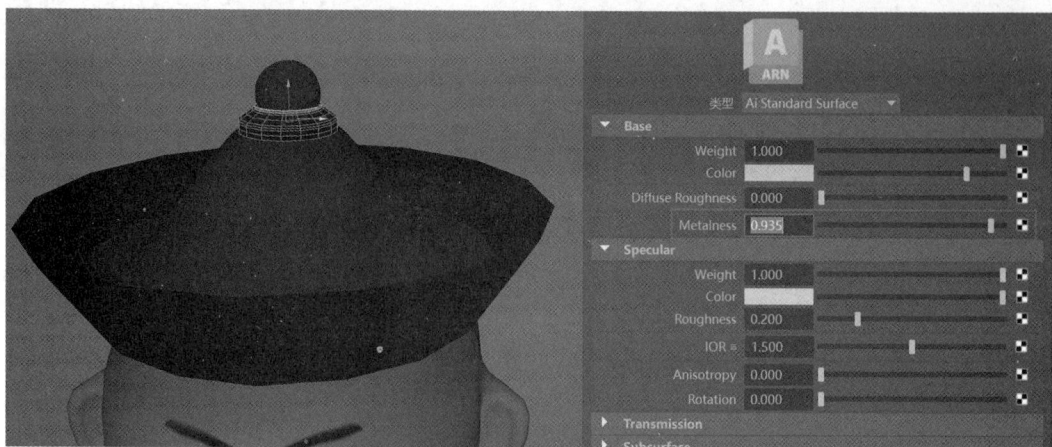

图 3-50　制作头饰材质 1

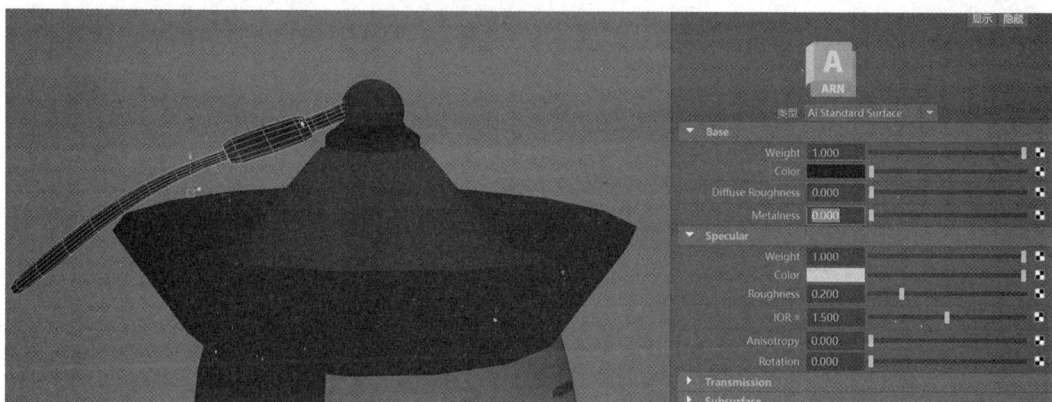

图 3-51　制作头饰材质 2

（6）选择模型，在面模式下，选择面，按住鼠标右键并拖动鼠标至"指定新材质"命令上，松开鼠标右键，在弹出的快捷菜单中选择"指定新材质"命令，在弹出的"指定新材质"面板中选择"Shader"→"aiStandardSurface"选项，在"Base"卷展栏中设置"Color"选项的颜色属性，将颜色改为红色，如图 3-52 所示。

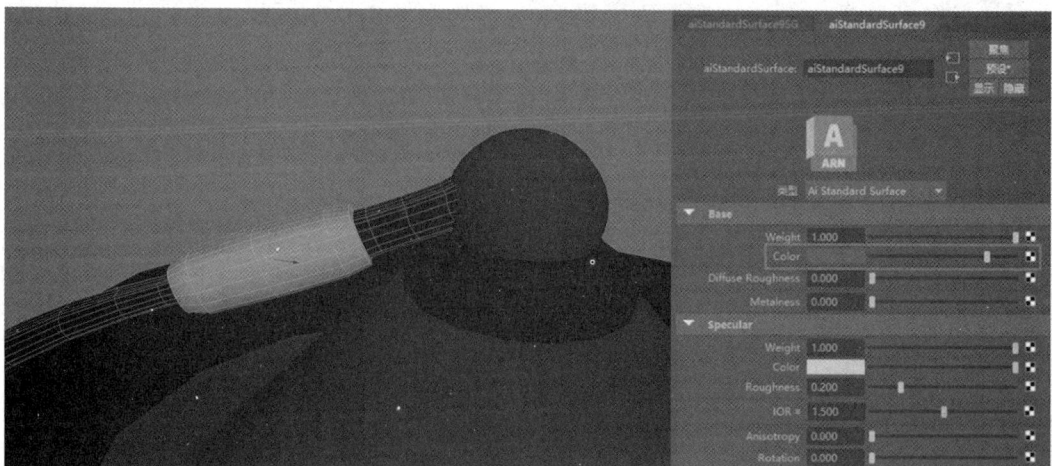

图 3-52　制作头饰材质 3

（7）至此，卡通动画（盲盒）角色材质与贴图制作完成。最终效果如图 3-53 所示。

图 3-53　最终效果

课后练习：制作《龙猫》中的女孩角色材质与贴图。

正面效果图

侧面效果图

背面效果图

3.3　影视动画场景材质与贴图制作

教学目标

　　影视动画场景材质与贴图制作的特点是什么？有哪些制作方法？这个阶段需要掌握影视动画场景 UV 贴图设置技巧、如何在 Substance Painter 中设置相应的材质与贴图，以及影视动画场景材质与贴图制作流程。同时，应了解中国的武术文化。这部分内容将对接考取"1+X"证书的三维动画材质与贴图制作部分知识点。

教学重点和难点

　　（1）掌握场景 UV 贴图设置技巧，能够合理分配 UV 贴图。
　　（2）掌握影视动画场景材质与贴图制作流程，熟悉影视动画场景材质与贴图的使用方法。

（3）熟练掌握 Substance Painter 的使用方法。

精武精神影视动画场景材质与贴图制作案例

本案例制作的是精武精神影视动画场景材质与贴图。效果展示如图 3-54 所示。

图 3-54　效果展示

3.3.1　精武精神影视动画场景 UV 贴图制作

（1）使用项目 2 中制作的影视动画场景模型，将擂台模型顶部最外层一圈石板模型合并起来。打开"UV 编辑器"面板，单击"创建"→"基于摄影机"命令右侧的方块按钮，选择所有边，按快捷键 Shift+X 剪切，按快捷键 Ctrl+U 展开，单击"排布"按钮，调整相关参数后，单击"排布 UV"按钮，如图 3-55 所示。

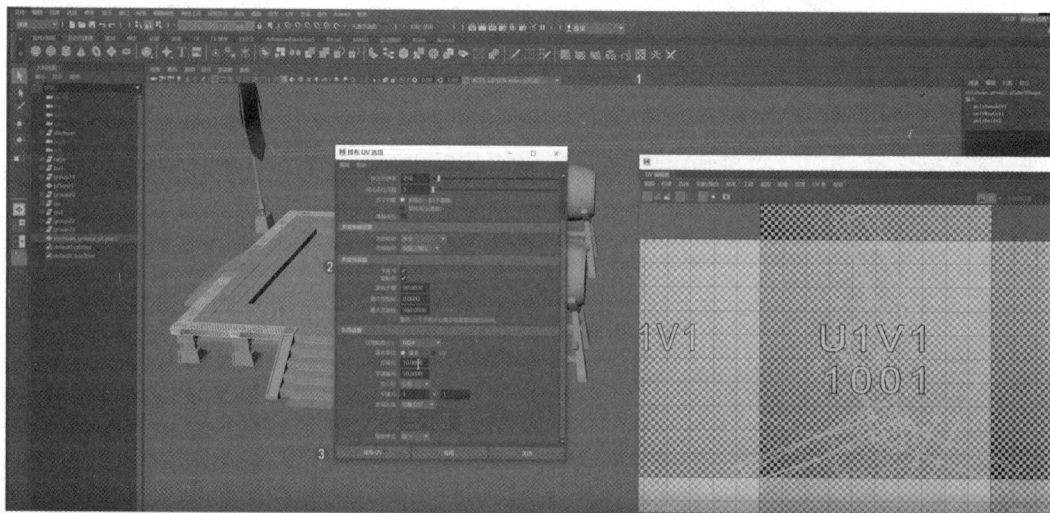

图 3-55　剪切、展开和排布 UV 贴图 1

（2）选择石板模型的边，按住 Shift 键的同时右击，在弹出的快捷菜单中选择"倒角边"命令，设置"分数"为"0.1"，"分段"为"2"，如图 3-56 所示。

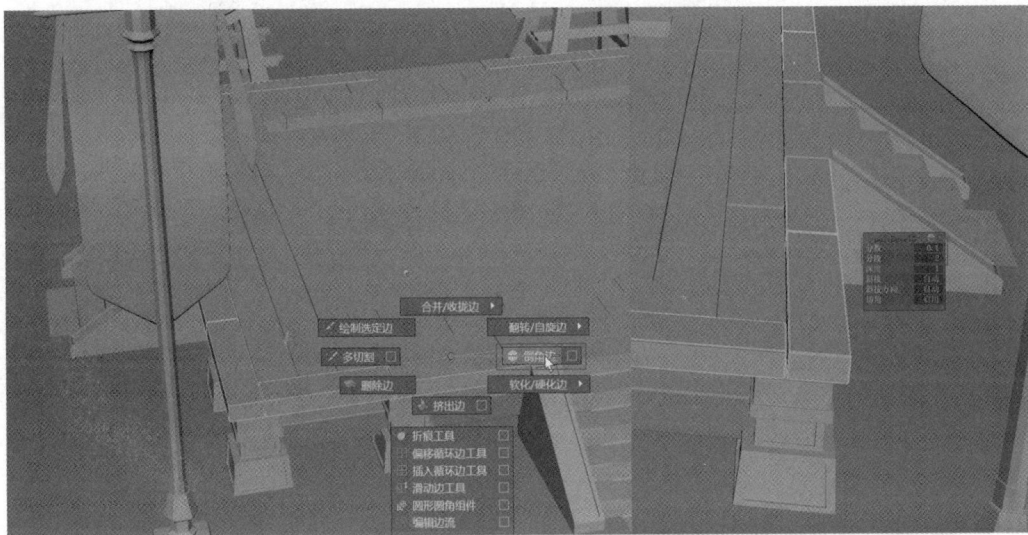

图 3-56　模型倒角

（3）将顶部中间的 3 圈木板模型合并起来。打开"UV 编辑器"面板，单击"创建"→"基于摄影机"命令右侧的方块按钮，选择所有边，按快捷键 Shift+X 剪切，按快捷键 Ctrl+U 展开，按快捷键 Ctrl+L 排布，如图 3-57 所示。

图 3-57　剪切、展开和排布 UV 贴图 2

（4）选择木板模型，再次使用"倒角边"命令，选择场景底层的一个石墩模型，并删除其余石墩模型。打开"UV 编辑器"面板，单击"创建"→"基于法线"命令右侧的方块按钮，如图 3-58 所示。

（5）选择所有 90°转角处的线，如图 3-59 所示。

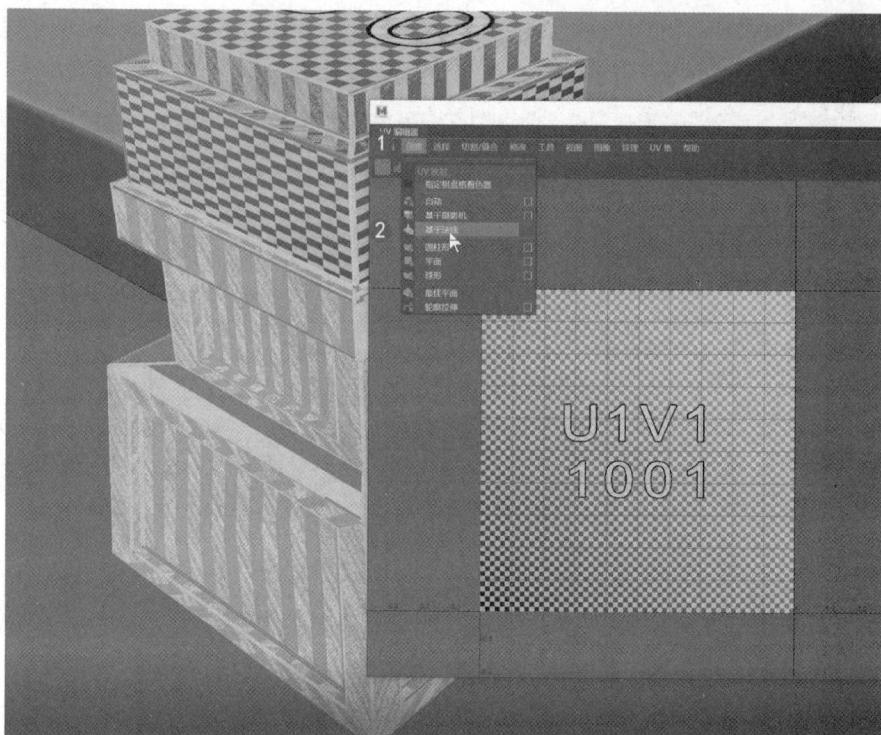

图 3-58　创建 UV 贴图

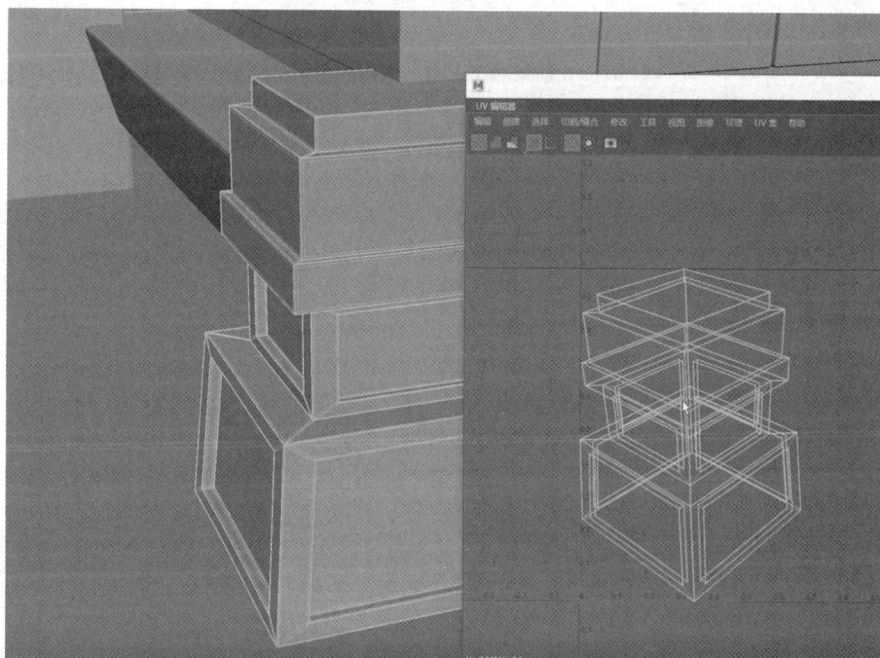

图 3-59　选择线 1

（6）按快捷键 Shift+X 剪切，按快捷键 Ctrl+U 展开，按快捷键 Ctrl+L 排布，单击"棋盘格贴图"按钮，查看模型上的棋盘格是否变形，如图 3-60 所示。

图 3-60　剪切、展开和排布 UV 贴图 3

（7）对中间的两个石板模型使用与上面相同的方法进行 UV 贴图展开，选择台阶模型上的地毯模型，并删除其余地毯模型。打开"UV 编辑器"面板，单击"创建"→"基于摄影机"命令右侧的方块按钮，选择转角处的线进行剪切，如图 3-61 所示。

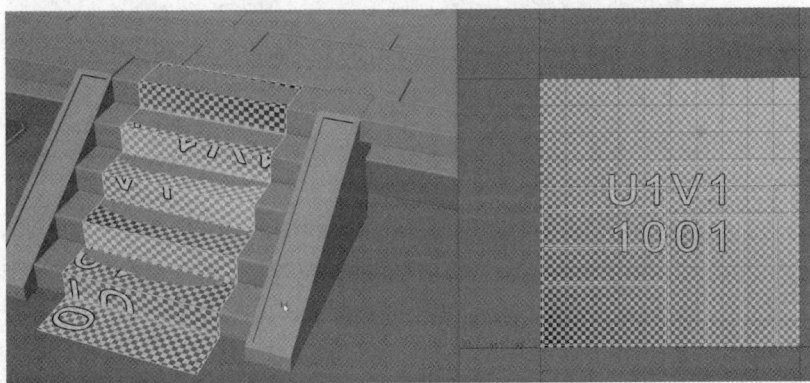

图 3-61　剪切、展开和排布 UV 贴图 4

（8）选择一个台阶模型，并删除其余台阶模型。打开"UV 编辑器"面板，单击"创建"→"基于摄影机"命令右侧的方块按钮，选择所有边，按快捷键 Shift+X 剪切，按快捷键 Ctrl+U 展开，按快捷键 Ctrl+L 排布，如图 3-62 所示。

（9）选择一个台阶模型旁的挡墙模型，并删除其余挡墙模型。选择所有角度为 90°的转角线（当两个面的转角的角度小于或等于 90°时，建议将转角线在 UV 贴图中剪开，以防 UV 贴图拉伸），按快捷键 Shift+X 剪切，按快捷键 Ctrl+U 展开，按快捷键 Ctrl+L 排布，如图 3-63 所示。

（10）选择鼓架模型，打开"UV 编辑器"面板，单击"创建"→"基于摄影机"命令右侧的方块按钮，选择所有角度为 90°的转角线，按快捷键 Shift+X 剪切，按快捷键 Ctrl+U

展开，按快捷键 Ctrl+L 排布，如图 3-64 所示。

图 3-62　剪切、展开和排布 UV 贴图 5

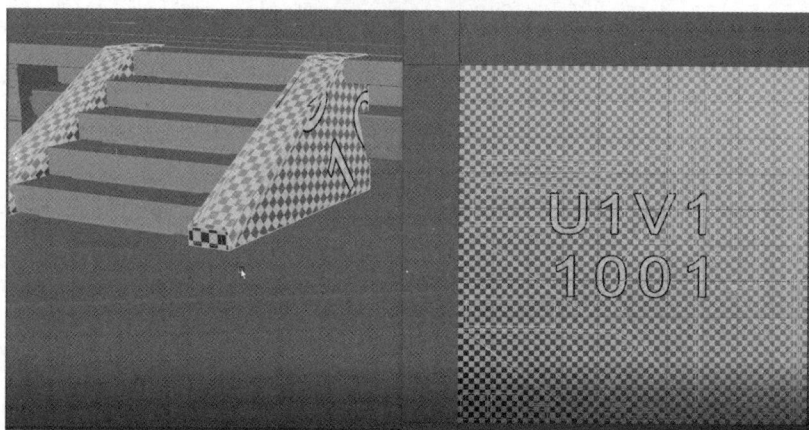

图 3-63　剪切、展开和排布 UV 贴图 6

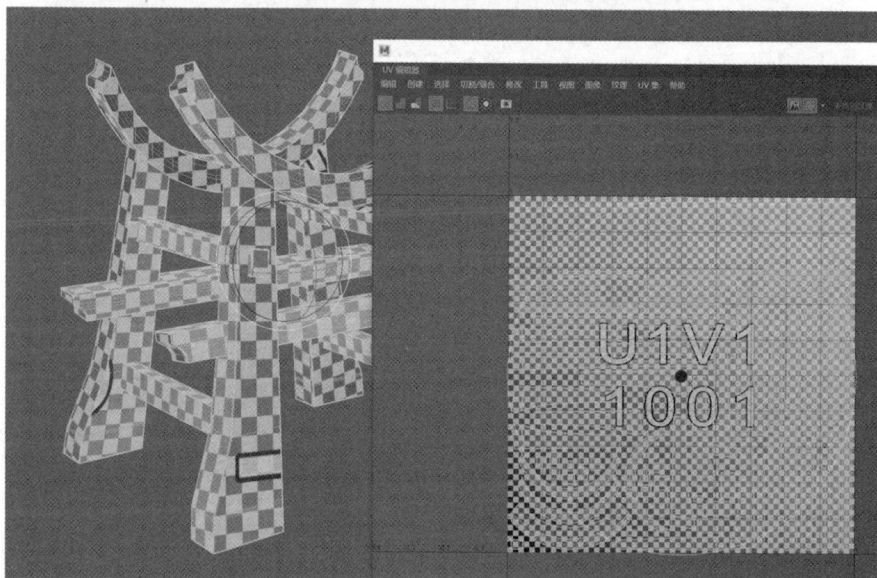

图 3-64　剪切、展开和排布 UV 贴图 7

（11）选择鼓模型，打开"UV 编辑器"面板，单击"创建"→"基于摄影机"命令右侧的方块按钮，先选择所有角度为 90°的转角线，再选择一条横穿鼓身模型的线，如图 3-65 所示。

图 3-65　选择线 2

（12）按快捷键 Shift+X 剪切，按快捷键 Ctrl+U 展开，按快捷键 Ctrl+L 排布，如图 3-66 所示。

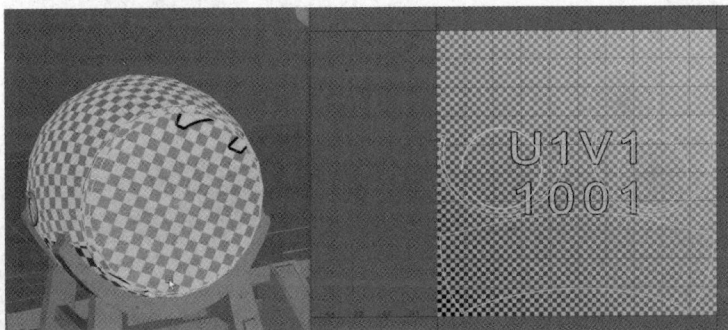

图 3-66　剪切、展开和排布 UV 贴图 8

（13）将另一个鼓模型与鼓架模型删除，选择旗杆模型下的石墩模型，并将另一个石墩模型删除。打开"UV 编辑器"面板，单击"创建"→"基于摄影机"命令右侧的方块按钮，选择所有角度为 90°的转角线，按快捷键 Shift+X 剪切，按快捷键 Ctrl+U 展开，按快捷键 Ctrl+L 排布，如图 3-67 所示。

图 3-67　剪切、展开和排布 UV 贴图 9

（14）选择旗面模型，在旗面模型的侧面添加一条循环边。打开"UV 编辑器"面板，单击"创建"→"基于摄影机"命令右侧的方块按钮，选择添加的这条循环边，按快捷键 Shift+X 剪切，按快捷键 Ctrl+U 展开，按快捷键 Ctrl+L 排布，如图 3-68 所示。其余两个旗面模型的设置也使用同样的方法。

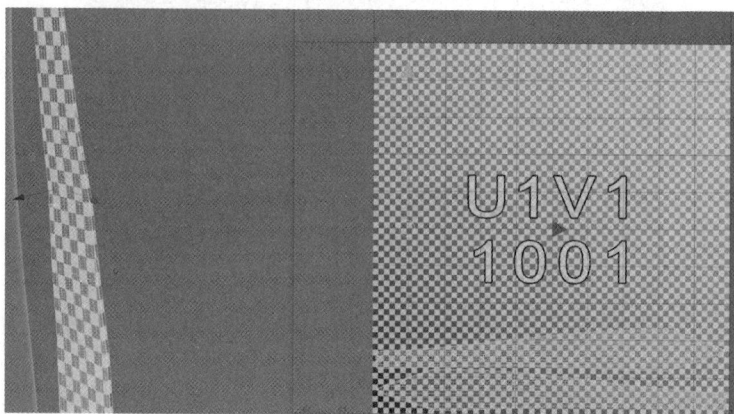

图 3-68　剪切、展开和排布 UV 贴图 10

（15）选择旗面模型上的多边形圆柱体模型，用处理鼓身模型的方法处理这个多边形圆柱体模型，如图 3-69 所示。

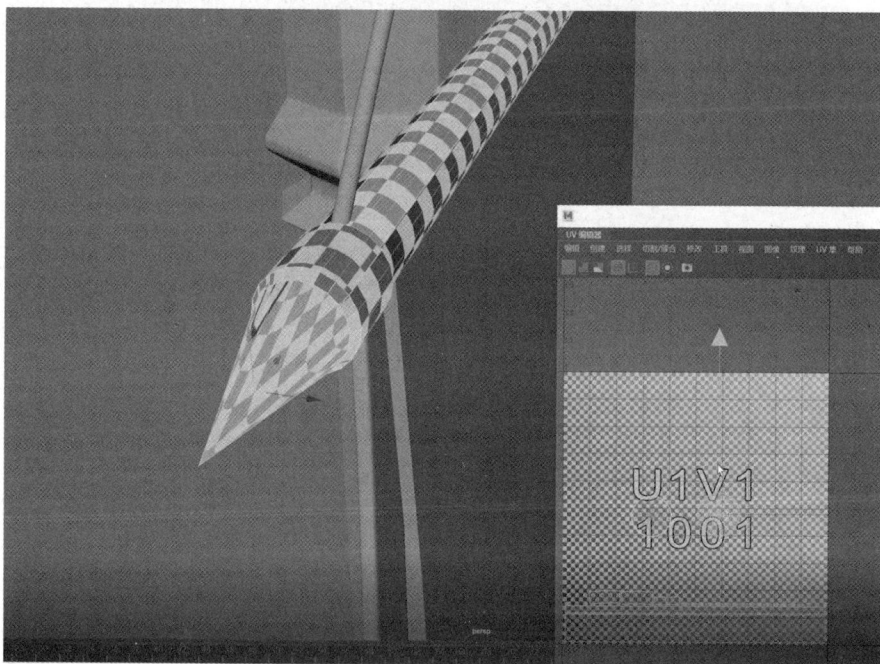

图 3-69　剪切、展开和排布 UV 贴图 11

（16）选择旗杆模型，打开"UV 编辑器"面板，单击"创建"→"基于摄影机"命令右侧的方块按钮，选择所有角度为 90°的转角线，按快捷键 Shift+X 剪切，按快捷键 Ctrl+U 展开，按快捷键 Ctrl+L 排布，如图 3-70 所示。

（17）选择环绕旗杆模型的绳子模型，将两端的圆面删除，打开"UV 编辑器"面板，单击"创建"→"基于摄影机"命令右侧的方块按钮，选择前、后两条从头到尾的线，按快捷键 Shift+X 剪切，按快捷键 Ctrl+U 展开，按快捷键 Ctrl+L 排布，如图 3-71 所示。

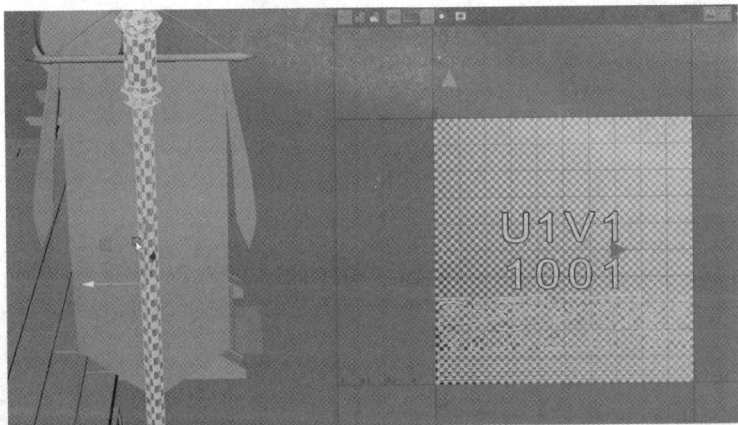

图 3-70 剪切、展开和排布 UV 贴图 12

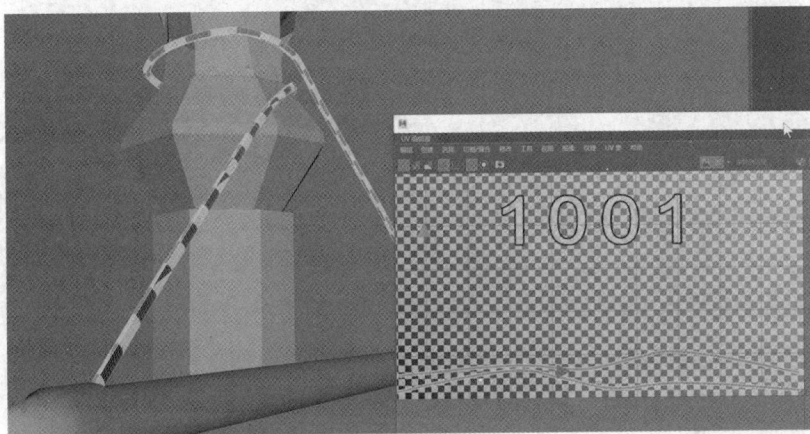

图 3-71 剪切、展开和排布 UV 贴图 13

（18）选择相同材质的模型，按住鼠标右键并拖动鼠标至"指定新材质"命令上，松开鼠标右键，在弹出的快捷菜单中选择"指定新材质"命令，在弹出的"指定新材质"面板中选择"Arnold"→"aiStandardSurface"选项，为各个材质球命名，如图 3-72 所示。

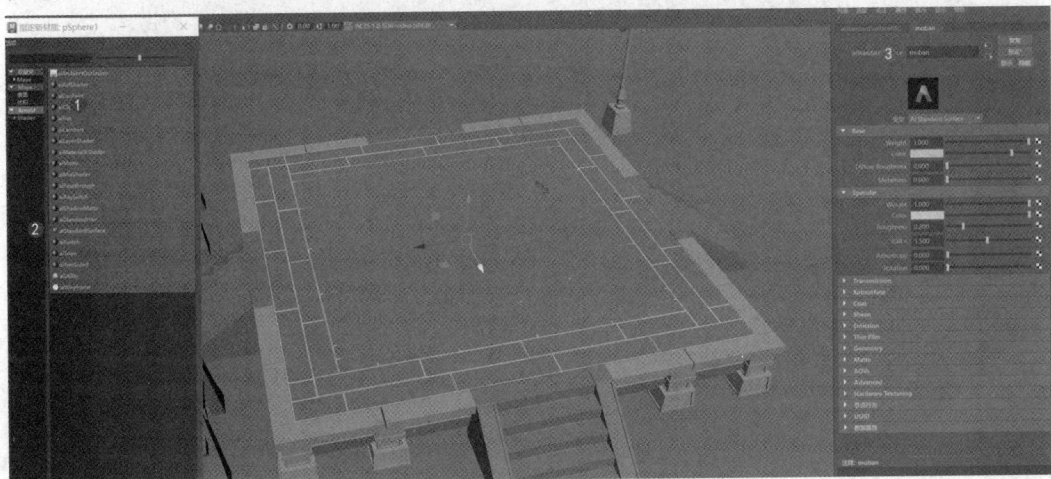

图 3-72 赋予材质球

3.3.2　精武精神影视动画场景材质制作

（1）将全部模型导出为 FBX 格式，并为其命名为"leitai"。打开 Substance Painter，选择"文件"→"新建"命令，单击"Select"按钮进行选择，选择完成后单击"OK"按钮，如图 3-73 所示。

视频教程：影视动画场景材质材质 1（有字幕）

视频教程：影视动画场景材质材质 2（有字幕）

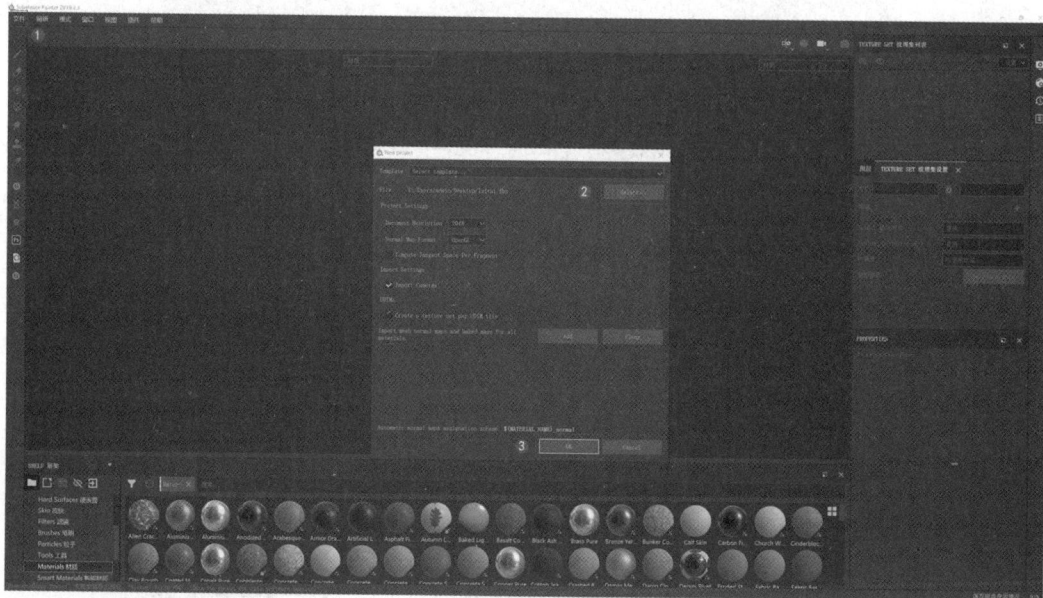

图 3-73　导入模型

（2）选择"TEXTURE SET 纹理集设置"选项，单击"Bake Mesh Maps"按钮，开始烘焙模型，如图 3-74 所示。

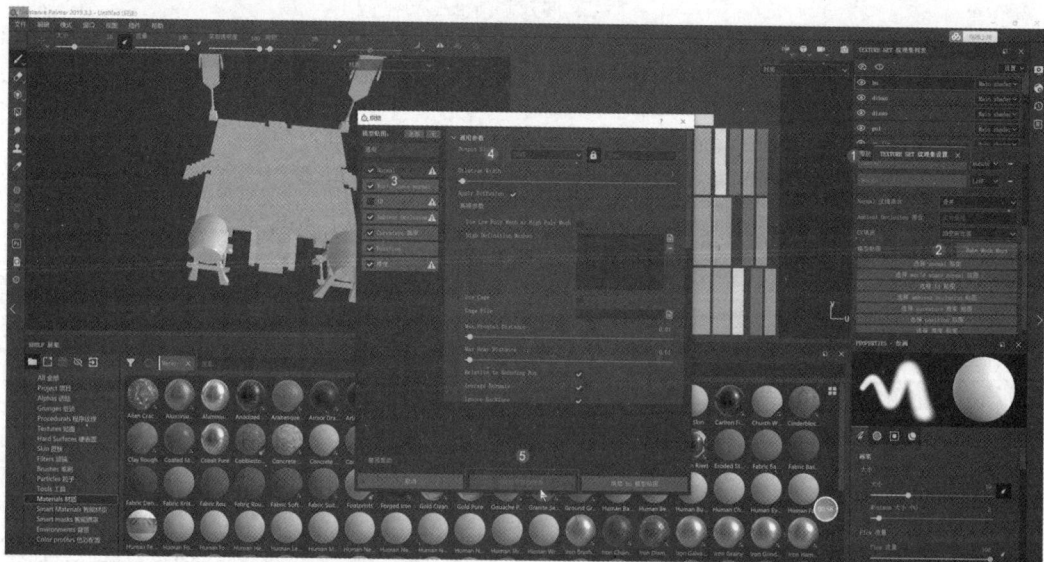

图 3-74　烘焙模型

（3）将 Eroded Stone Wall Coating 材质球拖动到石板模型上，并将"比例"改为"3.34"，如图 3-75 所示。

图 3-75　赋予材质球 1

（4）将同样的 Eroded Stone Wall Coating 材质球拖动到底座模型上，并将"比例"改为"7.28"，将颜色调整为暗色，如图 3-76 所示。

图 3-76　赋予材质球 2

（5）将同样的 Eroded Stone Wall Coating 材质球拖动到中间的石板模型上，并将"比例"改为"10.08"，将颜色调整为更暗的颜色，如图 3-77 所示。

（6）将同样的 Eroded Stone Wall Coating 材质球拖动到台阶模型上，并将"比例"改为"4.14"，如图 3-78 所示。

（7）将 Wood Beech Veined 材质球拖动到擂台模型中间的木板模型上，并将"比例"改为"0.23"，如图 3-79 所示。

（8）将 Wood Rough 材质球拖动到鼓架模型上，并将"旋转"改为"89.61"，将"比例"改为"3.34"，将颜色调整为更暗的颜色，如图 3-80 所示。

图 3-77　赋予材质球 3

图 3-78　赋予材质球 4

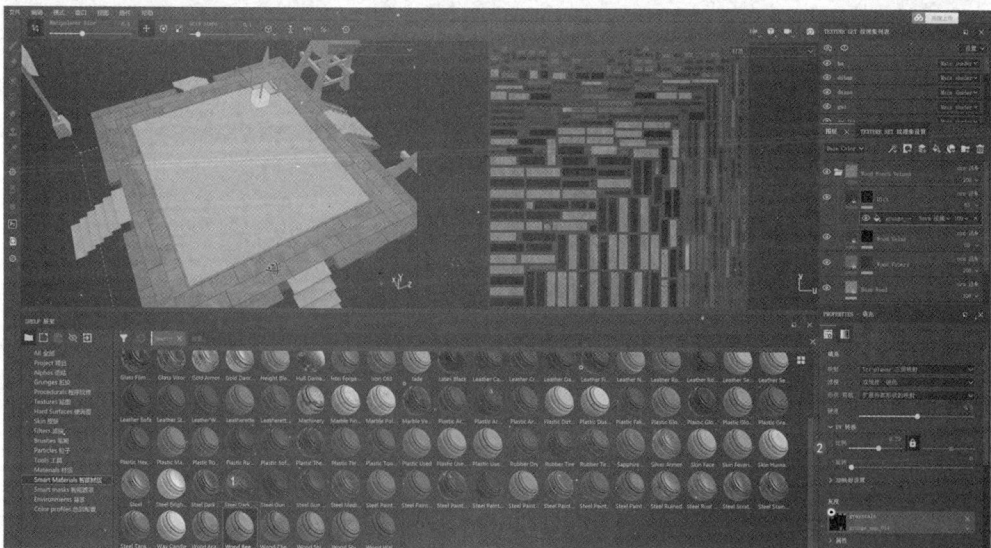

图 3-79　赋予材质球 5

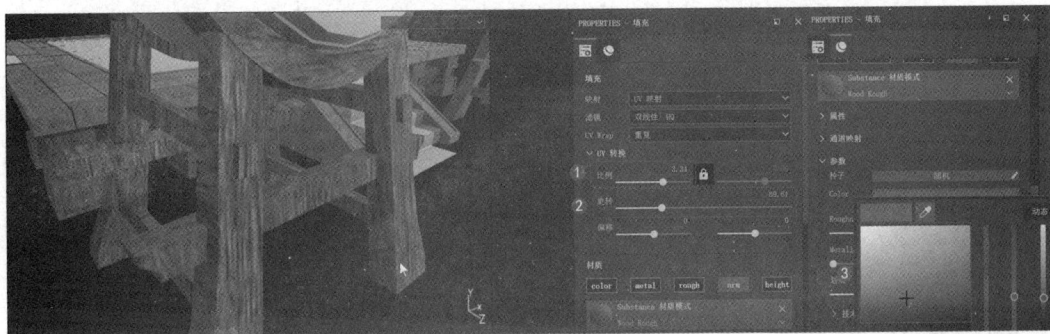

图 3-80　赋予材质球 6

（9）将 Walnut Black Wood 材质球拖动到第一个图层的下方，并将"旋转"改为"91.18"，"比例"改为"0.57"，如图 3-81 所示。

（10）单击"添加填充图层"按钮，右击"填充图层 1"选项，在弹出的快捷菜单中选择"添加黑色遮罩"命令，右击"黑色遮罩"选项，在弹出的快捷菜单中选择"添加生成器"命令，如图 3-82 所示。

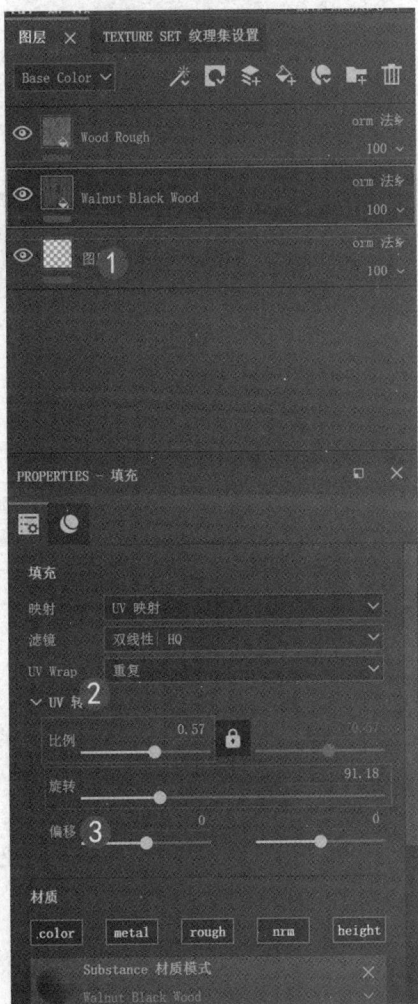

图 3-81　调整参数 1

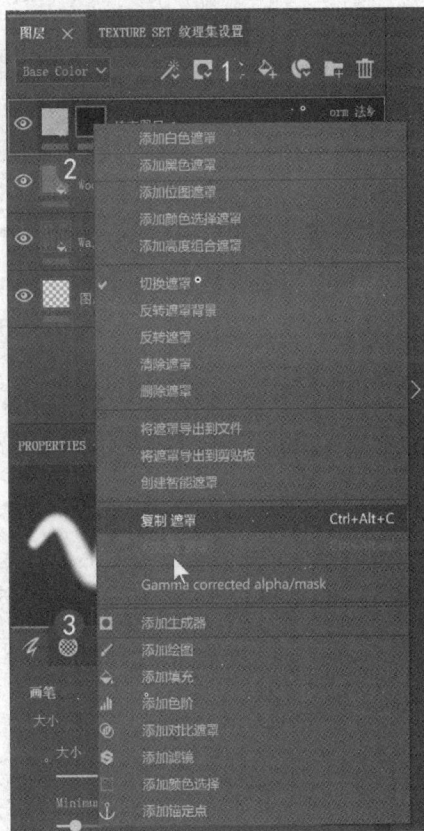

图 3-82　添加生成器 1

（11）先选择"生成器（空）"选项，单击"生成器（无生成器可供选择）"按钮，选择"Dirt"选项，更改填充图层 1 的颜色，然后选择"Dirt"选项，单击"生成器 Dirt"按钮，将"脏迹量"改为"0.25"，"脏迹比例"改为"6"，如图 3-83 所示。

图 3-83　调整参数 2

（12）将 Forged Iron 材质球拖动到金属挂环模型上，并将颜色调整为饱和度比较高的颜色，如图 3-84 所示。

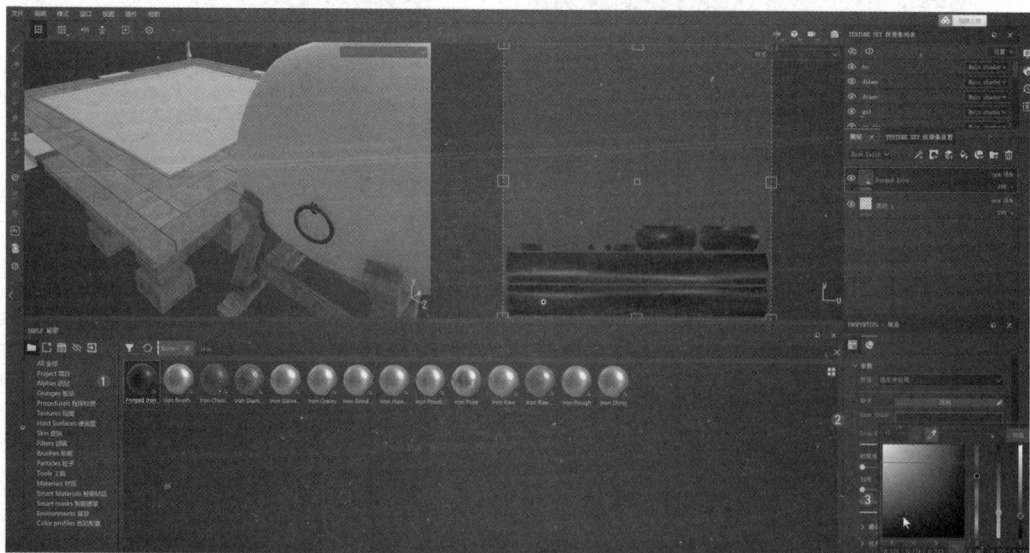

图 3-84　赋予材质球 7

（13）先选择"图层 1"选项，再选择"Procedurals 程序纹理"选项，最后选择 Clouds 2 材质球，并将 Clouds 2 材质球拖动到图 3-85 的步骤 4 所示的位置。

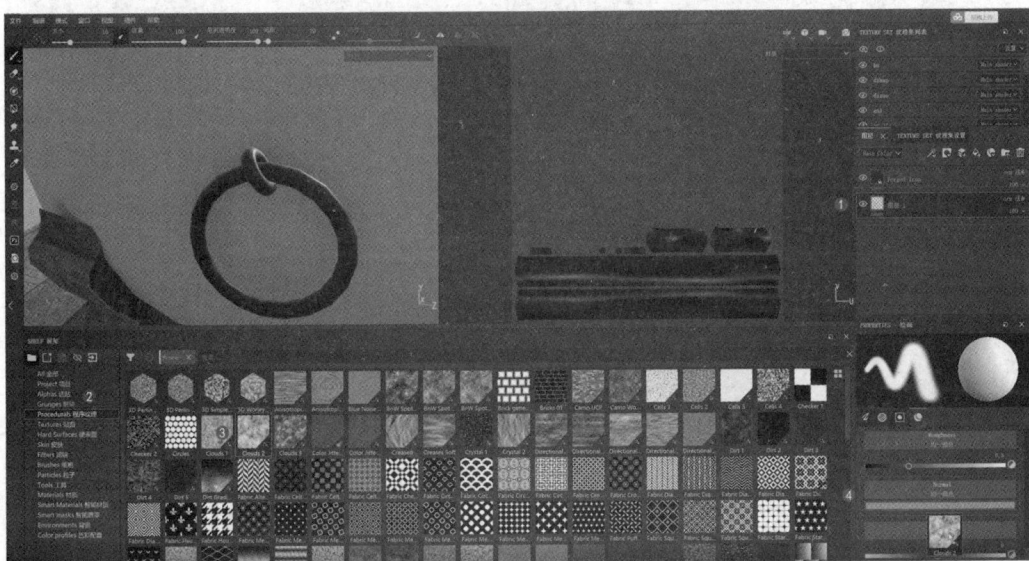

图 3-85　添加 Normal 贴图

（14）将 Copper Pure 材质球拖动到旗杆模型上，并将颜色调整为更暗的颜色，将"Roughness"改为"0.4215"，如图 3-86 所示。

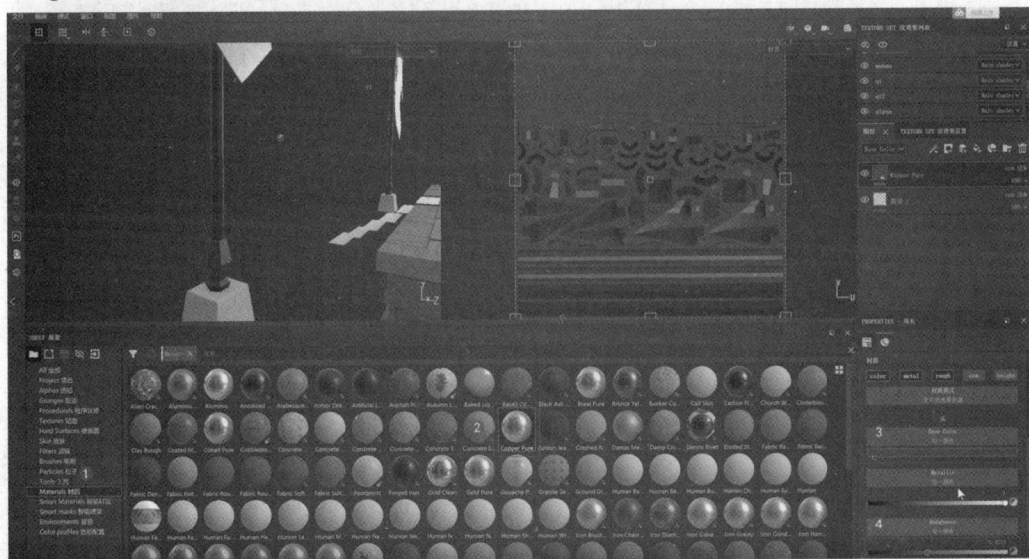

图 3-86　赋予材质球 8

（15）单击"添加填充图层"按钮，右击"填充图层 1"选项，在弹出的快捷菜单中选择"添加黑色遮罩"命令，右击"黑色遮罩"选项，在弹出的快捷菜单中选择"添加生成器"命令。

（16）先选择"生成器（空）"选项，单击"生成器（无生成器可供选择）"按钮，选择"Metal Edge Wear"选项，更改填充图层 1 的颜色，然后选择"Metal Edge Wear"选项，单击"生成器 Metal Edge Wear"按钮，将"磨损程度"改为"0.64"，"磨损对比度"改为"0.27"，如图 3-87 所示。

图 3-87　调整参数 3

（17）单击"添加填充图层"按钮，右击"填充图层 2"选项，在弹出的快捷菜单中选择"添加黑色遮罩"命令，右击"黑色遮罩"选项，在弹出的快捷菜单中选择"添加生成器"命令，如图 3-88 所示。

图 3-88　添加生成器 2

（18）先选择"生成器（空）"选项，单击"生成器（无生成器可供选择）"按钮，选择"Dirt"选项，更改填充图层 2 的颜色，然后选择"Dirt"选项，单击"生成器 Dirt"按钮，将"脏迹量"改为"0.3"，"脏迹比例"改为"4"，如图 3-89 所示。

图 3-89　调整参数 4

（19）将 Woodcreek Mossy 材质球拖动到底座模型上，并将"比例"改为"0.57"，"偏移"改为"0.19"，如图 3-90 所示。

图 3-90　赋予材质球 9

（20）将 Fabric Soft Denim 材质球拖动到环绕旗杆模型的绳子模型上，并将"比例"改为"8.6"，如图 3-91 所示。

图 3-91　赋予材质球 10

（21）单击"添加填充图层"按钮，右击"填充图层 1"选项，在弹出的快捷菜单中选择"添加黑色遮罩"命令，右击"黑色遮罩"选项，在弹出的快捷菜单中选择"添加生成器"命令。

（22）先选择"生成器（空）"选项，单击"生成器（无生成器可供选择）"按钮，选择"Dirt"选项，更改填充图层 1 的颜色，然后选择"Dirt"选项，单击"生成器 Dirt"按钮，将"脏迹比例"改为"12"，"脏迹量"改为"0.71"，"脏迹色阶"改为"0.5"，如图 3-92 所示。

图 3-92　调整参数 5

（23）将 Bronze Yellow 材质球拖动到多边形圆柱体模型上，单击"添加填充图层"按钮，右击"填充图层 2"选项，在弹出的快捷菜单中选择"添加黑色遮罩"命令，右击"黑色遮罩"选项，在弹出的快捷菜单中选择"添加生成器"命令，如图 3-93 所示。

图 3-93　赋予材质球并添加生成器

（24）先选择"生成器（空）"选项，单击"生成器（无生成器可供选择）"按钮，选择"Dirt"选项，更改填充图层 1 的颜色，然后选择"生成器 Dirt"选项，单击"Dirt"按钮，将"脏迹量"改为"0.36"，"脏迹比例"改为"7"，如图 3-94 所示。

图 3-94　调整参数 6

（25）将 Fabric Rough 材质球拖动到旗面模型上，并将"比例"改为"15.48"，调整颜色，如图 3-95 所示。

图 3-95　赋予材质球 11

（26）将 Fabric Rough Aligned 材质球拖动到旁边两个小旗面模型上，并将"比例"改为"3.34"，调整颜色，如图 3-96 所示。

图 3-96　赋予材质球 12

（27）将 Fabric Rough 材质球拖动到地毯模型上，并将"比例"改为"10.08"，调整颜色，如图 3-97 所示。

图 3-97　赋予材质球 13

（28）将 Fabric Rough 材质球拖动到地毯模型上，并将"比例"改为"10.97"，调整颜色，如图 3-98 所示。

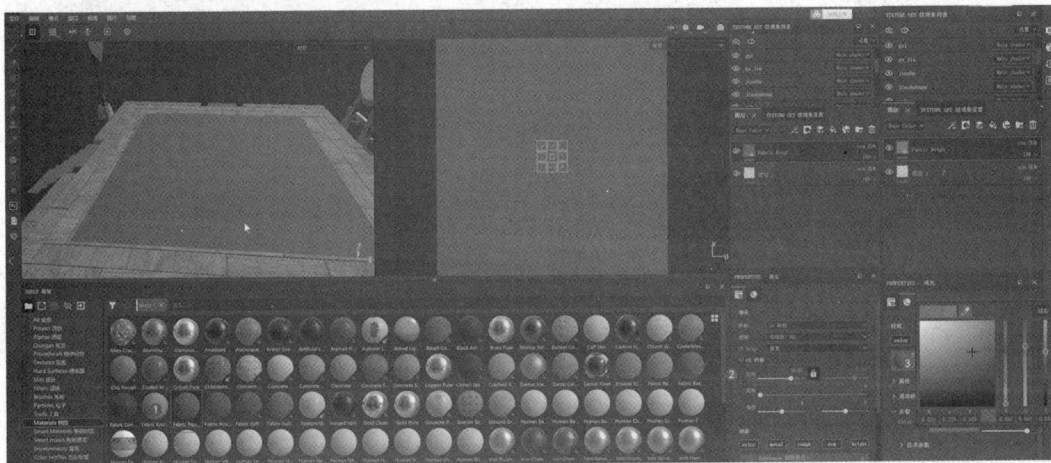

图 3-98　赋予材质球 14

（29）将 Wood Ship Hull Old 材质球拖动到鼓身模型上，双击打开"Wood Ship Hull Old"文件夹，将"Stains"图层删除，如图 3-99 所示。

图 3-99　赋予材质球 15

（30）单击"添加文件夹"按钮，右击"文件夹 1"选项，在弹出的快捷菜单中选择"添加黑色遮罩"命令，将材质球文件夹拖动到文件夹 1 中，右击"黑色遮罩"选项，在弹出的快捷菜单中选择"添加绘图"命令，单击"几何体填充"按钮，在右侧的"PROPERTIES-几何体填充"面板中单击"UV 块填充"按钮，选择鼓模型外部的面，如图 3-100 所示。

（31）将 Plastic Dusty 材质球拖动到鼓身模型上，右击"Plastic Dusty"选项，在弹出的快捷菜单中选择"添加黑色遮罩"命令，右击"黑色遮罩"选项，在弹出的快捷菜单中选择"添加绘图"命令，单击"几何体填充"按钮，在右侧的"PROPERTIES-几何体填充"面板中单击"UV 块填充"按钮，选择除上面已选择的面以外的面，如图 3-101 所示。

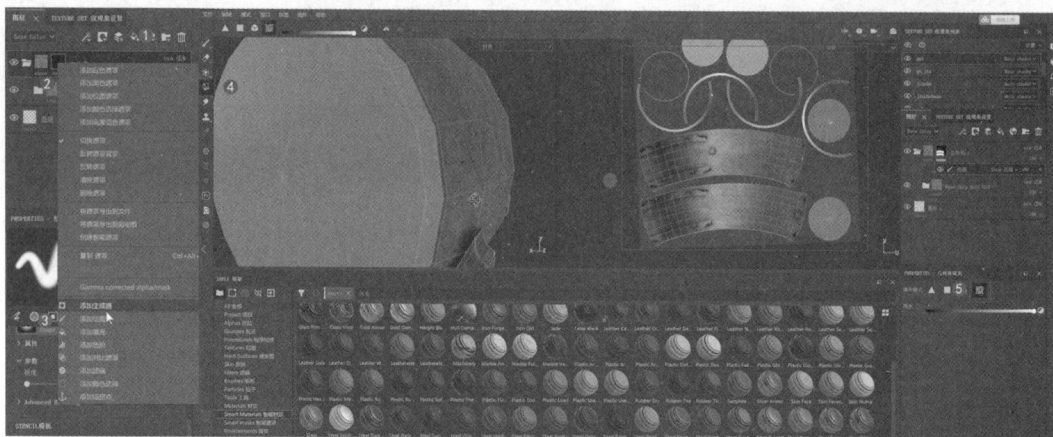

图 3-100　填充鼓身模型

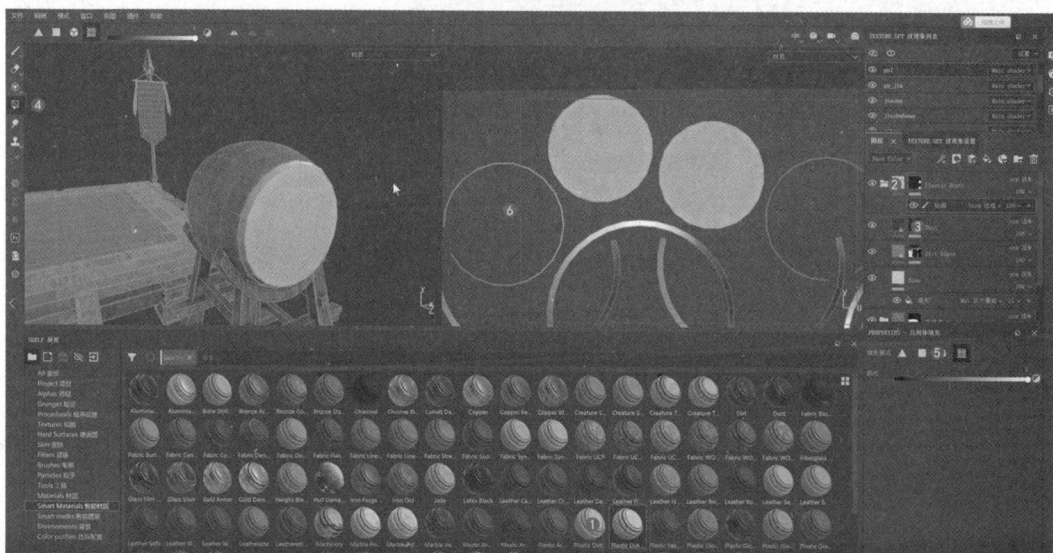

图 3-101　赋予材质球 16

（32）调整 "Base" 图层的颜色，将 "Roughness" 改为 "0.5632"，如图 3-102 所示。

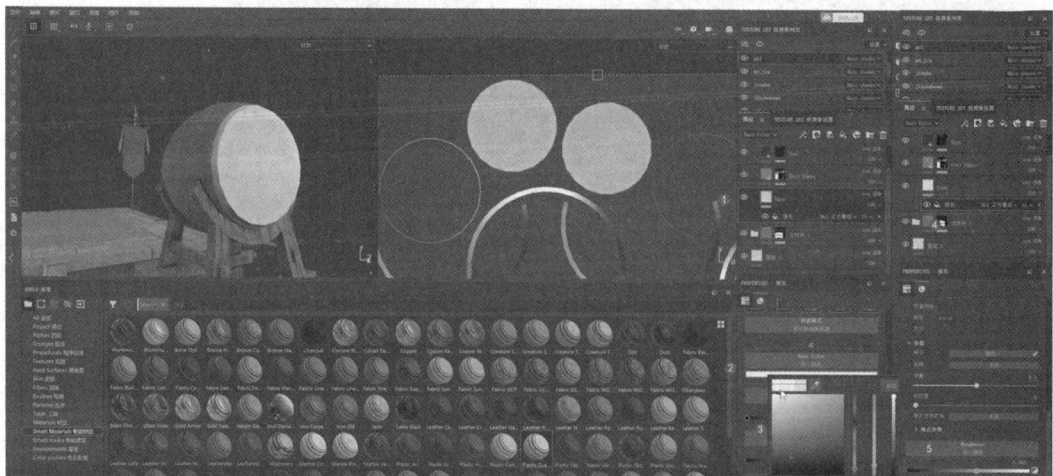

图 3-102　填充鼓面模型

（33）提供的素材图片如图 3-103 所示。

图 3-103　提供的素材图片

（34）将素材图片导入 Substance Painter，单击"texture"按钮，设置"将你的资源导入到"选项，单击"导入"按钮，如图 3-104 所示。

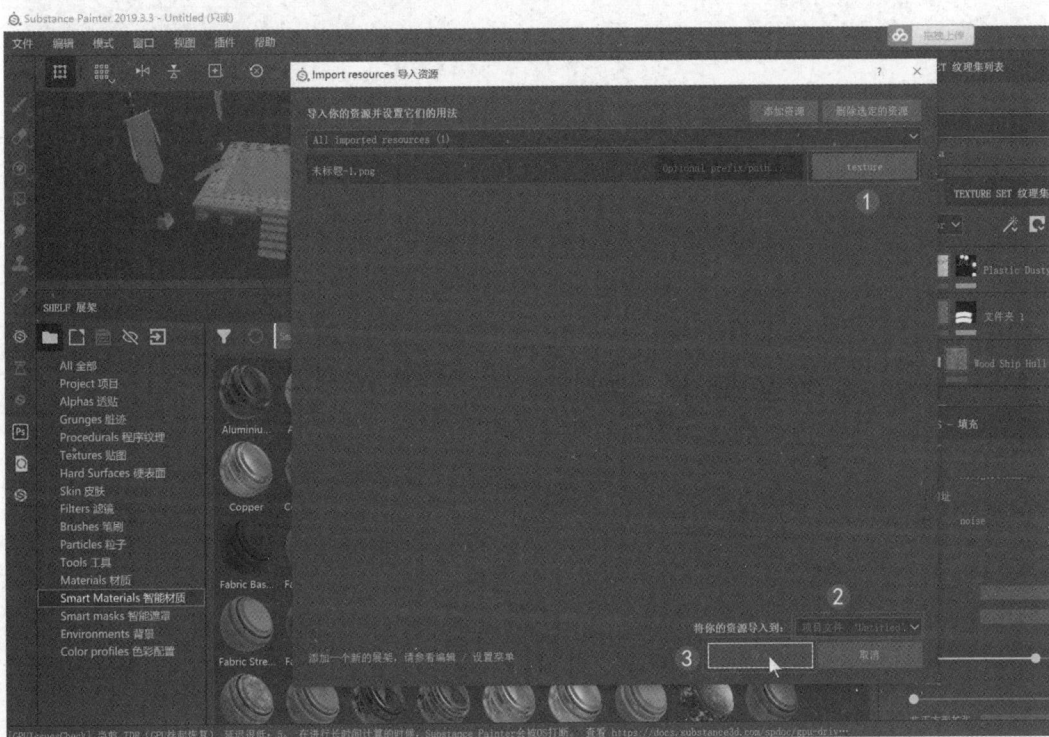

图 3-104　导入素材图片

（35）选择"shiban"选项，单击"添加图层"按钮，将"材质"选项组中的"color""metal""rough""nrm"选项全部关闭，如图 3-105 所示。

（36）将素材图片拖入 Stencil 模板，并将 Stencil 模板的位置和方向调整好，将"Height"改为"0.5556"，使用"笔刷"工具涂抹 Stencil 模板，绘制凹凸效果，如图 3-106 所示。

（37）在每个石板模型上都绘制凹凸效果，并选择"taijie"选项，单击"添加图层"按钮，将"材质"选项组中的"color""metal""rough""nrm"选项全部关闭，如图 3-107 所示。

图 3-105　调整参数 7

图 3-106　绘制凹凸效果 1

图 3-107　调整参数 8

（38）将素材图片拖入 Stencil 模板，并将 Stencil 模板的位置和方向调整好，将"Height"改为"0.5556"，使用"笔刷"工具上、下涂抹两次 Stencil 模板，绘制凹凸效果，如图 3-108 所示。

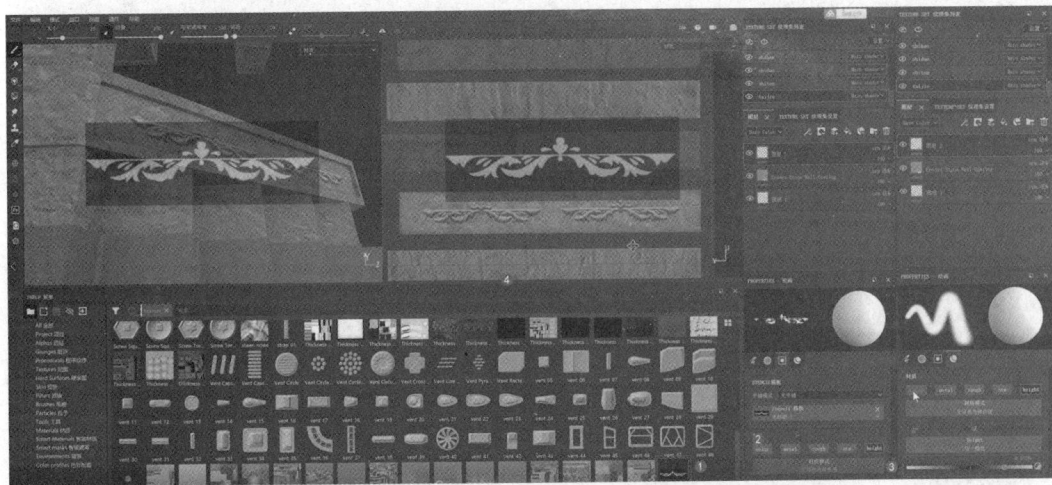

图 3-108　绘制凹凸效果 2

（39）以反方向将花纹刻在另一边的挡墙模型上，如图 3-109 所示。

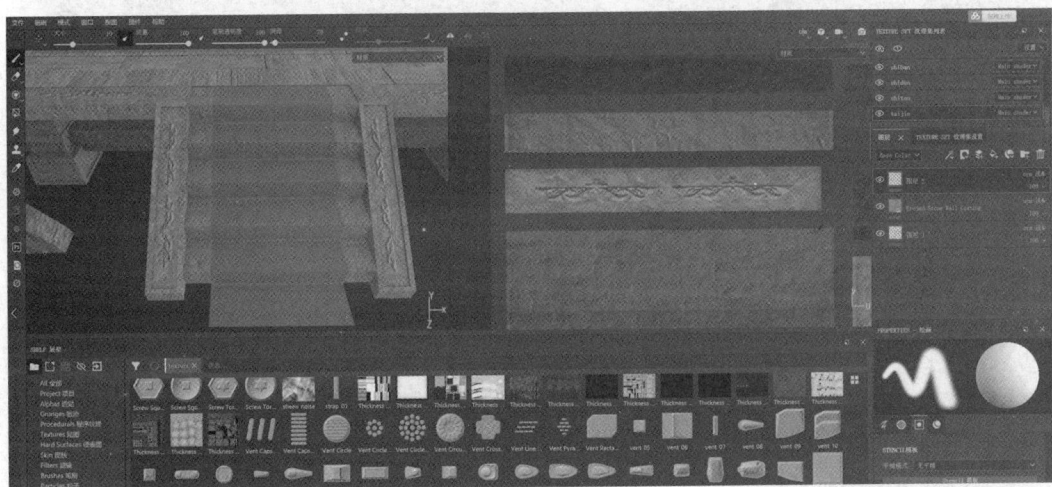

图 3-109　为另一边绘制凹凸效果

（40）先选择"bu"选项，再选择"Brushes 笔刷"中的"Basic Hard"选项，单击"添加图层"按钮，将"材质"选项组中的"color"选项打开，其他选项关闭，如图 3-110 所示。

（41）将"笔刷"工具的"大小"改为"0.67"，调整颜色，在地毯模型上绘制线，如图 3-111 所示。

（42）先选择"diban"选项，再选择"Brushes 笔刷"中的"Basic Hard"选项，单击"添加图层"按钮，将"笔刷"工具的"大小"改为"6"，调整颜色，在地板模型上绘制边框，如图 3-112 所示。

图 3-110 选择"笔刷"工具

图 3-111 绘制线

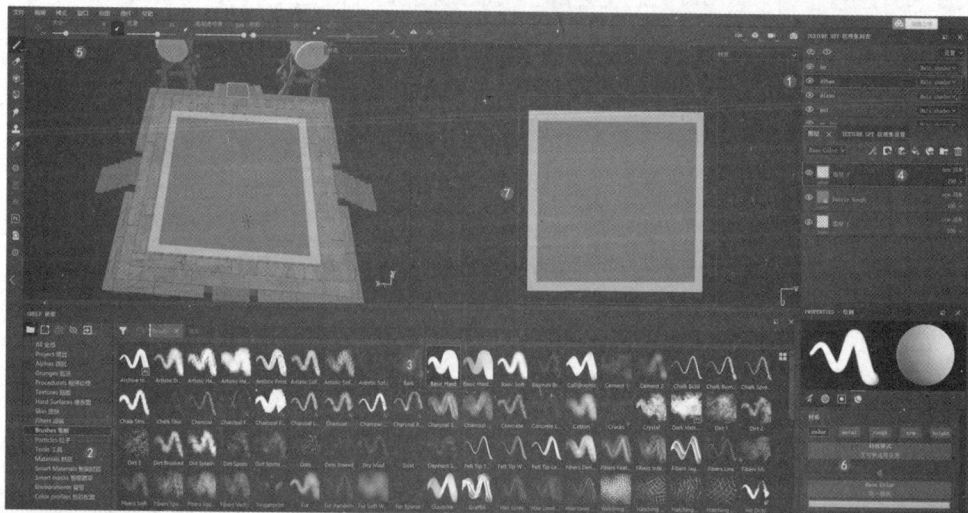

图 3-112 绘制边框

（43）选择"文件"→"导出贴图"命令，选择导出位置为"贴图"文件夹，单击"导出"按钮，如图 3-113 所示。

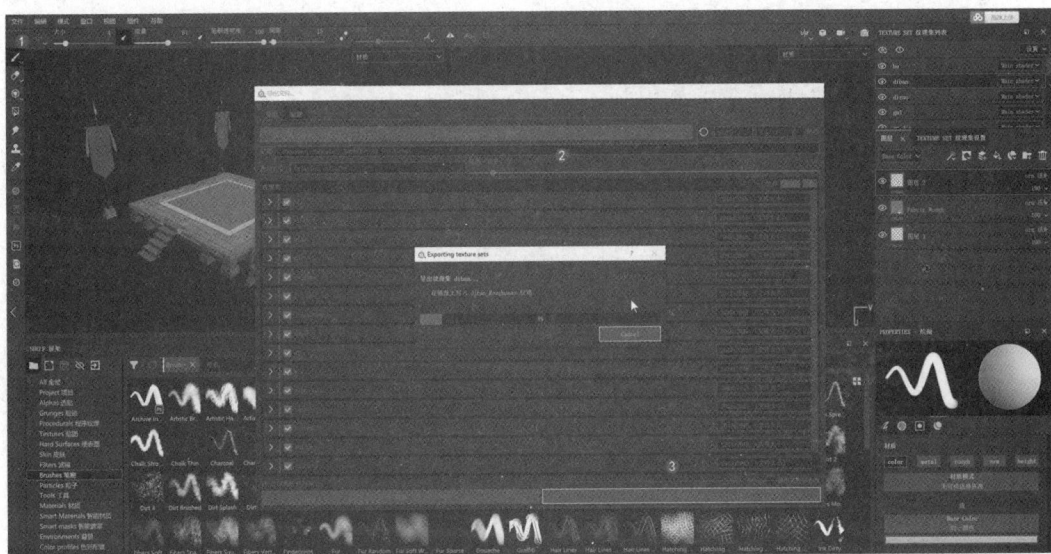

图 3-113　导出贴图

3.3.3　为影视动画场景模型贴图

为模型贴图的思路是，在材质球内贴图，如果有金属度则贴 Metallic 贴图，如果没有金属度则不用贴 Metallic 贴图。如果有颜色则贴 Base_Color 贴图。Roughness 贴图应贴在"Specular"卷展栏的"Roughness"选项上，"Normal_OpenGL"贴图应贴在"Geometry"卷展栏的"Bump Mapping"选项上。除了贴 Base_Color 贴图，在贴其他贴图时都需要将"颜色空间"改为"Raw"，并勾选"Alpha 为亮度"复选框。

（1）在 Maya 中，选择石板模型，在"属性编辑器"面板中，选择"shiban"材质球，如图 3-114 所示。

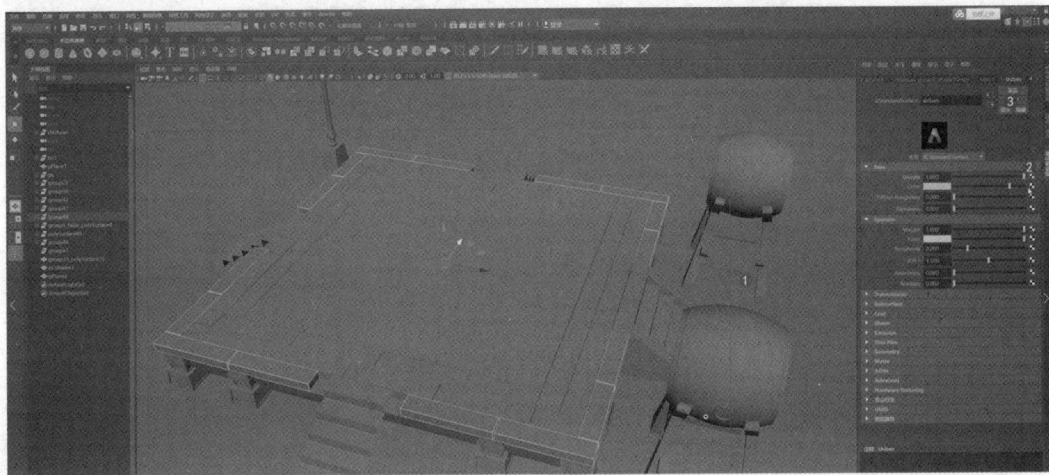

图 3-114　选择材质球

（2）单击"Color"选项右侧的"棋盘格"图标，选择"文件"选项，如图 3-115 所示。

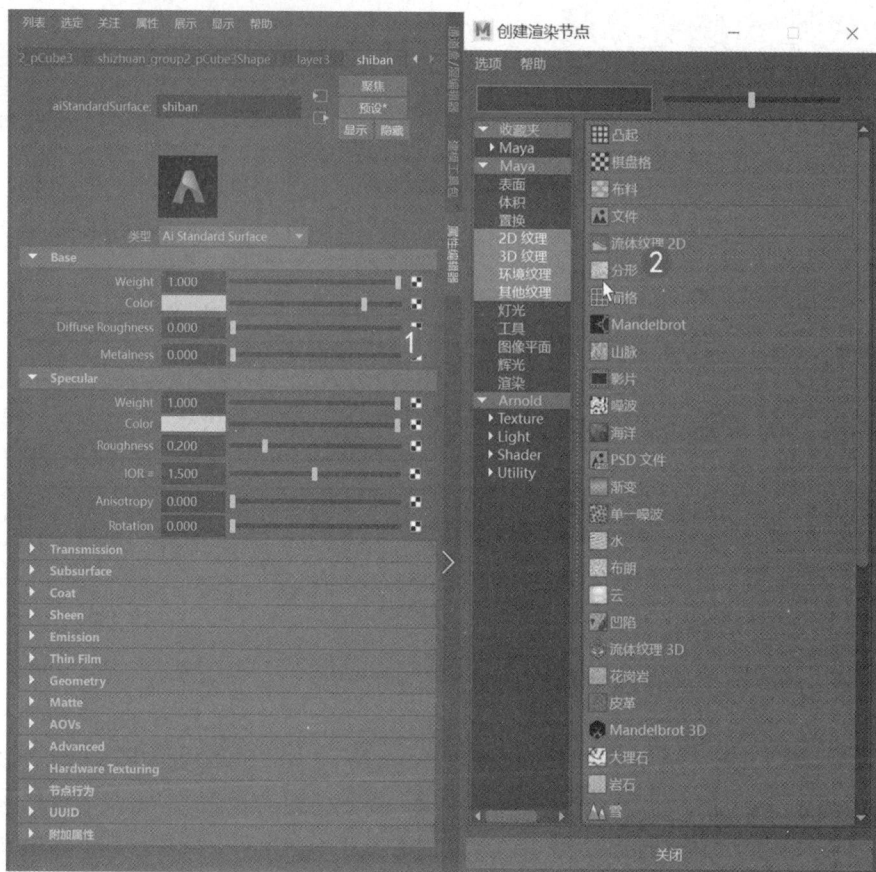

图 3-115　导入贴图 1

（3）单击"图像名称"文本框右侧的"文件夹"图标，选择"贴图"文件夹中"文件名"为"shiban_Base_Color.png"的贴图，单击"打开"按钮，如图 3-116 所示。

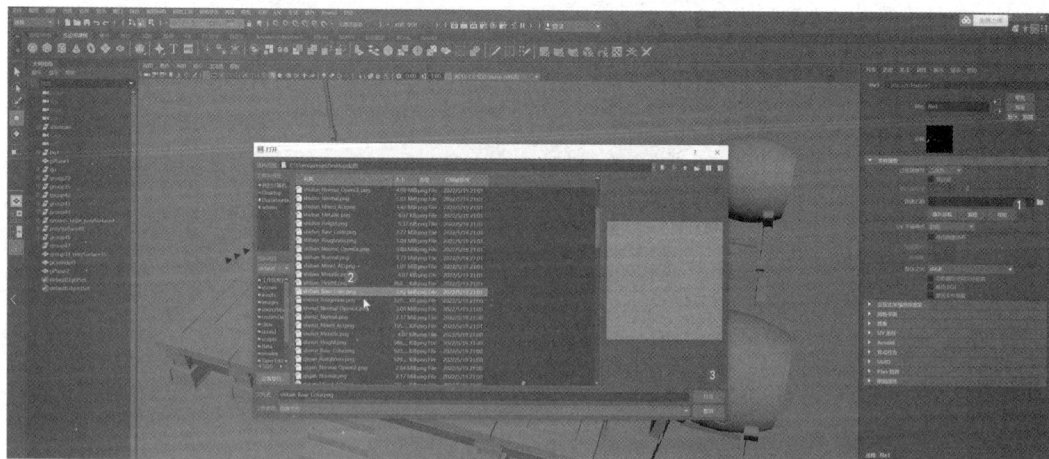

图 3-116　选择贴图 1

（4）单击"纹理"按钮，能更清楚地看到贴图的过程。因为是石板模型，没有金属度，所以不用贴 Metallic 贴图。单击"Roughness"选项右侧的"棋盘格"图标，选择"文件"选项，如图 3-117 所示。

图 3-117　导入贴图 2

（5）单击"图像名称"文本框右侧的"文件夹"图标，选择"贴图"文件夹中"文件名"为"shiban_Roughness.png"的贴图，单击"打开"按钮，如图 3-118 所示。

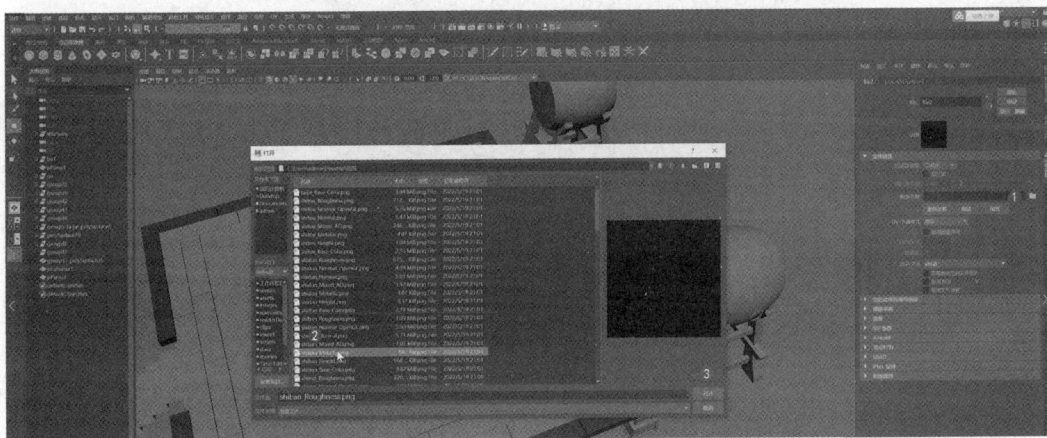

图 3-118　选择贴图 2

（6）设置"颜色空间"为"Raw"，并勾选"颜色平衡"卷展栏中的"Alpha 为亮度"复选框，如图 3-119 所示。

（7）展开"Geometry"卷展栏，单击"Bump Mapping"文本框右侧的"棋盘格"图标，选择"文件"选项，设置"用作"为"切线空间法线"，单击"凹凸值"选项右侧的图标，如图 3-120 所示。

（8）单击"图像名称"文本框右侧的"文件夹"图标，选择"贴图"文件夹中"文件名"为"shiban_Normal_OpenGL.png"的贴图，单击"打开"按钮，如图 3-121 所示。

（9）设置"颜色空间"为"Raw"，并勾选"颜色平衡"卷展栏中的"Alpha 为亮度"复选框。

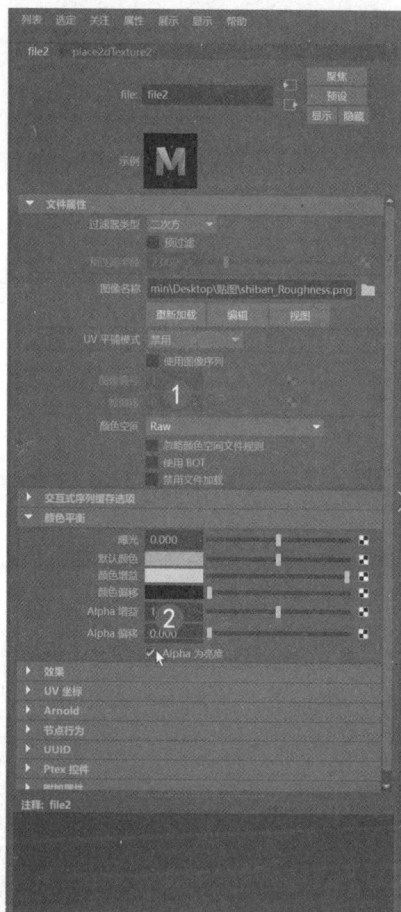

图 3-119　调整参数

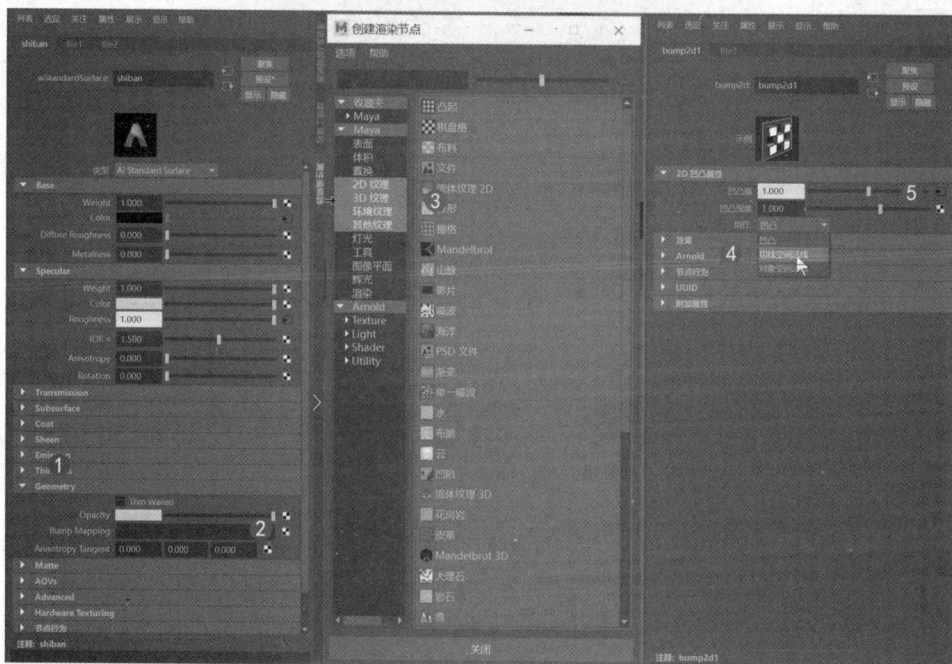

图 3-120　导入贴图 3

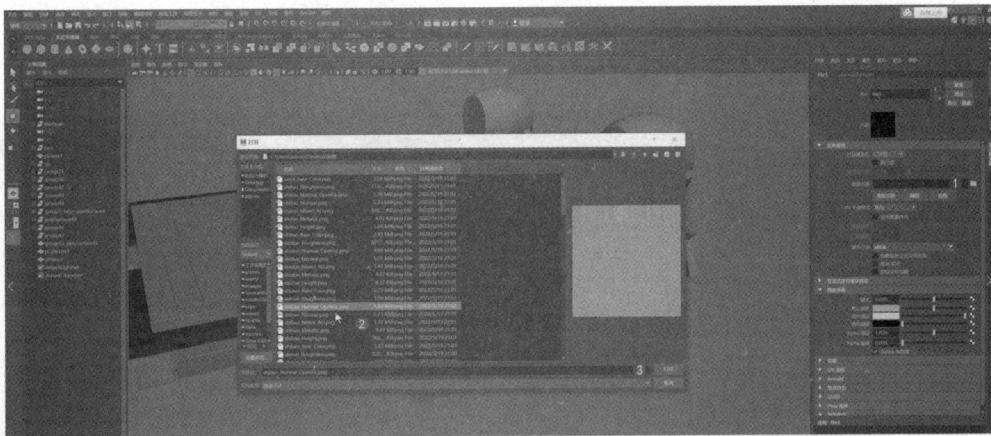

图 3-121 选择贴图 3

（10）所有石头材质模型都使用上述方法贴图，只需要找准模型对应的材质球，即之前已为各个模型命名好的材质球，如台阶模型对应的材质球是 taijie。选择木板模型，单击"Color"选项右侧的"棋盘格"图标，选择"文件"选项，如图 3-122 所示。

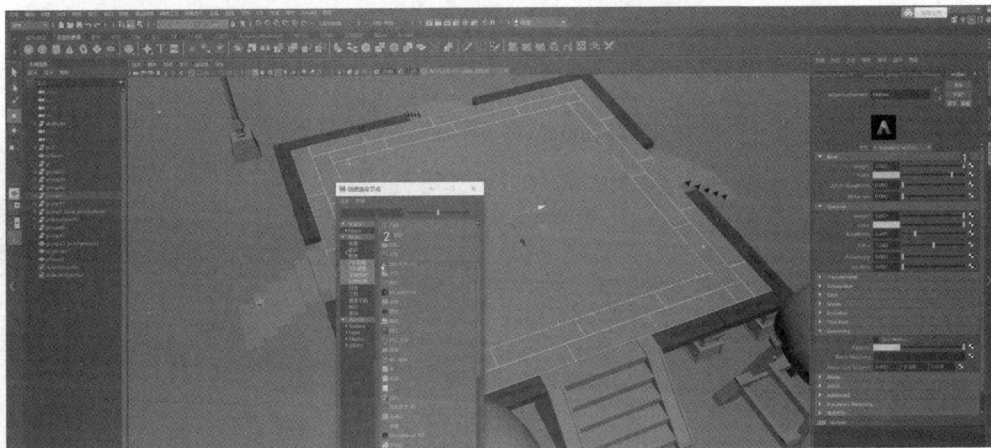

图 3-122 导入贴图 4

（11）单击"图像名称"文本框右侧的"文件夹"图标，选择"贴图"文件夹中"文件名"为"muban_Base_Color.png"的贴图，单击"打开"按钮，如图 3-123 所示。

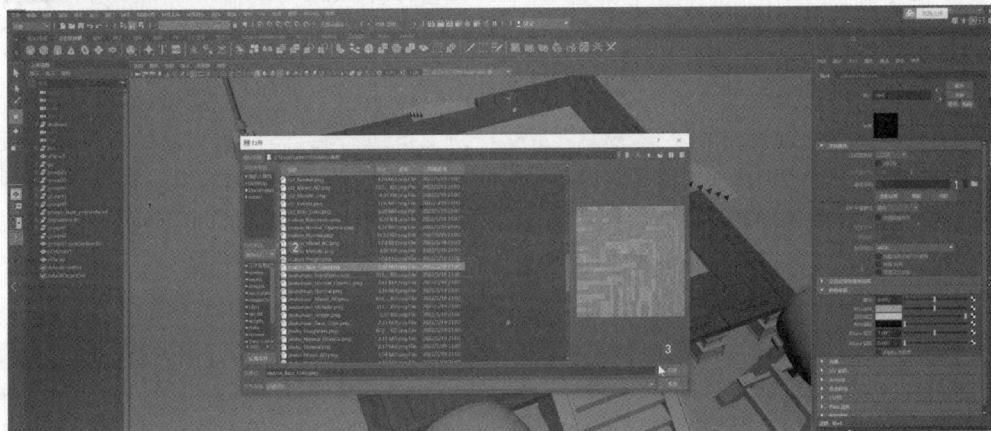

图 3-123 选择贴图 4

（12）因为是木板模型，没有金属度，所以不用贴 Metallic 贴图。单击"Color"选项右侧的"棋盘格"图标，选择"文件"选项，如图 3-124 所示。

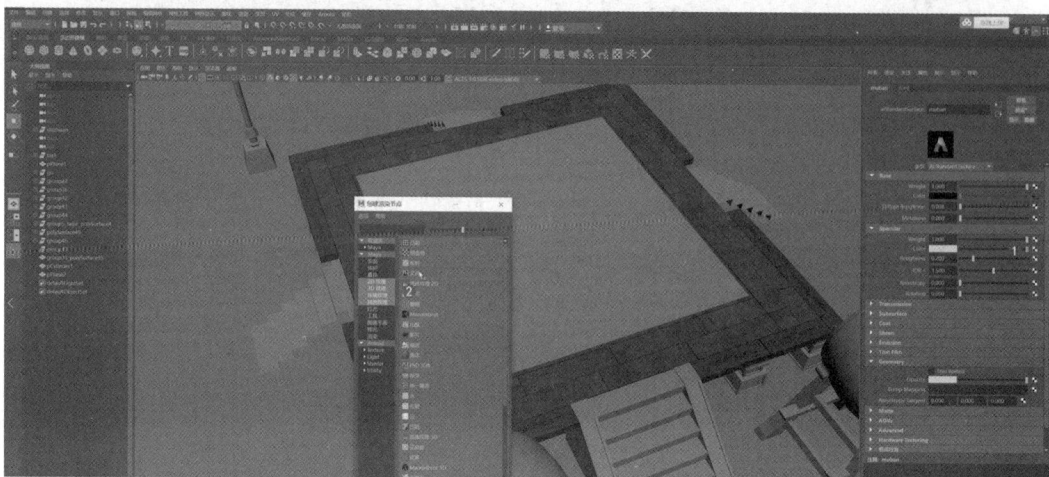

图 3-124　导入贴图 5

（13）单击"图像名称"文本框右侧的"文件夹"图标，选择"贴图"文件夹中"文件名"为"muban_Roughness.png"的贴图，单击"打开"按钮，如图 3-125 所示。

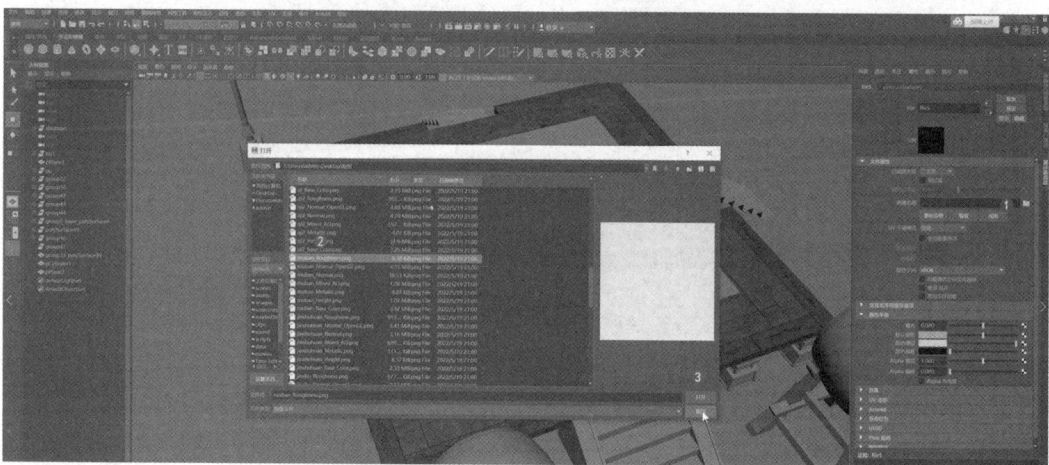

图 3-125　选择贴图 5

（14）设置"颜色空间"为"Raw"，并勾选"颜色平衡"卷展栏中的"Alpha 为亮度"复选框。

（15）展开"Geometry"卷展栏，单击"Bump Mapping"文本框右侧的"棋盘格"图标，选择"文件"选项，设置"用作"为"切线空间法线"，单击"凹凸值"选项右侧的图标。

（16）单击"图像名称"文本框右侧的"文件夹"图标，选择"贴图"文件夹中"文件名"为"muban_Metallic.png"的贴图，单击"打开"按钮，如图 3-126 所示。

（17）设置"颜色空间"为"Raw"，并勾选"颜色平衡"卷展栏中的"Alpha 为亮度"复选框。

（18）所有木头材质模型都使用上述方法贴图，包括鼓架模型和鼓身模型。选择地毯模型，单击"Color"选项右侧的"棋盘格"图标，选择"文件"选项，如图 3-127 所示。

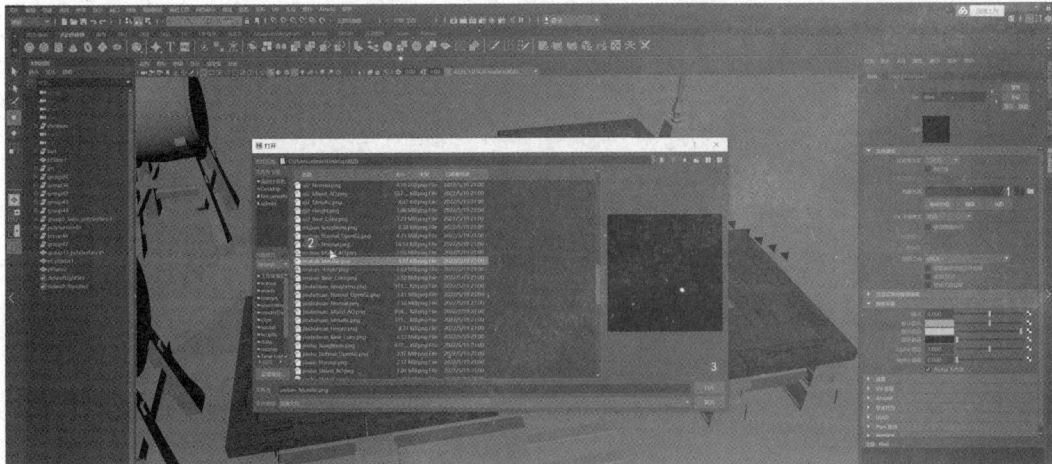

图 3-126　选择贴图 6

图 3-127　导入贴图 6

（19）单击"图像名称"文本框右侧的"文件夹"图标，选择"贴图"文件夹中"文件名"为"bu_Base_Color.png"的贴图，单击"打开"按钮，如图 3-128 所示。

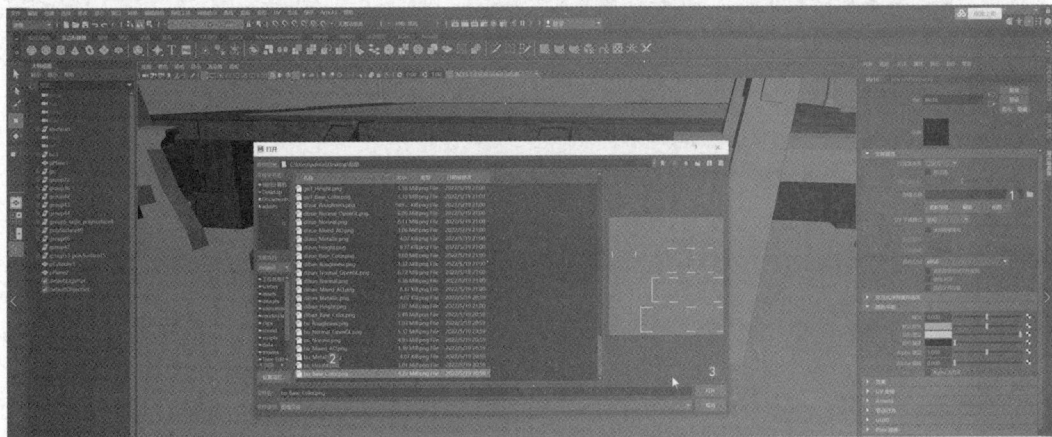

图 3-128　选择贴图 7

（20）单击"Roughness"选项右侧的"棋盘格"图标，选择"文件"选项，如图 3-129 所示。

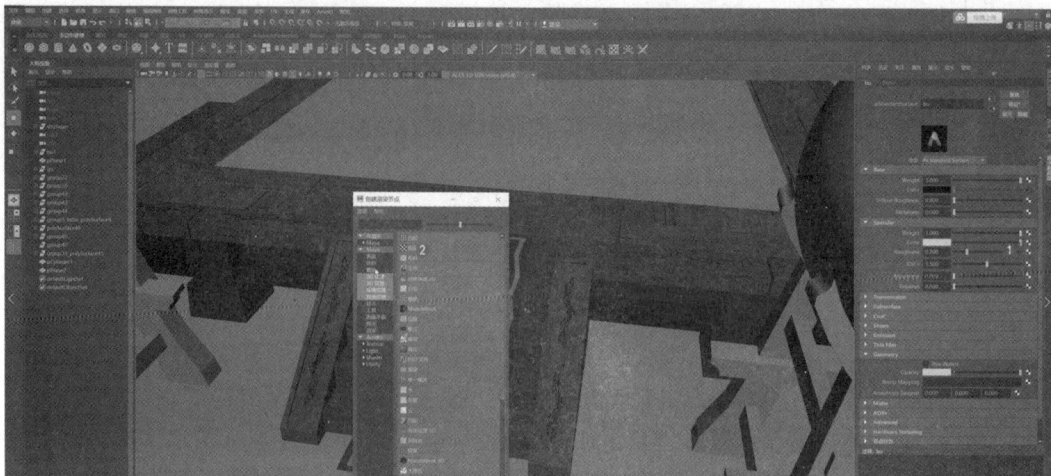

图 3-129　导入贴图 7

（21）单击"图像名称"文本框右侧的"文件夹"图标，选择"贴图"文件夹中"文件名"为"bu_Roughness.png"的贴图，单击"打开"按钮，如图 3-130 所示。

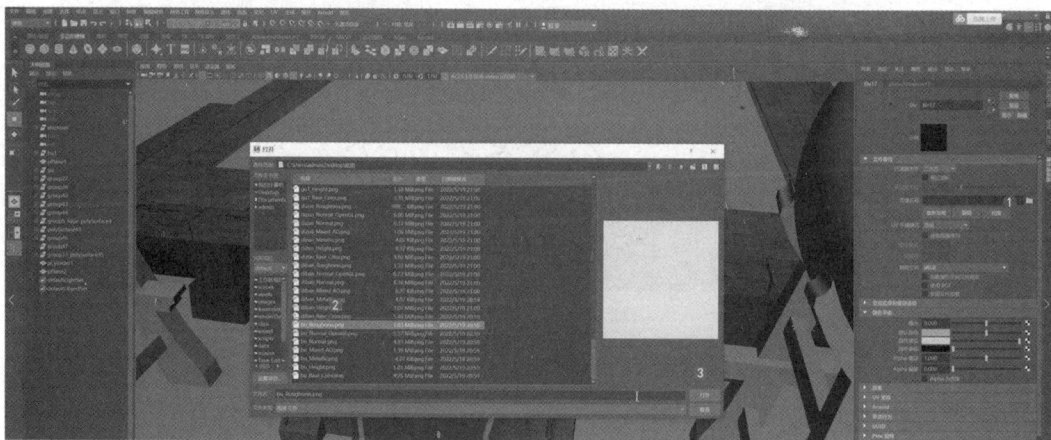

图 3-130　选择贴图 8

（22）设置"颜色空间"为"Raw"，并勾选"颜色平衡"卷展栏中的"Alpha 为亮度"复选框。

（23）展开"Geometry"卷展栏，单击"Bump Mapping"文本框右侧的"棋盘格"图标，选择"文件"选项，设置"用作"为"切线空间法线"，单击"凹凸值"选项右侧的图标。

（24）单击"图像名称"文本框右侧的"文件夹"图标，选择"贴图"文件夹中"文件名"为"bu_Normal_OpenGL.png"的贴图，单击"打开"按钮，如图 3-131 所示。

（25）设置"颜色空间"为"Raw"，并勾选"颜色平衡"卷展栏中的"Alpha 为亮度"复选框。

（26）所有布料材质模型都根据上述方法贴图，包括绳子模型、地板模型和旗面模型。选择旗杆模型，单击"Color"选项右侧的"棋盘格"图标，选择"文件"选项，如图 3-132 所示。

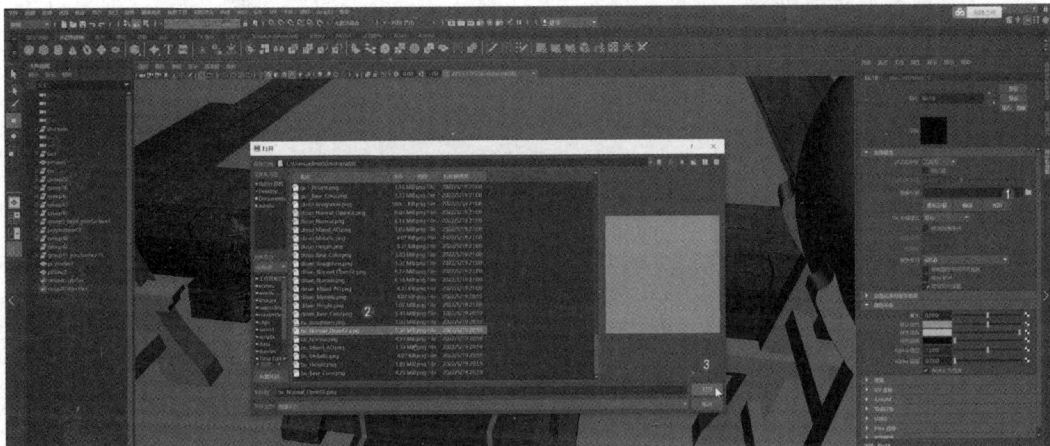

图 3-131　选择贴图 9

图 3-132　导入贴图 8

（27）单击"图像名称"文本框右侧的"文件夹"图标，选择"贴图"文件夹中"文件名"为"jinshu_Base_Color.png"的贴图，单击"打开"按钮，如图 3-133 所示。

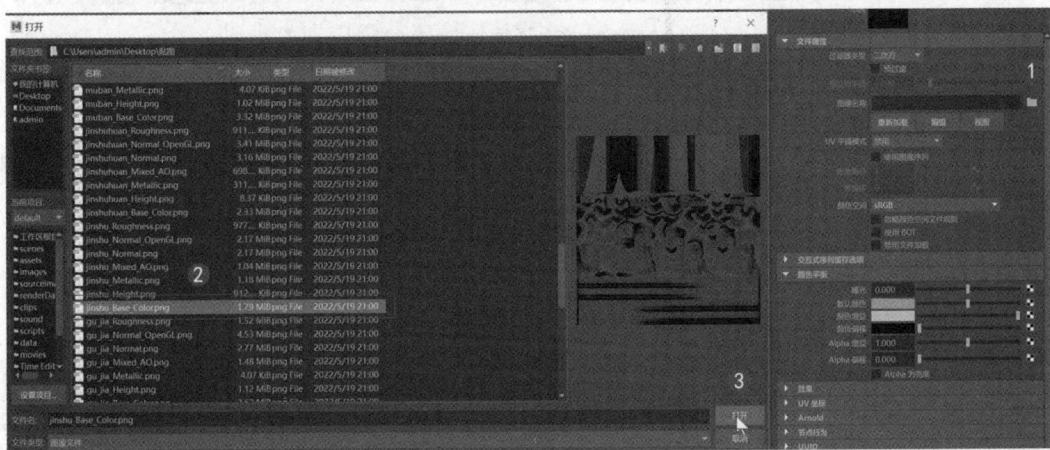

图 3-133　选择贴图 10

（28）单击"Metalness"选项右侧的"棋盘格"图标，选择"文件"选项，如图 3-134 所示。

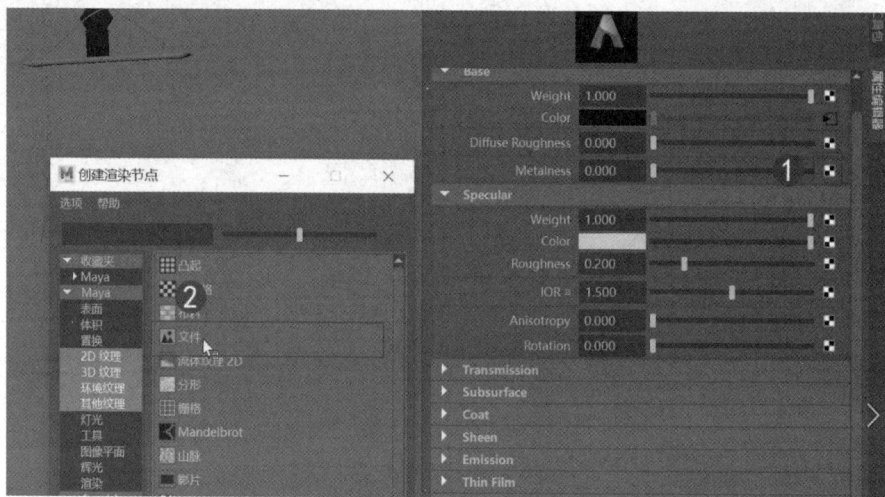

图 3-134　导入贴图 9

（29）单击"图像名称"文本框右侧的"文件夹"图标，选择"贴图"文件夹中"文件名"为"jinshu_Metallic.png"的贴图，单击"打开"按钮，如图 3-135 所示。

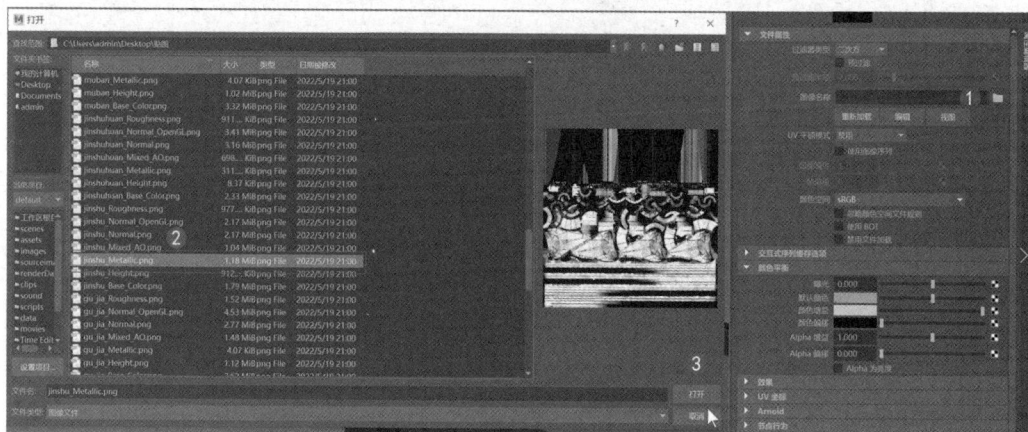

图 3-135　选择贴图 11

（30）设置"颜色空间"为"Raw"，并勾选"颜色平衡"卷展栏中的"Alpha 为亮度"复选框。

（31）单击"Roughness"选项右侧的"棋盘格"图标，选择"文件"选项。单击"图像名称"文本框右侧的"文件夹"图标，选择"贴图"文件夹中文件名为"jinshu_Roughness.png"的贴图，单击"打开"按钮，如图 3-136 所示。

（32）设置"颜色空间"为"Raw"，并勾选"颜色平衡"卷展栏中的"Alpha 为亮度"复选框。

（33）展开"Geometry"卷展栏，单击"Bump Mapping"文本框右侧的"棋盘格"图标，选择"文件"选项，设置"用作"为"切线空间法线"，单击"凹凸值"选项右侧的图标。

（34）单击"图像名称"文本框右侧的"文件夹"图标，选择"贴图"文件夹中"文件名"为"jinshu_Normal_OpenGL.png"的贴图，单击"打开"按钮，如图 3-137 所示。

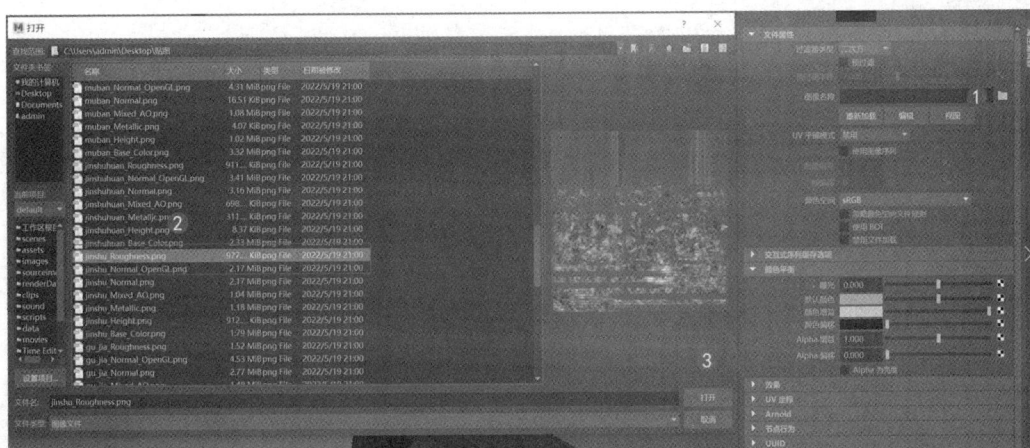

图 3-136　导入贴图 10

图 3-137　选择贴图 12

（35）设置"颜色空间"为"Raw"，并勾选"颜色平衡"卷展栏中的"Alpha 为亮度"复选框。

（36）所有金属材质模型都使用上述方法贴图。在 Photoshop 中打开 diban_Base_Color 贴图，在中间绘制一个"X"为"526 像素"，"Y"为"526 像素"的圆，如图 3-138 所示。

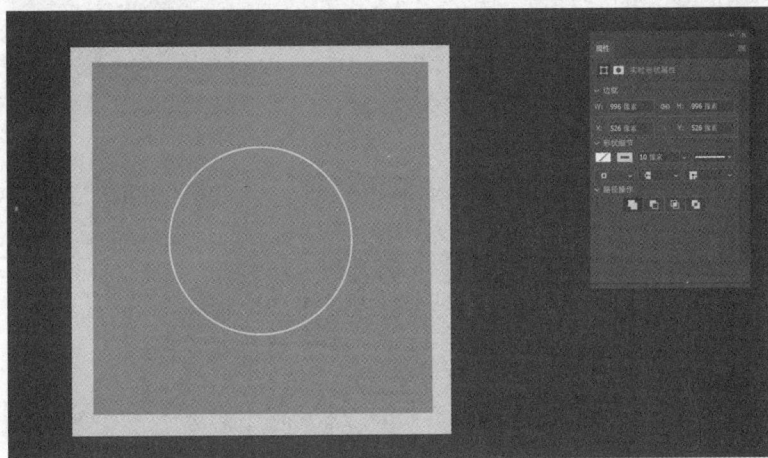

图 3-138　绘制圆

（37）将提供的文字素材图片放到中间位置，如图 3-139 所示。

（38）将提供的花纹素材图片放到空白处，如图 3-140 所示。

图 3-139　导入素材图片 1

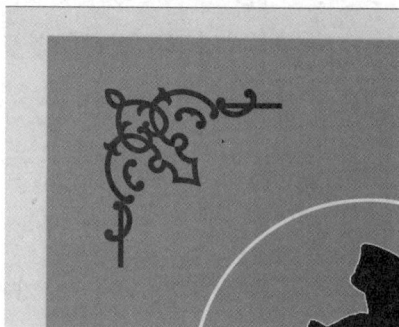

图 3-140　导入素材图片 2

（39）使用"魔棒"工具全选花纹，使用"吸管"工具吸取黄色边框的颜色，使用"油漆桶"工具将吸取的颜色倒在花纹上，将花纹复制 3 份，按照如图 3-141 所示位置摆放。

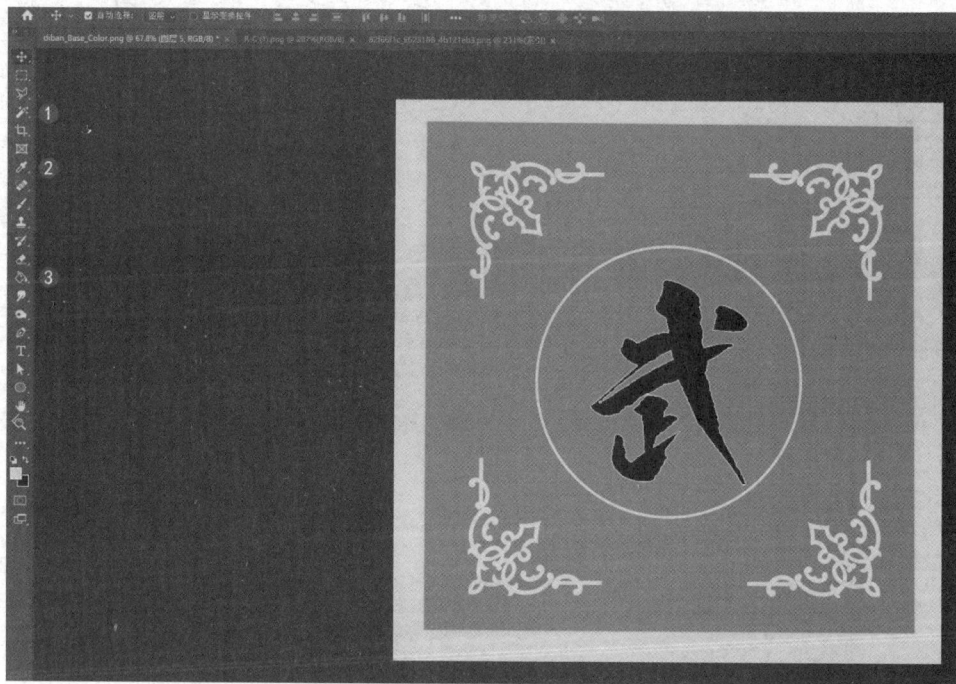

图 3-141　赋予颜色

（40）将贴图导出，重新贴在地板模型的贴图颜色上。在 Photoshop 中打开 qi_Base_Color 贴图，将提供的花纹边框素材图片放到旗面模型 UV 贴图的位置，如图 3-142 所示。

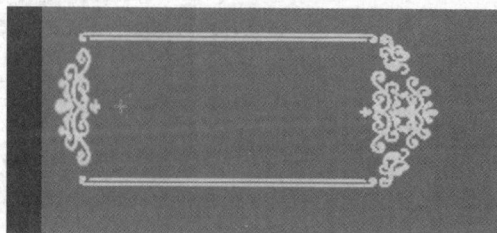

图 3-142　导入素材图片 3

（41）将花纹复制 3 份，放到另外 3 个 UV 贴图的位置上，如图 3-143 所示。

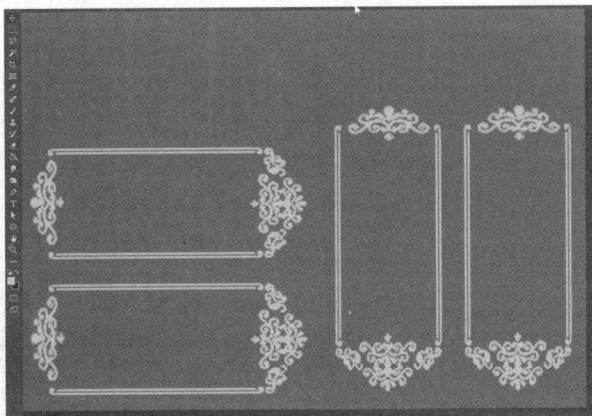

图 3-143　复制花纹

（42）使用提供的两句与武功有关的诗句素材图片，将诗句字体转换为书法字体，放到花纹边框框出的区域内，如图 3-144 所示。

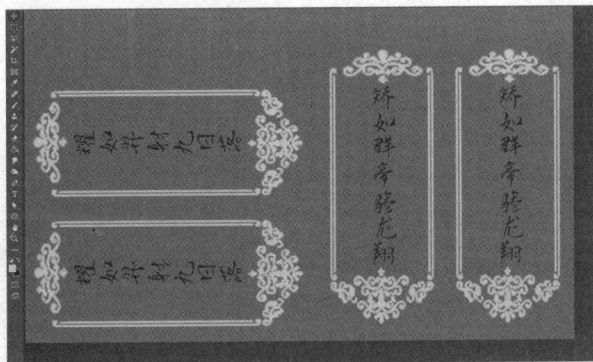

图 3-144　导入素材图片 4

（43）将这张包含花纹边框与诗句的贴图贴到旗面模型上，选择底面，将其单独导出。在 Substance Painter 中赋予 Medieval Courtyard Flagstone 材质球，将"比例"改为"2.07"，将贴图导出，如图 3-145 所示。

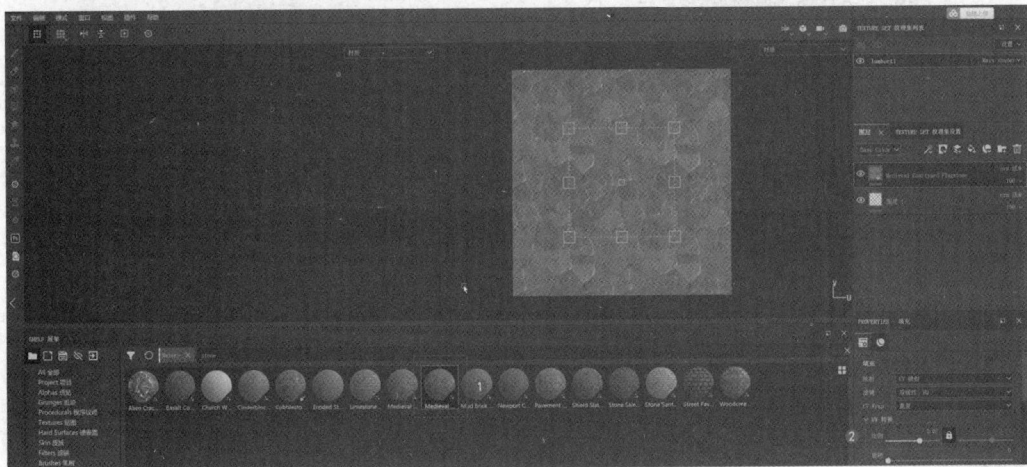

图 3-145　赋予材质球

（44）最终效果如图 3-146 所示。

图 3-146　最终效果

课后练习：制作场景材质与贴图，要求合理分配 UV 贴图，UV 贴图像素为 2048px×2048px。

知识与技能小结

通过本项目的学习，学生基本能够掌握卡通动画场景材质与贴图制作、卡通动画（盲盒）角色材质与贴图制作和影视动画场景材质与贴图制作方法，熟练使用 Substance Painter 进行实际操作。本项目中的案例添加了课程思政元素，学生通过学习，可以了解家国情怀，提升民族文化自信，树立良好的价值观。本项目中的案例还结合了考取"1+X"证书的部分知识点，学生通过课程内容的学习，可以提高考取"1+X"证书的通过率。

拓展任务

完成以下场景材质与贴图制作的任务,要求合理分配 UV 贴图,UV 贴图像素为 2048px×2048px。

项目 4　三维动画动作篇

三维动画不受时间、空间、地点、条件、对象的限制，运用各种表现形式把复杂和抽象的节目内容、科学原理、概念等用集中、简化、形象的形式表现出来。在 Maya 中可以进行三维动画动作的学习和训练。本项目前期将全面围绕设计师应具备的基础知识和基本动画理论展开。要想学好如何制作三维动画动作，学生还需要掌握动画速写、动画表演、运动规律、动画法则等传统知识，且需要循序渐进地进行有关角色动作的专业训练。本项目中的内容将以基础运动规律贯穿始终，包括基础运动（物理运动）规律、角色基础控制、角色动作设计（复杂的情绪表现）、角色表演技巧（人物性格表达和情绪表达等）、表情动画设计、多个角色混合表演技巧等。

【能力要求】

（1）了解运动规律，认识关键帧。

（2）掌握在 Maya 中制作角色骨骼的技巧（"1+X"证书）。

（3）掌握在 Maya 中制作角色蒙皮权重的技巧（"1+X"证书）。

（4）熟悉动画运动规律（"1+X"证书）。

【学习导览】

本项目思维导图如下。

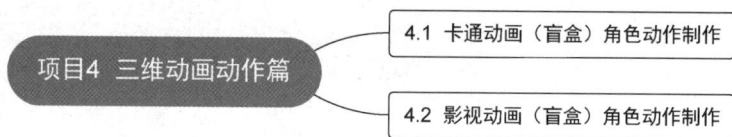

```
                                  ┌─ 4.1  卡通动画（盲盒）角色动作制作
         项目4  三维动画动作篇 ──┤
                                  └─ 4.2  影视动画（盲盒）角色动作制作
```

4.1　卡通动画（盲盒）角色动作制作

教学目标

了解卡通动画（盲盒）角色骨骼制作、骨骼绑定制作、骨骼蒙皮权重制作，以及骨骼动作制作方法。

教学重点和难点

（1）熟知卡通动画（盲盒）角色骨骼绑定制作的重要性。

（2）了解卡通动画（盲盒）角色骨骼制作流程。

（3）掌握卡通动画（盲盒）角色骨骼动作制作流程。

　　下面将用到 AdvancedSkeleton，通过给卡通动画（盲盒）角色骨骼制作动作，让角色生动地展现出来。效果展示如图 4-1 所示。

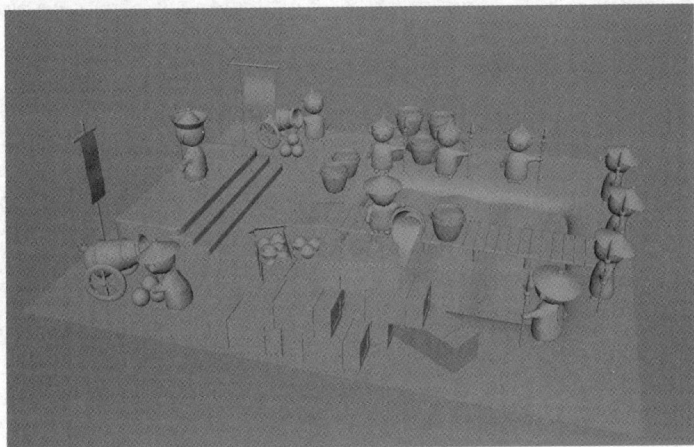

图 4-1　效果展示

视频教程：兵卒
骨骼（有字幕）

4.1.1　卡通动画（盲盒）角色骨骼制作

　　（1）打开项目 2 中制作的卡通动画（盲盒）角色模型，单击"AdvancedSkeleton5"按钮，选择"身体"→"适合"选项，单击"导入"按钮，结果如图 4-2 所示。

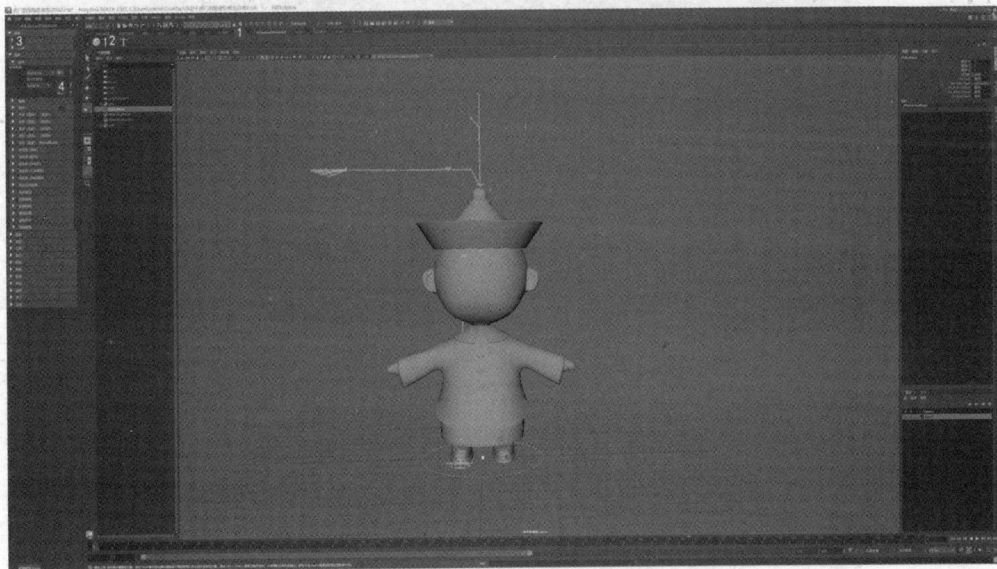

图 4-2　导入骨骼

　　（2）展开"编辑"卷展栏，勾选"关节-轴向"复选框，单击"FitMode"按钮，如图 4-3 所示。按 R 键，将骨骼放大到合适的大小。全选模型，单击"创建新层并指定选定对象"按钮，将模式调整为"T"。选择骨骼，按 D 键，将骨骼调整至身体模型的各个关节处。

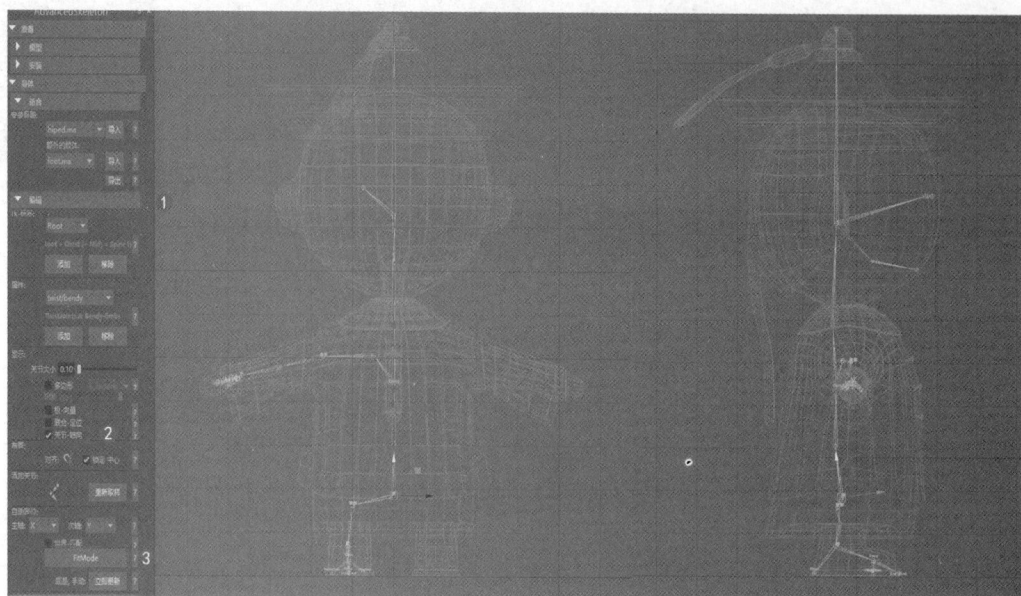

图 4-3　调整骨骼

4.1.2　卡通动画（盲盒）角色骨骼绑定制作

取消勾选"关节–轴向"复选框，并关闭"FitMode"选项，单击"创建"卷展栏中的"Build AdvancedSkeleton"按钮，等待骨骼自动绑定，如图 4-4 所示。

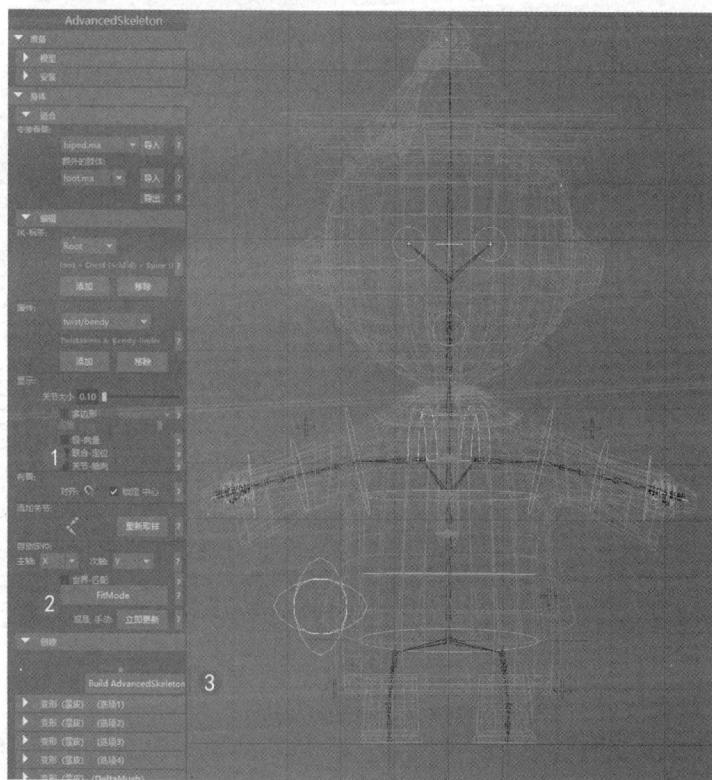

图 4-4　绑定骨骼

4.1.3　卡通动画（盲盒）角色骨骼蒙皮权重制作

（1）选择衣服模型，单击"创建新层并指定选定对象"按钮，隐藏衣服模型。展开"变形（蒙皮）（选项1）"卷展栏，单击"自动选择骨骼"按钮，加选身体模型，单击"设置光滑绑定对象"按钮，勾选"保持最大影响物"复选框，单击"应用并关闭"按钮，如图4-5所示。

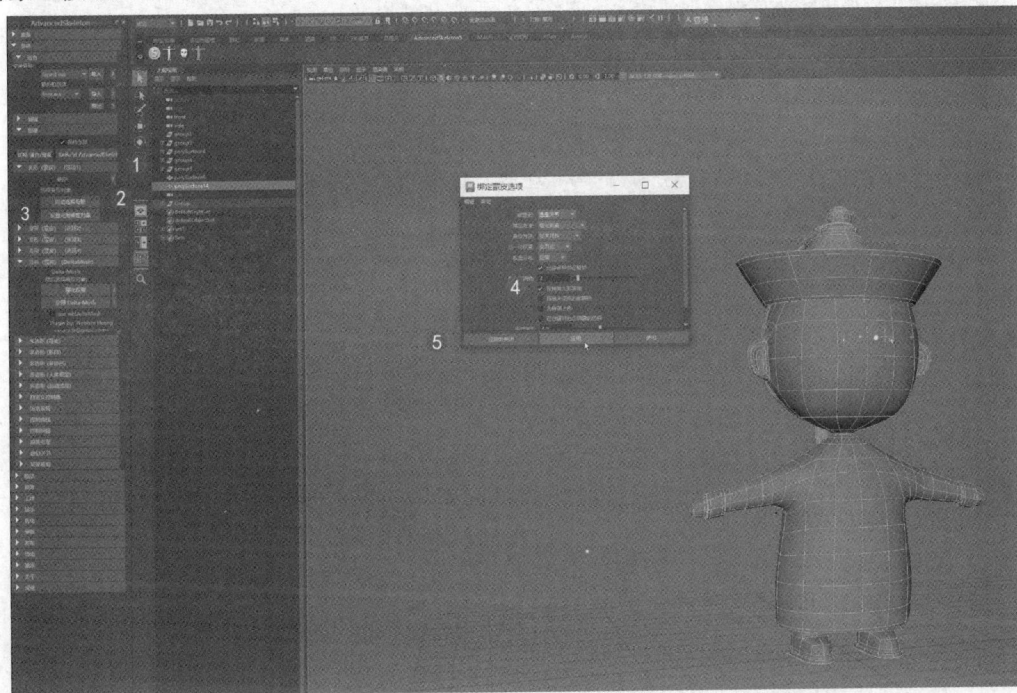

图 4-5　创建蒙皮

（2）选择身体模型，单击"变形（蒙皮）（DeltaMush）"卷展栏中的"应用 Delta-Mush"按钮，可以多次单击，如图4-6所示。

（3）选择身体模型，并选择"绑定"选项，单击"蒙皮"→"绘制蒙皮权重"命令右侧的方块按钮，打开"工具设置"面板，如图4-7所示。

图 4-6　应用 Delta-Mush

图 4-7　"工具设置"面板

（4）选择列表中的骨骼选项，选中"绘制操作"选项组中的"替换"单选按钮，调整"值"选项，如图 4-8 所示。使用"平滑"工具对权重边缘实施平滑操作。

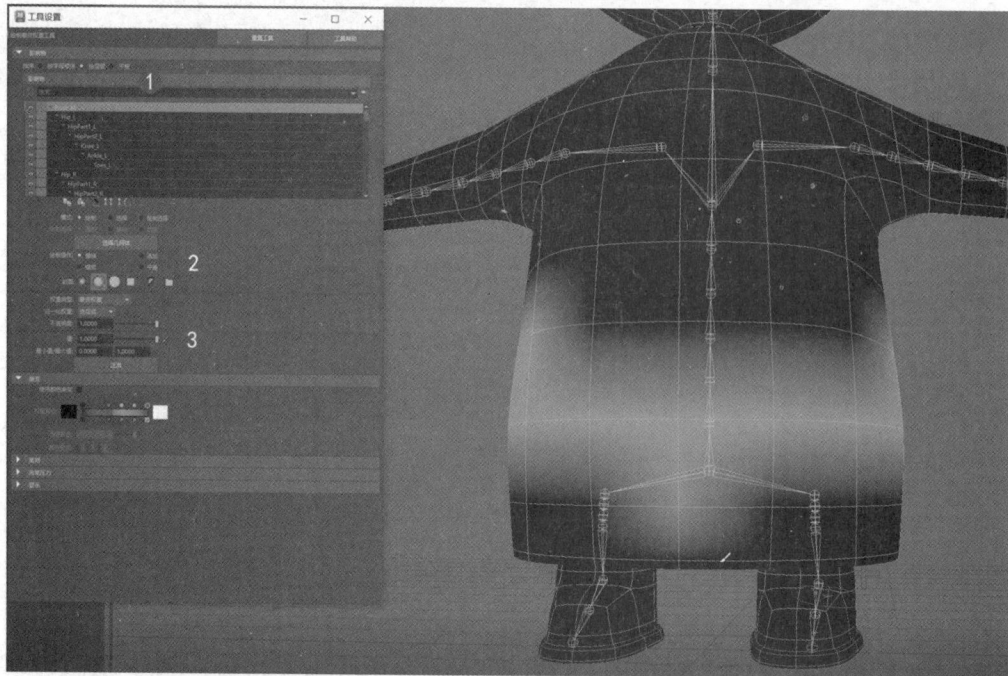

图 4-8　进行绘制

（5）绘制蒙皮权重。

绘制蒙皮权重的思路如下。

① 不需要为大腿模型骨骼绘制蒙皮权重，如图 4-9 所示。

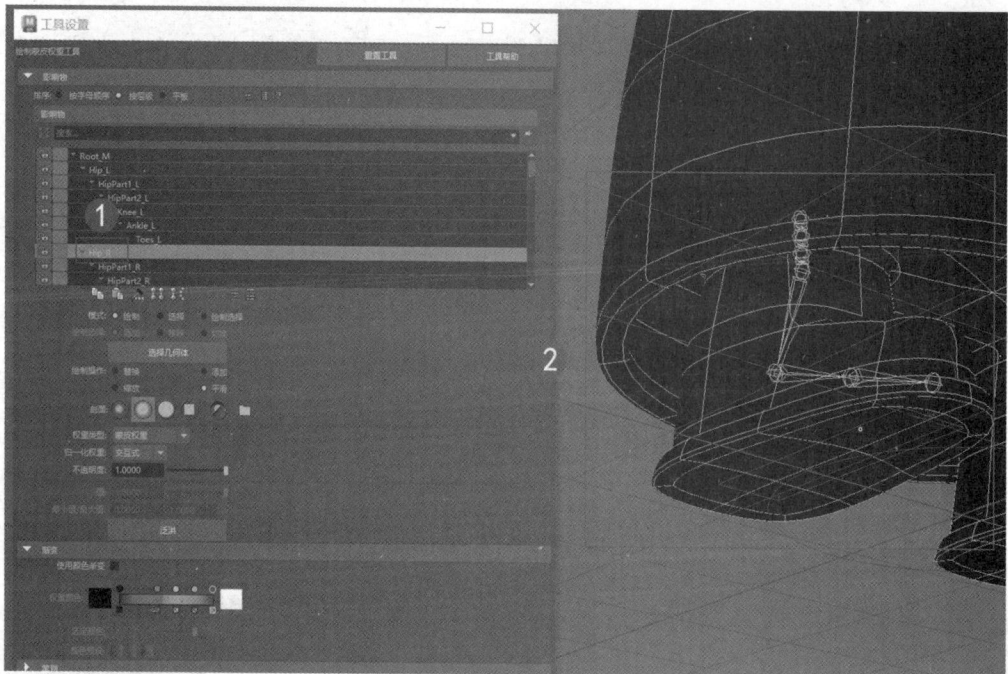

图 4-9　大腿模型骨骼蒙皮权重

② 手掌模型骨骼蒙皮权重被手腕模型骨骼占有。因为没有手指模型，所以不需要为手指模型骨骼绘制蒙皮权重，如图 4-10 所示。

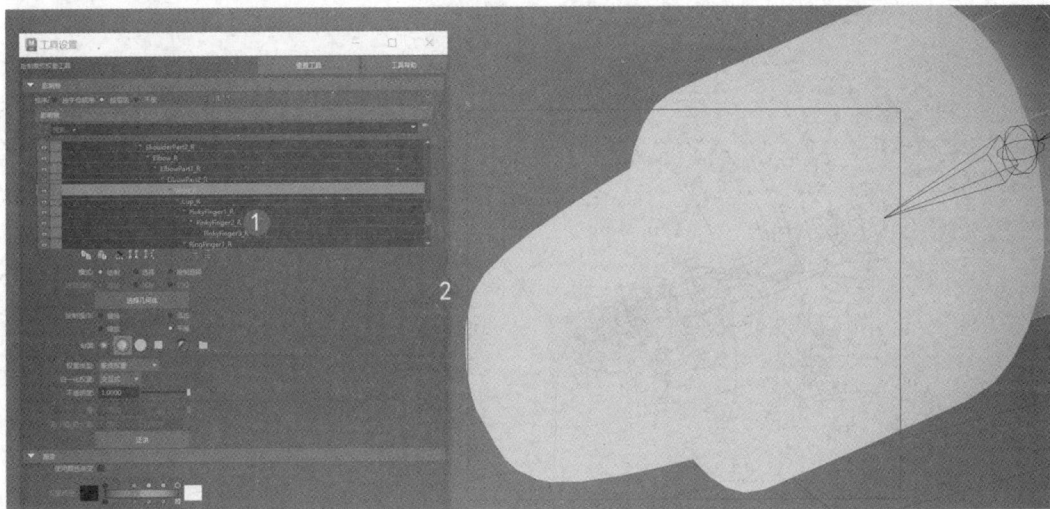

图 4-10　手掌模型骨骼蒙皮权重

③ 脊椎模型骨骼蒙皮权重的边缘需要进行平滑处理，如图 4-11 所示。

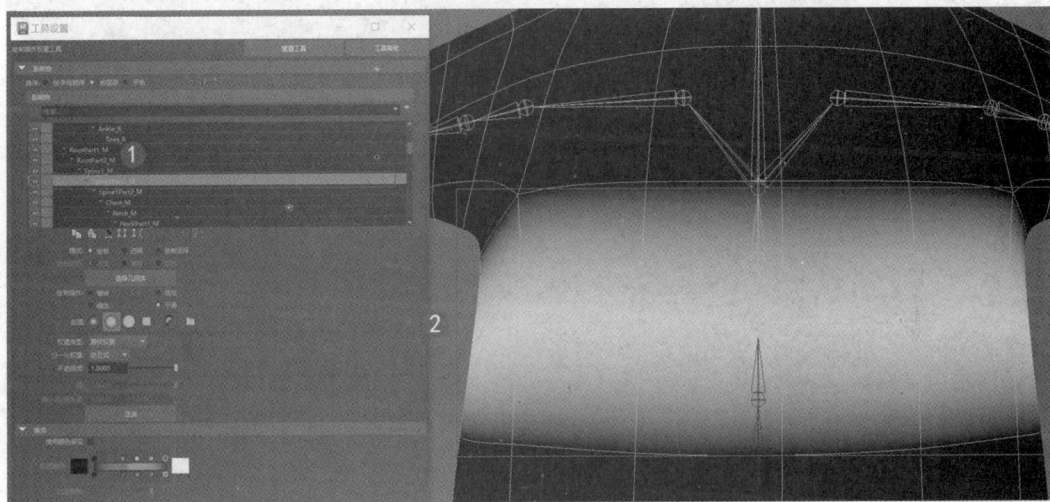

图 4-11　脊椎模型骨骼蒙皮权重

④ 在绘制手臂模型骨骼蒙皮权重时，需要取消腋下与身体模型骨骼蒙皮权重，如图 4-12 所示。

⑤ 在绘制小腿与脚部模型骨骼蒙皮权重时，不需要沾染身体模型，如图 4-13 所示。

⑥ 在绘制头部模型骨骼蒙皮权重时，需要将帽子和头发模型全部纳入，如图 4-14 所示。

（6）取消隐藏衣服模型，选择衣服模型，加选绘制好蒙皮权重的身体模型。选择"变形"→"包裹"命令，如图 4-15 所示。

（7）项目 2 中制作的兵卒模型也可以按照上述思路制作骨骼蒙皮权重，如图 4-16 所示。

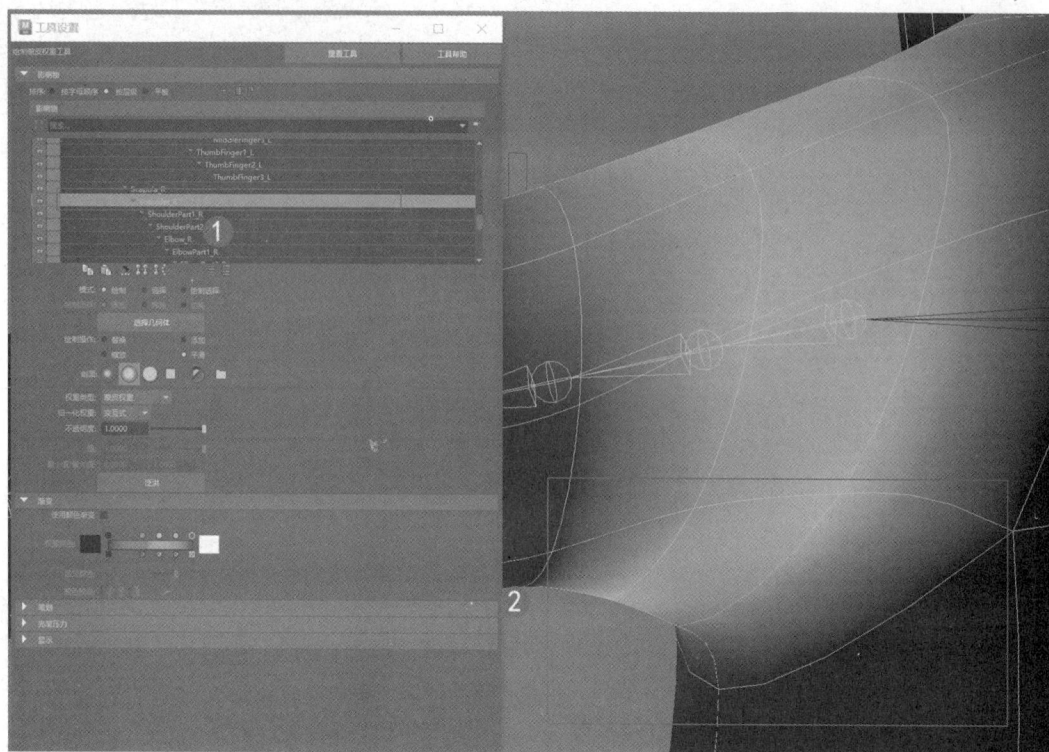

图 4-12　手臂模型骨骼蒙皮权重

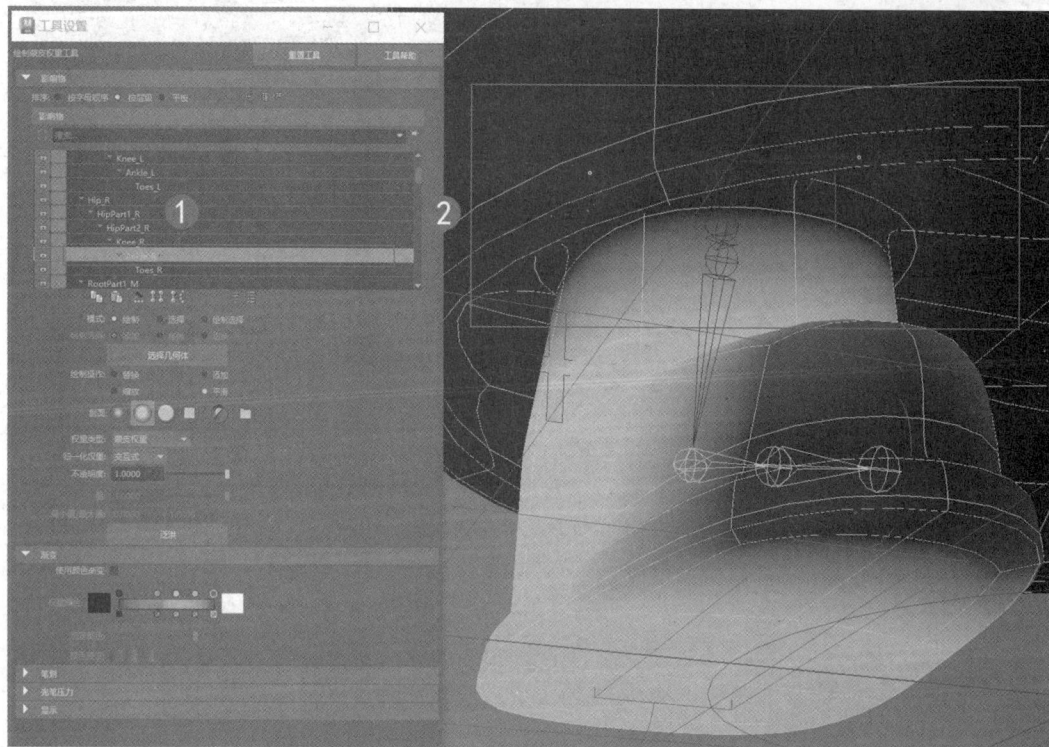

图 4-13　小腿与脚部模型骨骼蒙皮权重

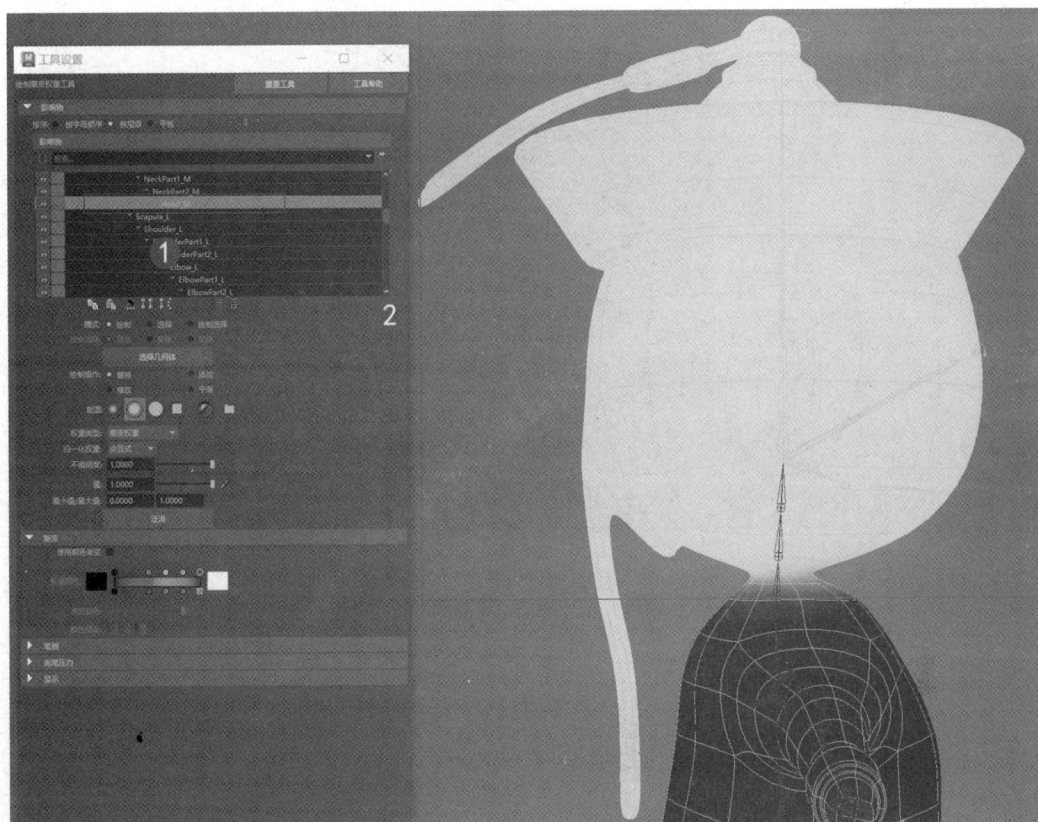

图 4-14　头部模型骨骼蒙皮权重

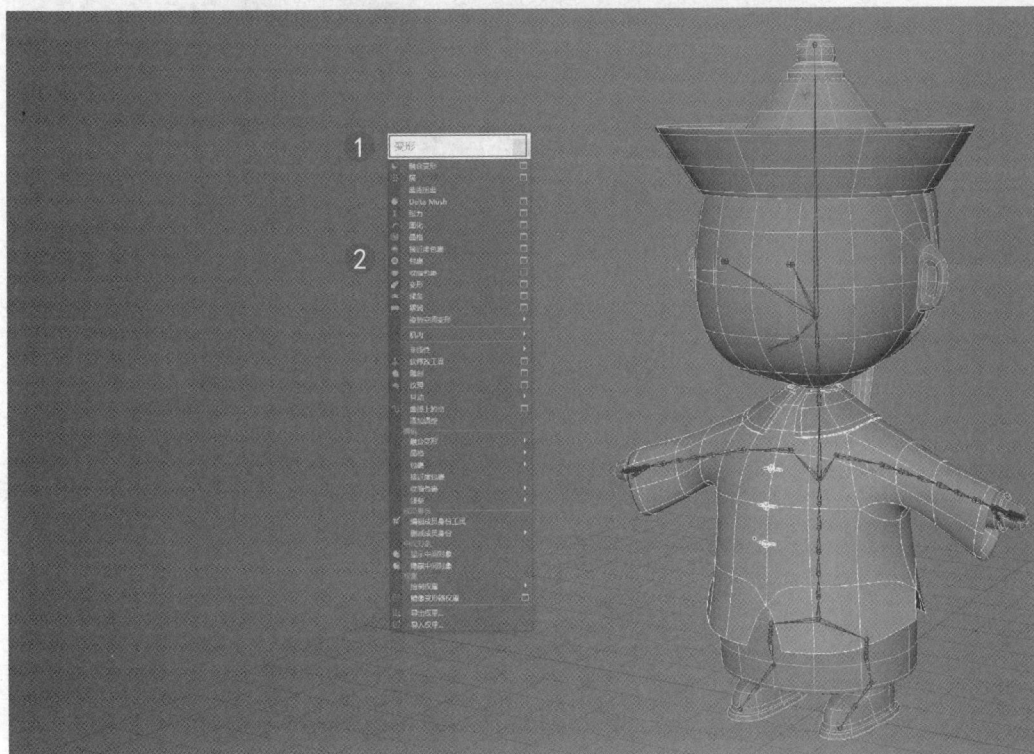

图 4-15　包裹衣服模型

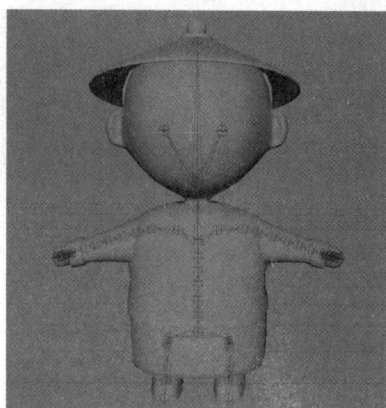

图 4-16　兵卒模型骨骼蒙皮权重

4.1.4　卡通动画（盲盒）角色骨骼动作制作

（1）打开项目 2 中制作的卡通动画场景模型，先将林则徐角色模型（包含骨骼和控制器）复制到场景模型中，单击脚部模型下面的控制器，将角色模型移动到站台模型上，如图 4-17 所示。

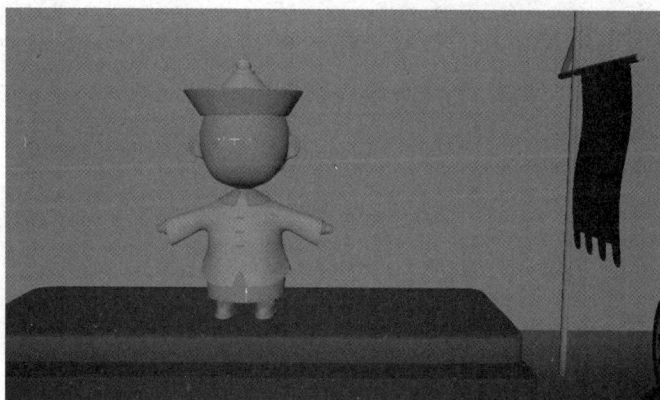

图 4-17　导入角色模型 1

（2）单击手臂模型上面的控制器，旋转控制器，将手臂模型旋转到角色模型后方，如图 4-18 所示。

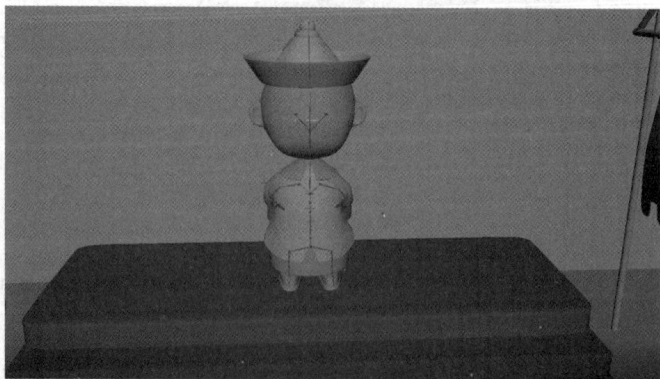

图 4-18　调整手臂模型的动作 1

（3）将脊椎模型上面的控制器向后旋转一些，将头部模型上面的控制器向下旋转一些，制作出角色模型挺胸低头的姿势，如图 4-19 所示。

图 4-19　调整角色模型的动作 1

（4）将兵卒模型（包含骨骼和控制器）复制到场景模型中的武器（枪）模型旁边，如图 4-20 所示。

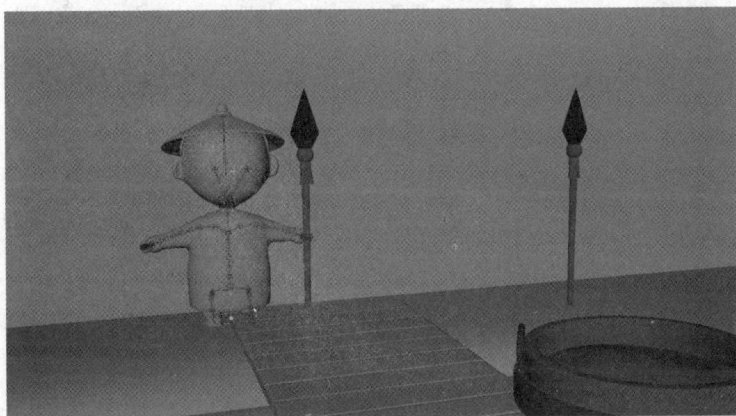

图 4-20　导入角色模型 2

（5）将右臂模型上面的控制器向上旋转一些，制作出手握武器（枪）模型的姿势，将左臂模型上面的控制器向下旋转一些，如图 4-21 所示。

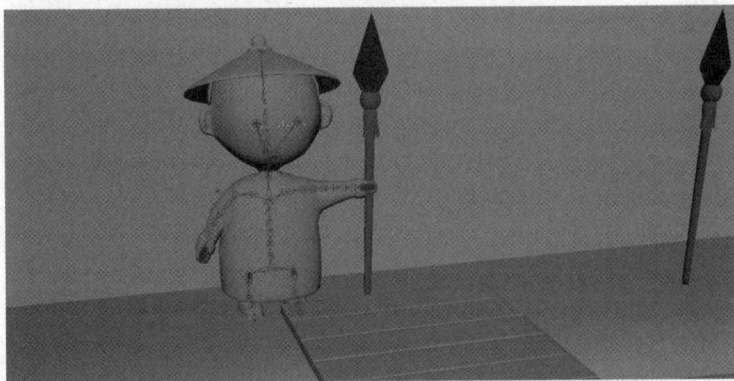

图 4-21　调整手臂模型的动作 2

（6）将兵卒模型（包含骨骼和控制器）复制到场景中的每个武器（枪）模型旁边，调整身体模型的方向，如图 4-22 所示。

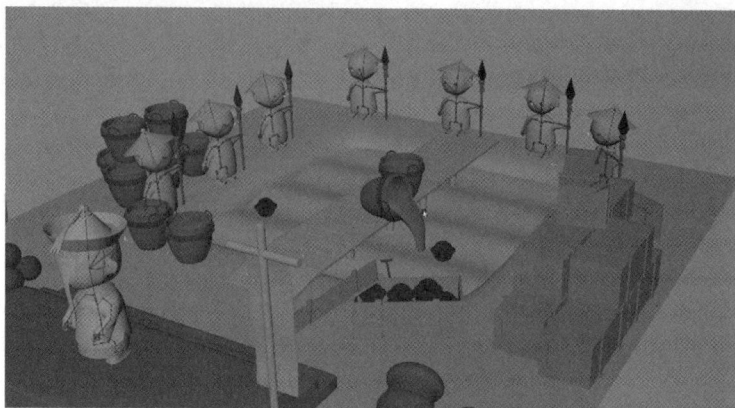

图 4-22　复制模型

（7）复制一个兵卒模型（包含骨骼和控制器）到木桥模型上面的水桶模型旁边，将左臂模型上面的控制器向上旋转一些，将右臂模型上面的控制器向前旋转一些，将脊椎模型上面的控制器向前旋转一些，并将头部模型上面的控制器向下旋转一些，制作出倾倒的姿势，如图 4-23 所示。

图 4-23　调整角色模型的动作 2

（8）复制两个兵卒模型（包含骨骼和控制器）分别到两个大炮模型旁边，调整兵卒模型的姿势，制作出右侧兵卒模型手扶炮筒模型的姿势和左侧兵卒模型手搬炮弹模型的姿势，如图 4-24 所示。

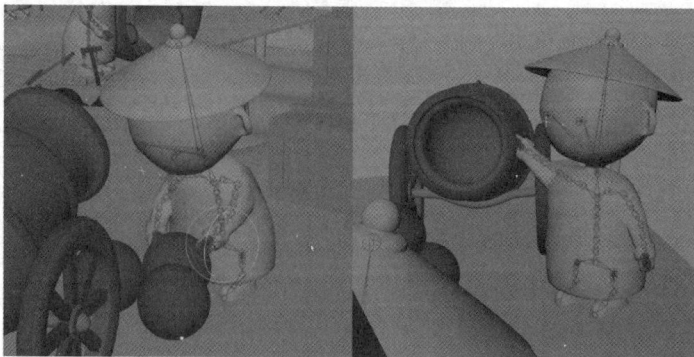

图 4-24　调整角色模型的动作 3

课后练习：制作下面角色的骨骼，要求合理分配下面角色的骨骼，合理设置蒙皮权重。

4.2　影视动画（盲盒）角色动作制作

教学目标

　　了解影视动画（盲盒）角色骨骼、骨骼绑定、骨骼蒙皮权重制作，以及骨骼动作制作方法。

教学重点和难点

（1）掌握影视动画（盲盒）角色骨骼制作流程。
（2）掌握影视动画（盲盒）角色骨骼蒙皮权重制作流程。
（3）熟悉动画运动规律。

　　中华武术按运动形式可以分为套路运动和搏斗运动两种类型。套路运动是以技击动作为素材，以攻守进退、动静疾徐、刚柔虚实等矛盾运动的变化规律编成的整套练习形式。套路运动按练习形式又可以分为单练、对练和集体演练 3 种类型。单练包括徒手的拳术与器械。对练包括徒手的拳术对练、器械的对练、徒手的拳术与器械的对练。集体演练包括徒手的演练、器械的演练、徒手与器械的演练。套路运动中的动作包含屈伸、回环、平衡、跳跃、翻腾、跌扑等。在进行套路运动时，人体各部位几乎都要参与。系统地进行武术训练，对人体的速度、力量、灵巧性、耐力、柔韧度等要求较高。在系统地进行武术训练时，人体各部位"一动无有不动"，几乎都参加运动，人的身心会得到全面锻炼。武术讲究调息行气和意念活动，对调节内环境的平衡、调养气血、改善人体机能，以及健体强身十分有益。

　　下面介绍影视动画（盲盒）角色动作制作，将用到骨骼绑定和骨骼蒙皮权重制作工具。效果展示如图 4-25 所示。

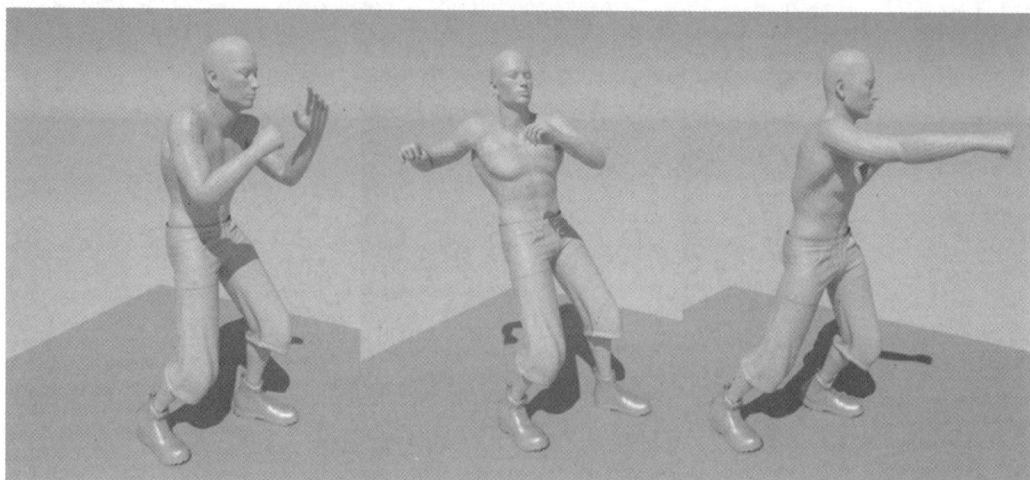

图 4-25　效果展示

视频教程：拳击手骨骼
（有字幕）

4.2.1　影视动画（盲盒）角色骨骼制作

（1）打开项目 2 中制作的影视动画（盲盒）角色模型，单击"AdvancedSkeleton5"按钮，选择"身体"→"适合"选项，单击"导入"按钮，结果如图 4-26 所示。

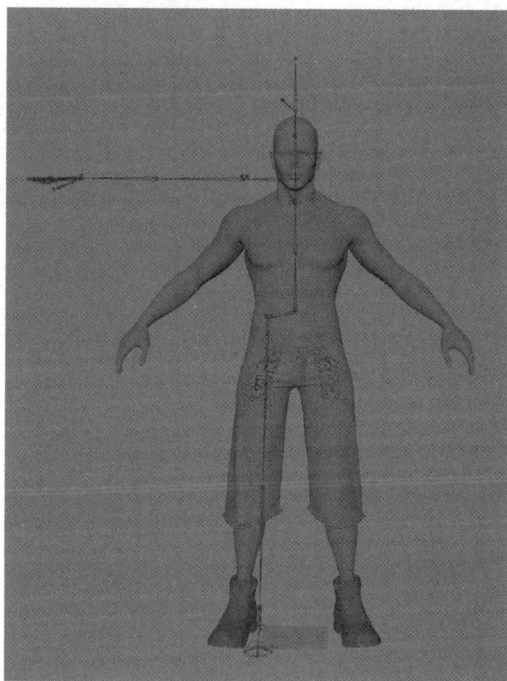

图 4-26　导入骨骼

（2）展开"编辑"卷展栏，勾选"关节-轴向"复选框，单击"FitMode"按钮，如图 4-27 所示。按 R 键，将骨骼放大到合适的大小。全选模型，单击"创建新层并指定选定对象"按钮，将模式调整为"T"。选择骨骼，按 D 键，将骨骼调整至身体模型的各个关节处。

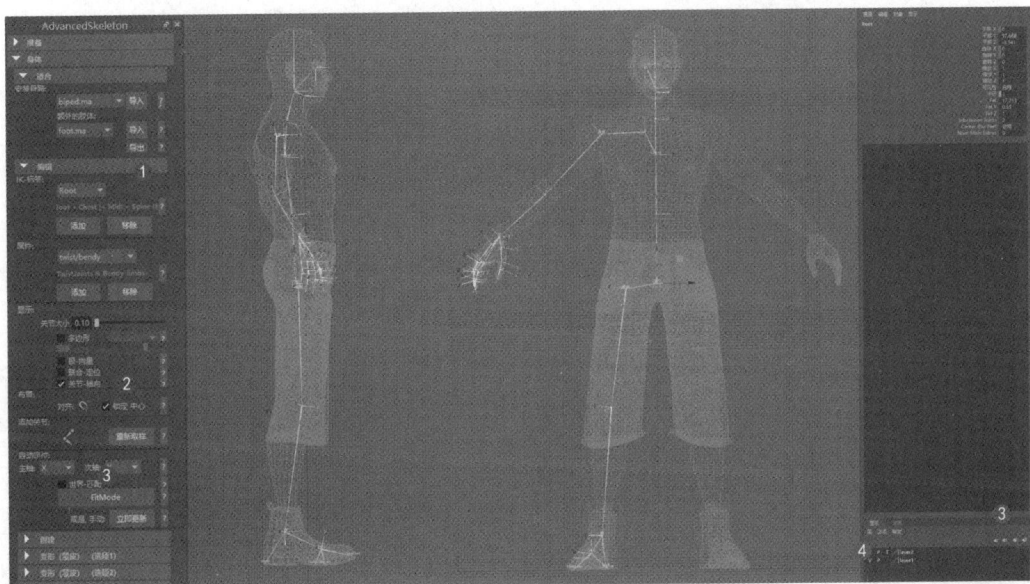

图 4-27　调整骨骼

4.2.2　影视动画（盲盒）角色骨骼绑定制作

取消勾选"关节-轴向"复选框，并关闭"FitMode"选项，单击"创建"卷展栏中的"Build AdvancedSkeleton"按钮，等待骨骼自动绑定，如图 4-28 所示

视频教程：拳击手设置
骨骼（有字幕）

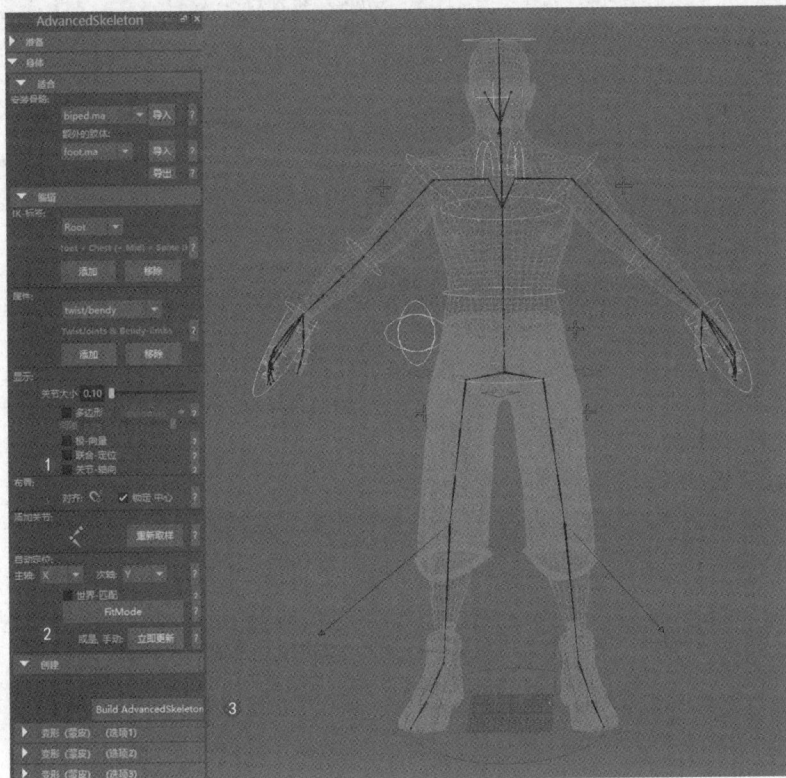

图 4-28　绑定骨骼

4.2.3　影视动画（盲盒）角色骨骼蒙皮权重制作

（1）选择裤子模型，单击"创建新层并指定选定对象"按钮，隐藏裤
子模型。展开"变形（蒙皮）（选项 1）"卷展栏，单击"自动选择骨骼"
按钮，加选身体模型，单击"设置光滑绑定对象"按钮，勾选"保持最大影响物"复选框，
单击"应用并关闭"按钮，如图 4-29 所示。

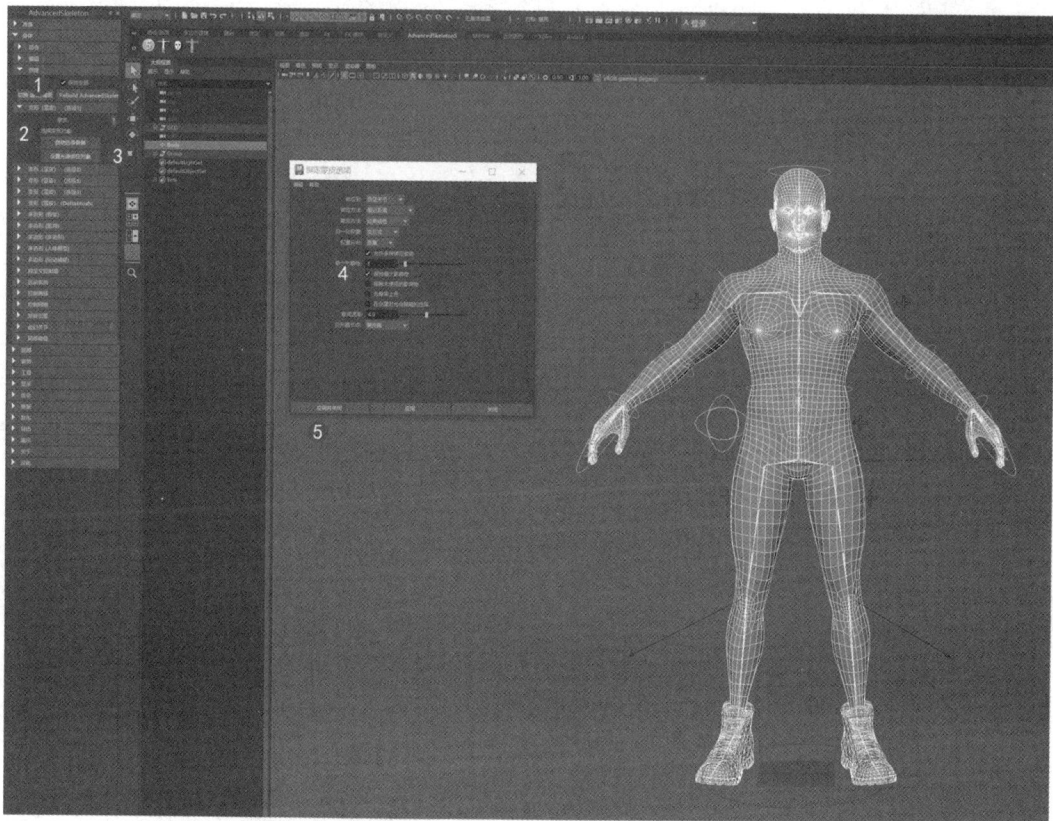

图 4-29　创建蒙皮

（2）选择身体模型，单击"变形（蒙皮）（DeltaMush）"卷展栏中的"应用 Delta-Mush"
按钮，可以多次单击。

（3）选择身体模型，并选择"绑定"选项，单击"蒙皮"→"绘制蒙皮权重"命令右侧
的方块按钮，打开"工具设置"面板。

（4）选择列表中的骨骼选项，选中"绘制操作"选项组中的"替换"单选按钮，调整
"值"选项，如图 4-30 所示。使用"平滑"工具对权重边缘实施平滑操作。

（5）绘制蒙皮权重。

绘制蒙皮权重的思路如下。

① 大腿模型骨骼蒙皮权重边缘需要进行平滑处理，如图 4-31 所示。

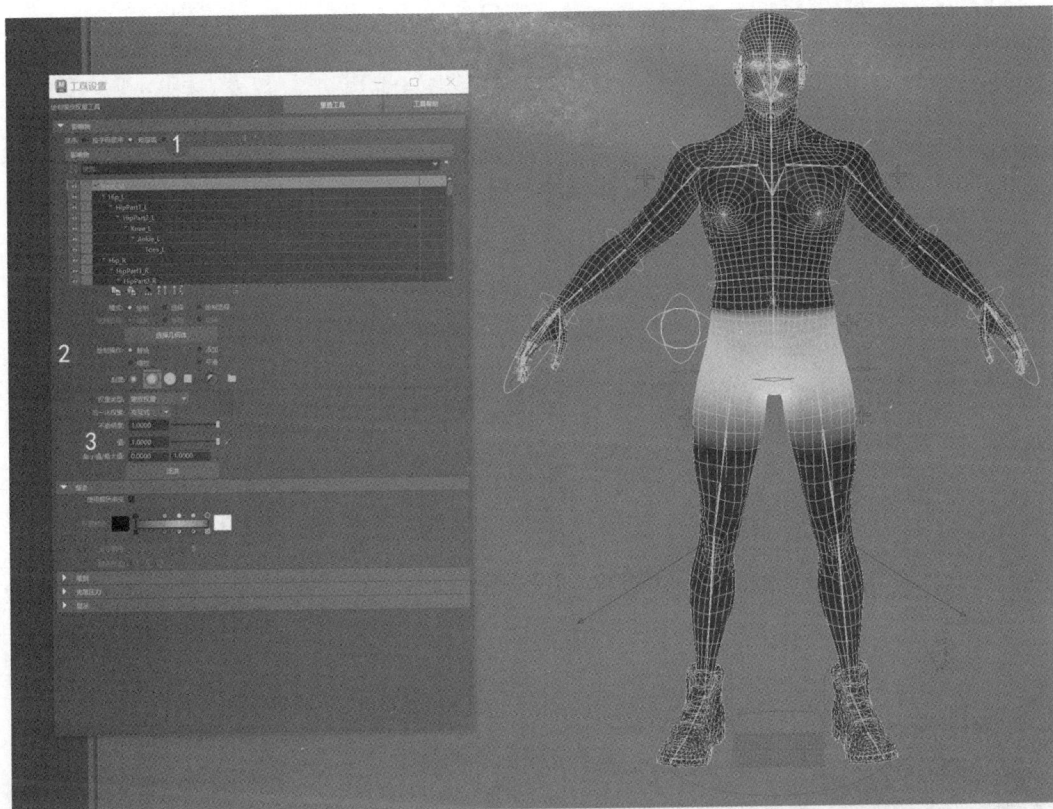

图 4-30　进行绘制

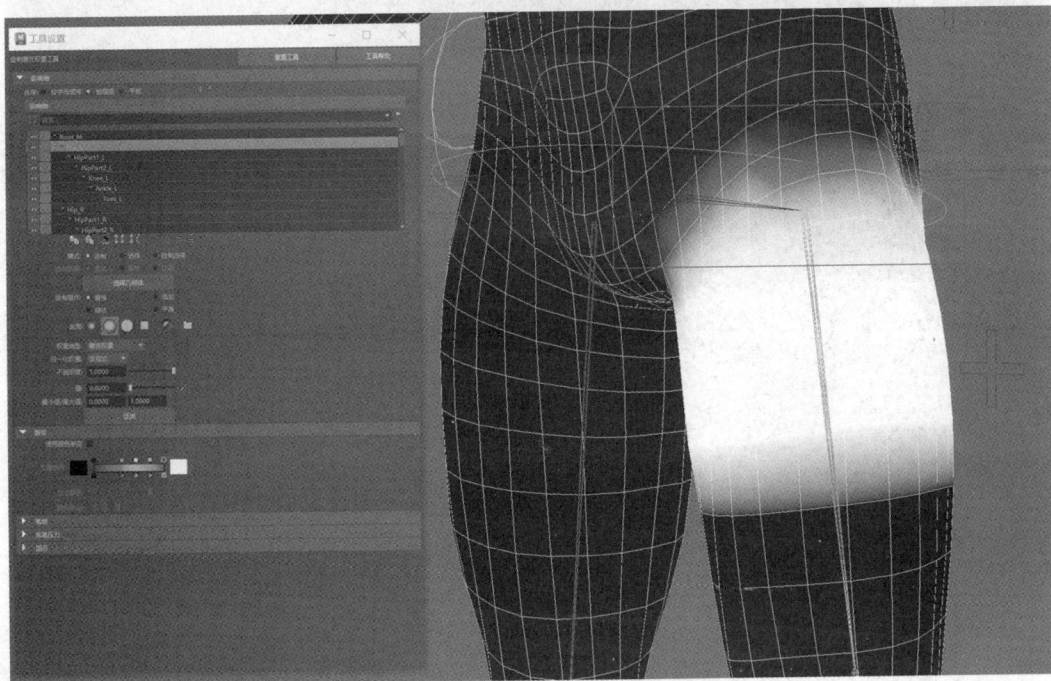

图 4-31　大腿模型骨骼蒙皮权重

② 胸部模型骨骼蒙皮权重比较难绘制，需要进行多次平滑处理，如图 4-32 所示。

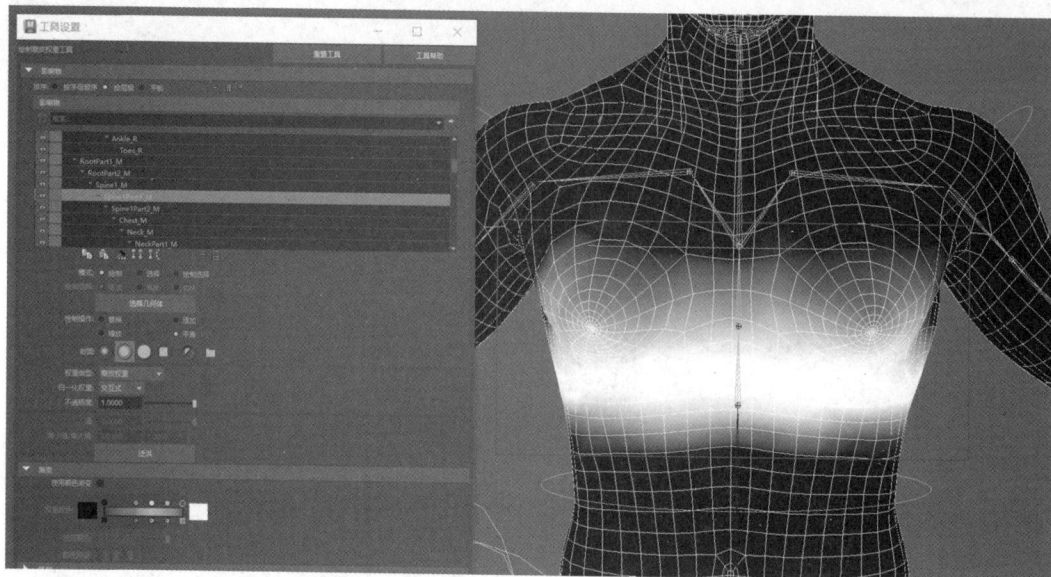

图 4-32　胸部模型骨骼蒙皮权重

③ 手臂模型骨骼不能在腋下存在蒙皮权重范围，如图 4-33 所示。

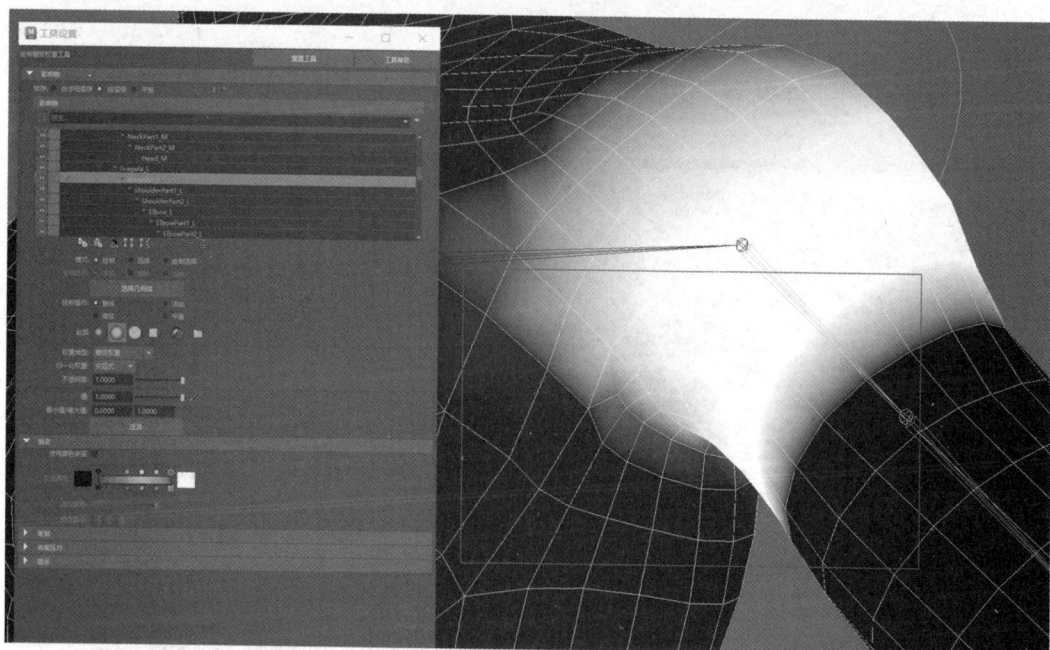

图 4-33　手臂模型骨骼蒙皮权重

④ 头部模型骨骼需要全部占有头部模型权重，延伸至脖子模型处可以稍微平滑一些，如图 4-34 所示。

⑤ 手指模型骨骼蒙皮权重需要进行细微调节，手指模型骨骼需要进行平滑处理，如图 4-35 所示。

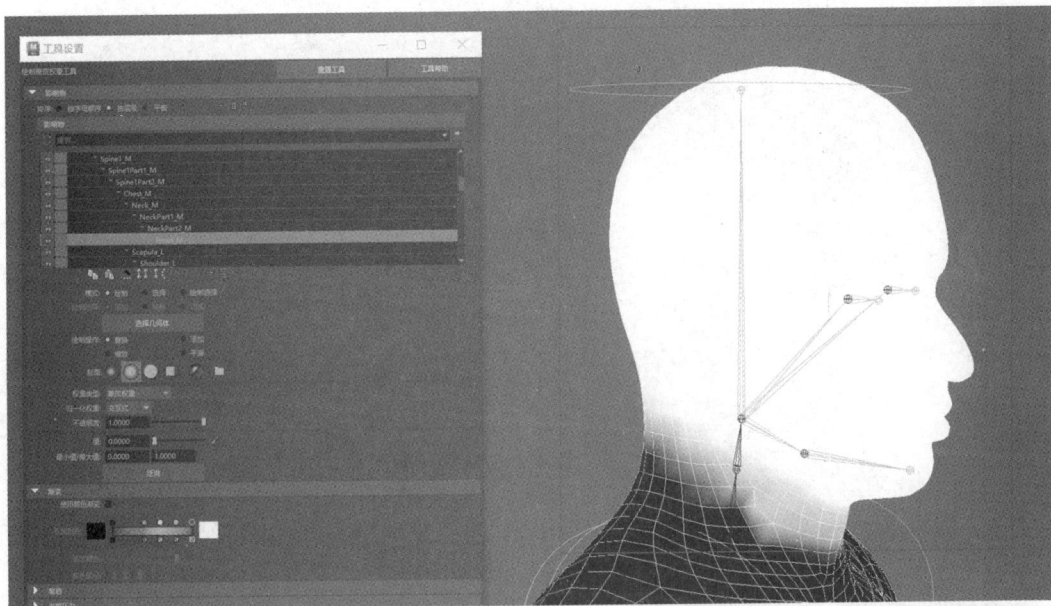

图 4-34　头部模型骨骼蒙皮权重

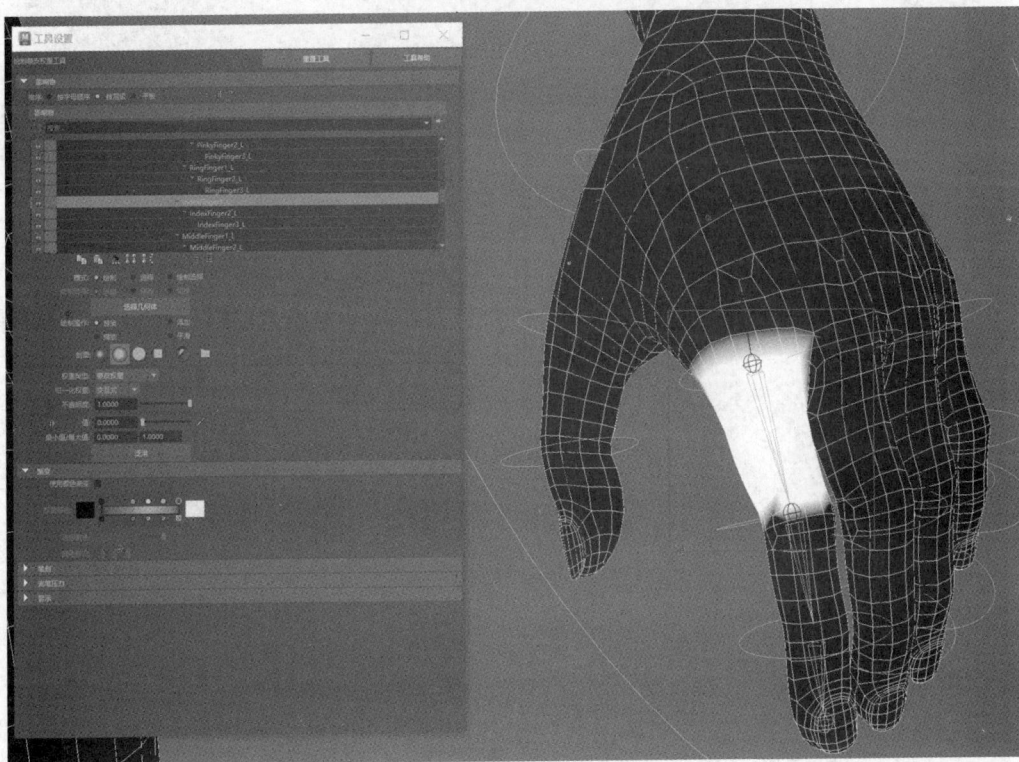

图 4-35　手指模型骨骼蒙皮权重

⑥ 剩余各处权重没有太大的问题，但仍需要通过不断调整动作来测试适配度。

（6）取消隐藏裤子模型，选择裤子模型，加选绘制好蒙皮权重的身体模型。选择"变形"→"包裹"命令，如图 4-36 所示。

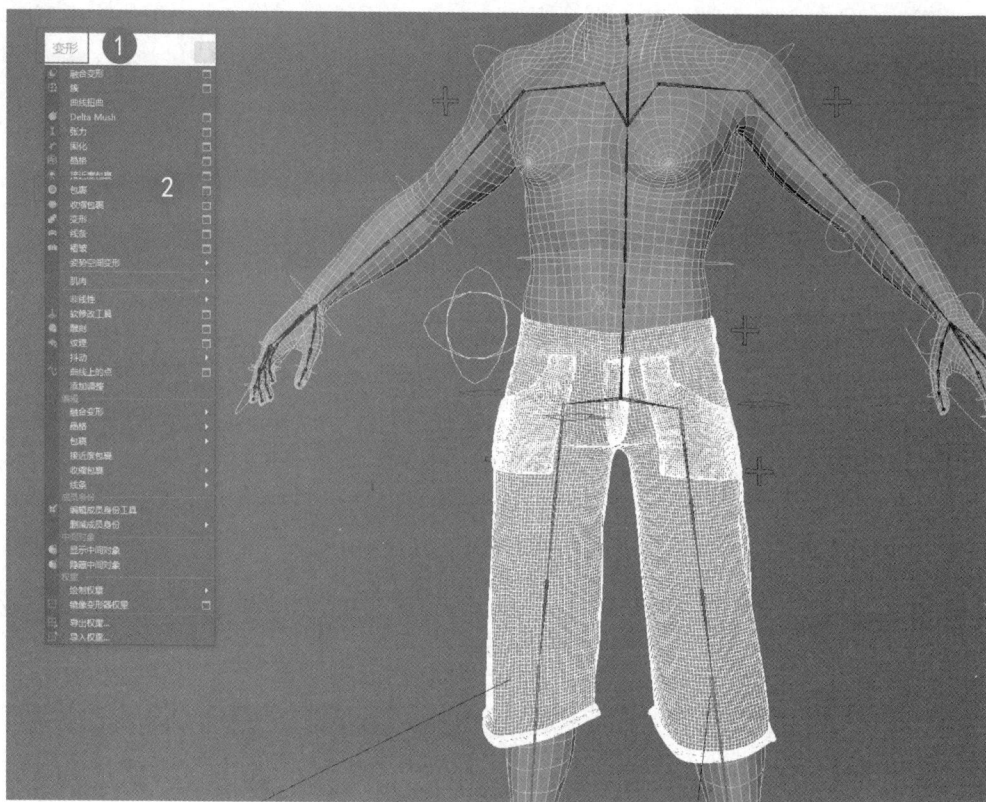

图 4-36　包裹裤子模型

4.2.4　影视动画（盲盒）角色骨骼动作制作

（1）关闭"选择曲面对象"选项和"选择关节对象"选项，选择时间轴上的第 1 帧，旋转身体模型各处的控制器，调整角色模型的姿势，作为预备姿势，框选角色模型的所有控制器，按 S 键进行打关键帧，如图 4-37 所示。

图 4-37　制作初始动作

（2）先选择第 20 帧，按 S 键，然后选择第 28 帧，旋转身体模型各处的控制器，调整角色模型的姿势，作为出拳的姿势，框选角色模型的所有控制器，按 S 键进行打关键帧，如图 4-38 所示。

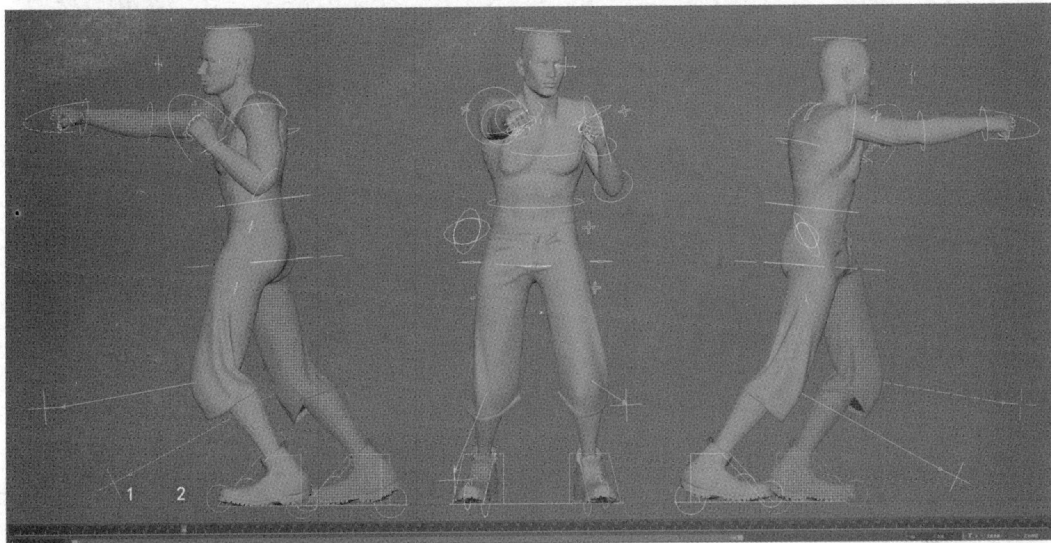

图 4-38　制作下一个关键帧 1

（3）选择第 25 帧，旋转身体模型各处的控制器，调整角色模型的姿势，作为向后蓄力的姿势，框选角色模型的所有控制器，按 S 键进行打关键帧，如图 4-39 所示。

图 4-39　在关键帧之间插入新关键帧 1

（4）先右击第 1 帧，在弹出的快捷菜单中选择"复制"命令，再右击第 38 帧，在弹出的快捷菜单中选择"粘贴"命令，这样第一个出拳动作就制作完成了。在第 48 帧处，同样粘贴第 1 帧的姿势。选择第 58 帧，调整角色模型的姿势，作为出拳的姿势，框选角色模型的所有控制器，按 S 键进行打关键帧，如图 4-40 所示。

（5）先选择第 53 帧，调整角色模型的姿势，作为向下蓄力的姿势，框选角色模型的所有控制器，按 S 键进行打关键帧，再在第 48 帧到第 58 帧范围内检查动作，进行补帧，以保证动作的流畅性，如图 4-41 所示。

图 4-40 制作下一个关键帧 2

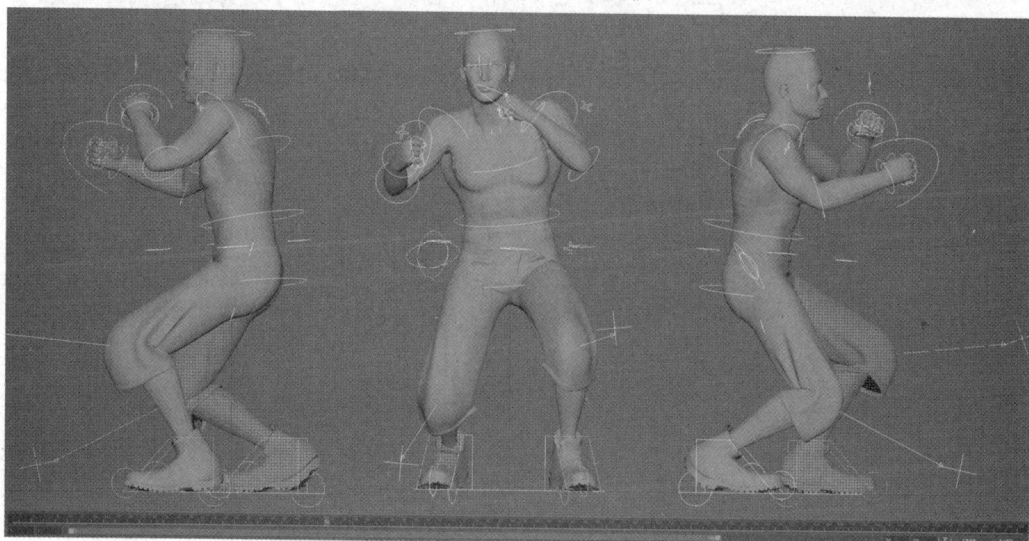

图 4-41 在关键帧之间插入新关键帧 2

（6）复制第 1 帧，并将其粘贴到第 70 帧和第 80 帧处。复制第 28 帧，并将其粘贴到第 90 帧处。复制第 25 帧，并将其粘贴到第 87 帧处。复制第 90 帧，并将其粘贴到第 93 帧处。选择第 103 帧，调整角色模型的姿势，作为出拳的姿势，框选角色模型的所有控制器，按 S 键进行打关键帧，如图 4-42 所示。

（7）选择第 98 帧，调整角色模型的姿势，作为向后蓄力的姿势，框选角色模型的所有控制器，按 S 键进行打关键帧，如图 4-43 所示。

（8）从第 93 帧到第 103 帧，大部分动作变形，需要在中间一一进行补帧，调整动作，如图 4-44 所示。

（9）选择第 106 帧，框选角色模型的所有控制器，按 S 键进行打关键帧。选择第 116 帧，调整角色模型的姿势，作为出拳的姿势，框选角色模型的所有控制器，按 S 键进行打关键帧，如图 4-45 所示。

图 4-42　制作下一个关键帧 3

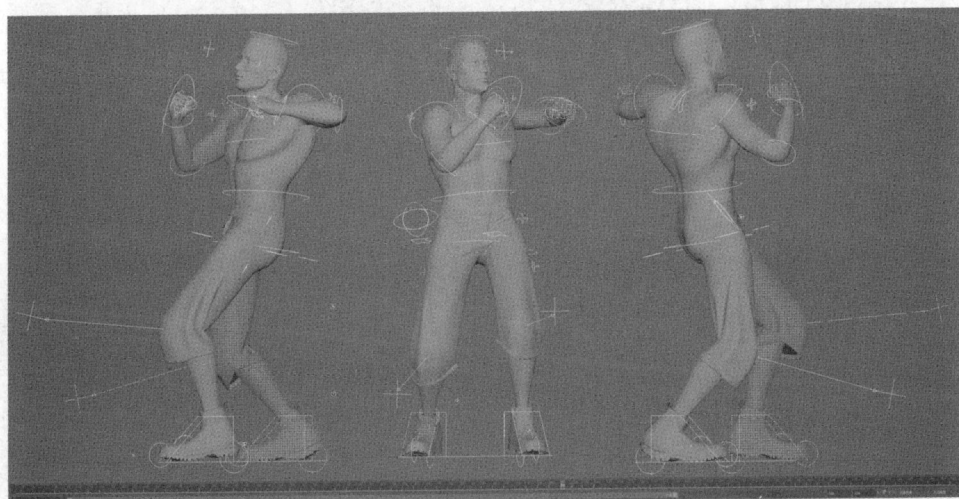

图 4-43　在关键帧之间插入新关键帧 3

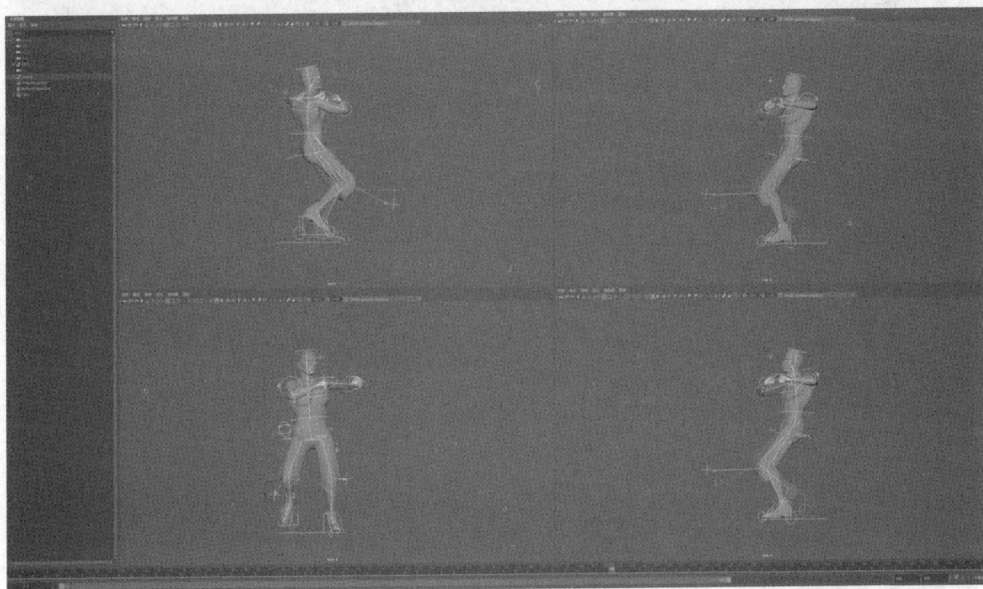

图 4-44　补帧完善动作 1

图 4-45　制作下一个关键帧 4

（10）选择第 111 帧，调整角色模型的姿势，作为向后蓄力的姿势，框选角色模型的所有控制器，按 S 键进行打关键帧，如图 4-46 所示。

图 4-46　在关键帧之间插入新关键帧 4

（11）从第 106 帧到第 116 帧，大部分动作变形，需要一一进行补帧，调整动作，如图 4-47 所示。

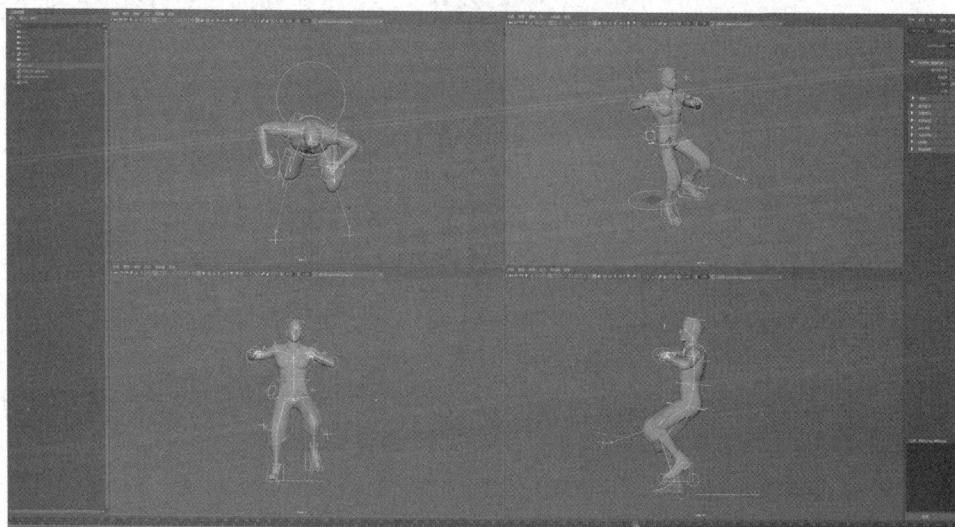

图 4-47　补帧完善动作 2

（12）选择第 126 帧，调整角色模型的姿势，作为预备姿势，框选角色模型的所有控制器，按 S 键进行打关键帧，如图 4-48 所示。

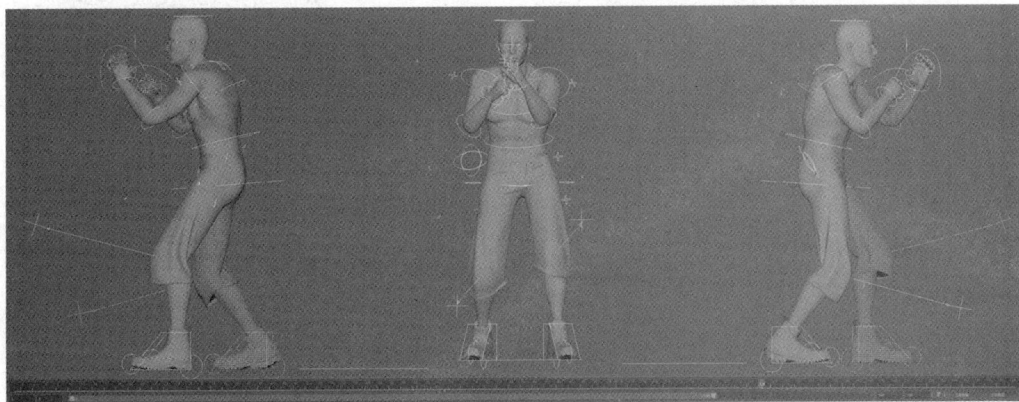

图 4-48　返回初始动作

（13）选择第 131 帧，调整角色模型的姿势，作为向前一步的姿势，框选角色模型的所有控制器，按 S 键进行打关键帧，如图 4-49 所示。

图 4-49　制作下一个关键帧 5

（14）选择第 128 帧，调整角色模型的姿势，作为抬脚的姿势，框选角色模型的所有控制器，按 S 键进行打关键帧，如图 4-50 所示。

（15）选择第 138 帧，调整角色模型的姿势，作为踢脚的姿势，框选角色模型的所有控制器，按 S 键进行打关键帧，如图 4-51 所示。

（16）因为从第 131 帧到第 138 帧，动作没有灵性，十分僵硬，所以在第 131 帧到第 138 帧范围内，调整动作，如图 4-52 所示。

（17）选择第 152 帧，调整角色模型的姿势，作为预备姿势，框选角色模型的所有控制器，按 S 键进行打关键帧，如图 4-53 所示。

图 4-50　制作下一个关键帧 6

图 4-51　制作下一个关键帧 7

图 4-52　补帧完善动作 3

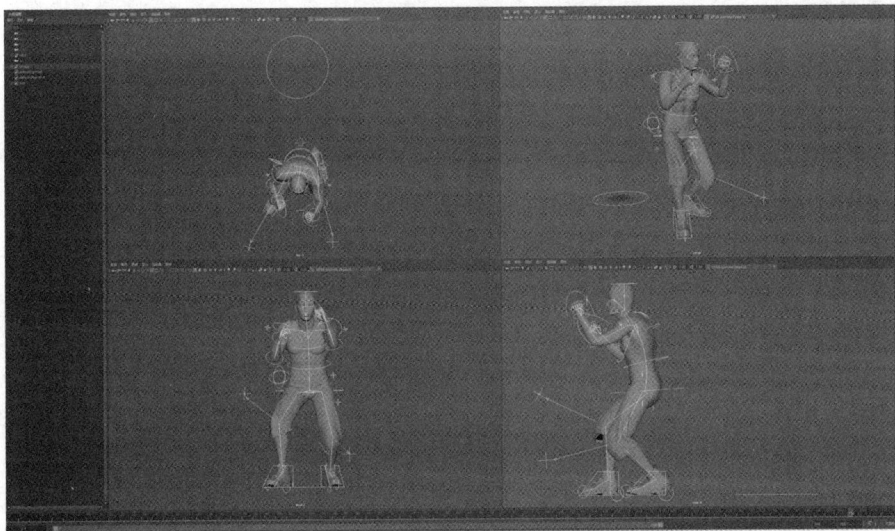
图 4-53　制作下一个关键帧 8

（18）在第 138 帧到第 152 帧范围内的动作也需要补帧，以使动作流畅和合理，如图 4-54 所示。

图 4-54　补帧完善动作 4

课后练习：制作角色模型骨骼，要求合理制作蒙皮权重。

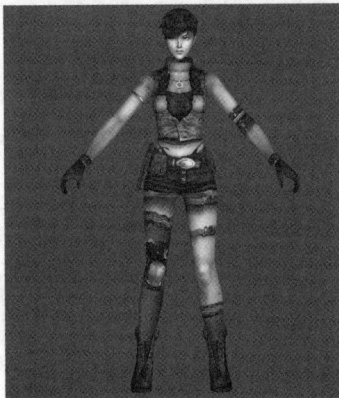

知识与技能小结

通过本项目的学习，学生基本能够掌握 Maya 中的三维动画动作制作流程，会进行骨骼制作、骨骼绑定制作、骨骼蒙皮权重制作，以及骨骼动作制作。此外，学生可以熟悉动画运动规律，能够制作出更多更流畅更真实的动画效果。本项目中的案例添加了课程思政元素，学生通过学习，可以深入了解民族文化，增强文化自信，树立良好的价值观。本项目中的案例还结合了考取"1+X"证书的部分知识点，学生通过课程内容的学习，可以提高考取"1+X"证书的通过率。

拓展任务

对下面的角色模型进行骨骼绑定、骨骼蒙皮权重的制作，并制作一段 30 帧的原地循环跑的动画效果和一段 200 帧的战斗动画效果。

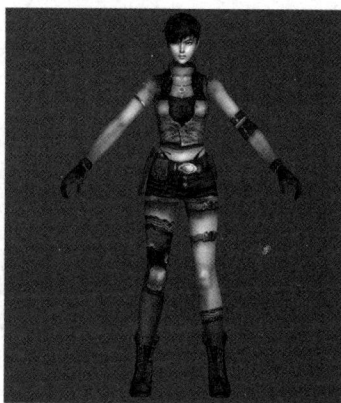

视频教程：

| 拳击手第一个
动作（有字幕） | 拳击手第二个
动作（有字幕） | 拳击手第三个
动作（有字幕） | 拳击手第四个
动作（有字幕） | 拳击手第五个
动作（有字幕） |

项目5 三维动画灯光渲染篇

项目5：彩图素材

三维动画作为当今一个热门的话题在我国的设计行业有着非常广泛的应用，同时也取得了不俗的成绩。三维动画就是在画面中表现物体立体的动作形态。光是三维动画的灵魂，能创造特定的环境气氛，并且把这种环境气氛在屏幕上表现出来，以产生不同的场景感觉。灯光照明从总体上控制着场景画面的效果，突出了主题渲染气氛。灯光、物体和动画结合起来可以产生很好的效果。使用灯光有助于表达特定的情感，能吸引观众的眼球到特定的位置，对整个动画有非常重要的作用。在三维动画中，光直接的作用就是突出主体，强调故事主要情节。在三维动画中，通过调节虚拟灯光的亮度、颜色和指定性的特点，可以营造戏剧化的气氛。光的存在会带出影的存在，通过光影的变化能知道物体的形状，以及物体之间的距离和相互位置。光影的变化突出了场景中物体的关系和空间的变化。此外，不同的光照颜色在某些情况下也预示了特定的空间场景。现在大多数的三维动画软件都有自己的灯光系统，使用这些灯光系统可以使三维场景越来越真实，甚至在某些方面超越了使用现实灯光能达到的效果。

在屏幕上呈现的三维物体的明暗颜色会受场景光照的影响，那么如何计算这些光照造成的明暗颜色呢？一般来说有以下3种方法。

1. 基于光栅化的经验模型

基于经验可以发现，一个物体上的光可以分成3种，即漫反射、高光、环境光，把这3种光分别计算出来，并叠加在一起。下面以经典的布林-冯着色模型进行说明。

漫反射：任何物体表面都有，等于光线强度、观测角度、漫反射系数之积。

高光：只有光滑表面才有，等于光线强度、观测角度、高光系数之积。

环境光：用一个常数表示，作用是在没有光线直射的地方不至于完全黑。

1）布林-冯着色模型的优点

相对于光线追踪，计算量小，实时渲染效率高。它是基于光栅化的渲染模型，可以选择逐像素渲染，也可以选择逐顶点渲染或者面渲染（其他像素用差值得到），可以通过牺牲质量加快速度。

2）布林-冯着色模型的缺点

（1）漫反射、高光、环境光是根据经验而得来的，无法模拟真实的光照效果。漫反射和高光系数如何定、光线强度如何定、环境光仅仅用常数表示是否不妥、真实世界是否真由这3种光叠加而来等问题，都无法解决，只能靠经验大概给出一个值，最终造成渲染出来的效果为"塑料感"。

（2）无法计算阴影，只能对比着色点和观测点的距离、着色点和光照的距离，以及二者的深度。

（3）无法表示反射光，如一个物体的材质是镜面还是金属的，真实情况应该能反射看到周围物体，但在布林–冯着色模型上却无法看到。

2. 光线追踪

光线追踪是通过从观测点向像素发射一条光线，碰到最近的物体，并不断反射和折射弹向其他物体，最终收集所有弹到物体表面的光强度来得到像素的光照值。

1）光线追踪的优点

基于物理反射，有了光线反射，解决了布林–冯着色模型不能反射光的缺点，同时解决了阴影问题（光的强弱自动表示成阴影，不用额外计算阴影）。

2）光线追踪的缺点

（1）计算量大，难以像经验模型那样通过逐点或逐面插值计算。

（2）光线反射和折射不完全准确，这是因为只有一个方向，而现实情况中光线会向四面八方反射。

光线追踪虽然没有了"塑料感"，能比较好地模拟真实光照，但仔细看还是会觉得不真实，表现为有些地方过亮，而有些地方又过暗。

3. 路径追踪（高级光线追踪）

路径追踪是如何解决光线追踪的问题的呢？其关键在于 BRDF（双向反射比分布函数），即明确定义在物体表面反射到各个方向的光线强度。于是反射的不只是一个方向上的环境光，而是整个半球面上的环境光。

本项目主要介绍如何向三维场景中添加灯光。使用灯光可以调节一个场景的氛围感，以及设定一个场景的情感基调。在渲染作品时，Arnold Renderer 可以满足视觉上极其复杂和计算上要求极高的场景。这在电影、商业广告和其他基于图像的媒体中很常见。在三维动画制作流程中，渲染意味着导出视频序列，每个元素（环境、角色、道具等）都是单独渲染，并在后期制作中重新合成的。

【能力要求】

（1）掌握如何设置三点布光（"1+X"证书）。

（2）掌握 Maya 中 Arnold 灯光和 Arnold Renderer 的使用技巧（"1+X"证书）。

（3）掌握如何设置灯光和渲染镜头（"1+X"证书）。

【学习导览】

本项目思维导图如下。

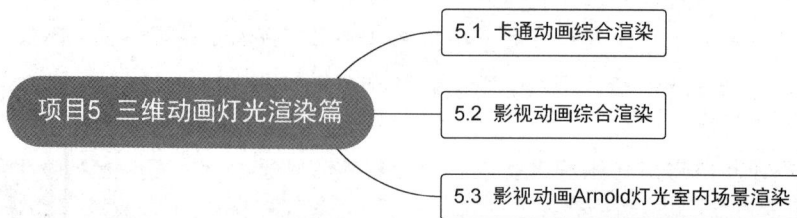

5.1　卡通动画综合渲染（活动页 1 项目）

视频教程：卡通
动画综合渲染

教学目标

　　基于前期制作的卡通动画场景模型，下面将介绍卡通动画场景灯光制作要求和镜头摆放技巧，以及如何巧妙地运用灯光布局，渲染出一个完美的卡通动画场景。通过下面的学习，学生应熟练掌握如何使用 Maya 中的 Arnold 灯光和 Arnold Renderer。这部分内容将对接考取"1+X"证书的三维动画灯光渲染部分知识点。

教学重点和难点

　　（1）熟练掌握 Arnold 灯光和 Arnold Renderer 的使用技巧。
　　（2）熟练掌握如何采用三点布光。
　　（3）熟练掌握镜头语言的使用技能。

　　卡通动画综合渲染效果展示如图 5-1 所示。

图 5-1　效果展示

1. 三点布光

　　先选择"创建"→"摄影机"命令，创建一个摄影机，再选择"面板"→"透视"→"camera1"命令，如图 5-2 所示。

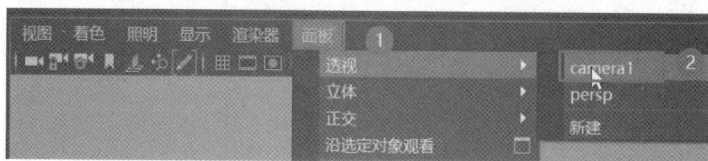

图 5-2 "视图"面板类型

按住 Alt 键的同时拖动鼠标左键，旋转视图，调整 camera1 的观察视角。调整好的"视图"面板如图 5-3 所示。

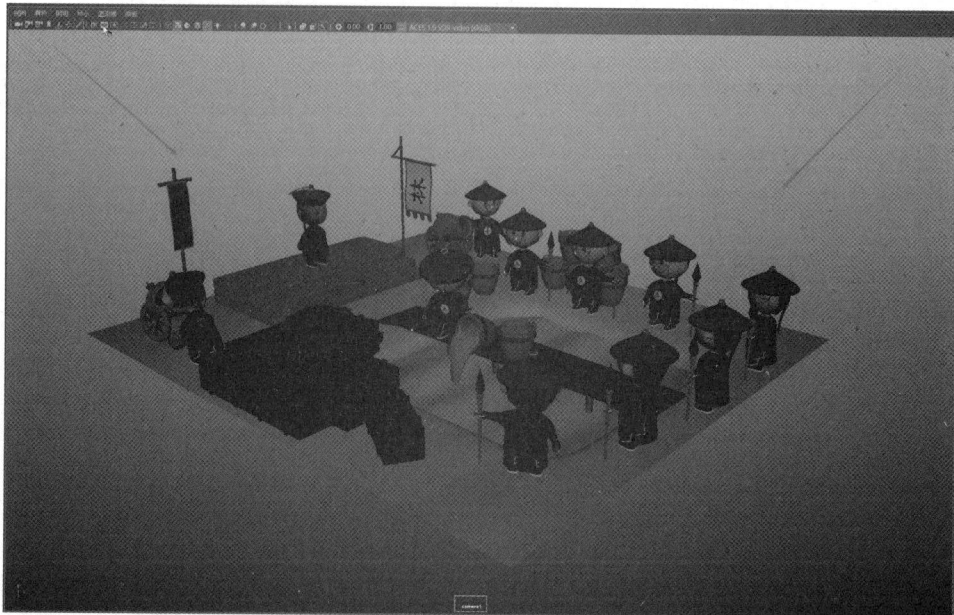

图 5-3 调整好的"视图"面板

2. 创建 Arnold 灯光并调整 Arnold 灯光参数

选择"Arnold"→"Lights"→"Skydome Light"命令，创建一个天空光，按 R 键，将其缩小至框住整个场景，如图 5-4 所示。选择天空光，在"属性编辑器"面板的"aiSkyDomeLightShape1"选项卡中，单击"SkyDomeLight Attributes"卷展栏中"Color"选项右侧的"棋盘格"图标，如图 5-5 所示。在弹出的"创建渲染节点"面板中，选择"文件"选项，如图 5-6 所示。

图 5-4 天空光控制范围

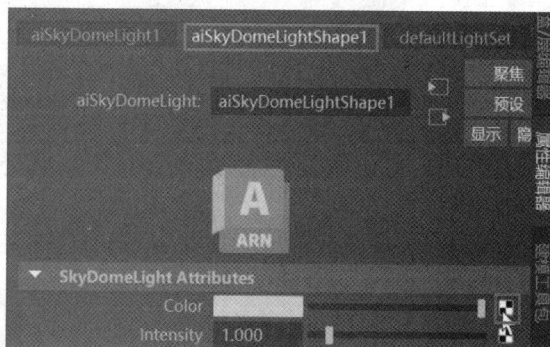

图 5-5 "aiSkyDomeLightShape1"选项卡

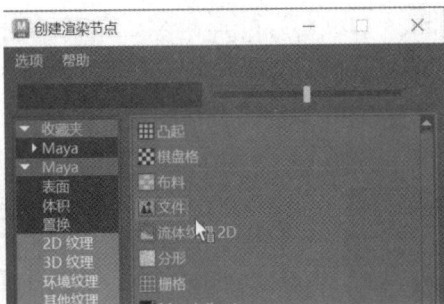

图 5-6　"创建渲染节点"面板

在"file29"选项卡中，单击"文件属性"卷展栏中"图像名称"文本框右侧的"文件夹"图标，如图 5-7 所示。在弹出的"打开"面板中，选择"天空光（HDR）.jpg"文件，单击"打开"按钮，如图 5-8 所示。

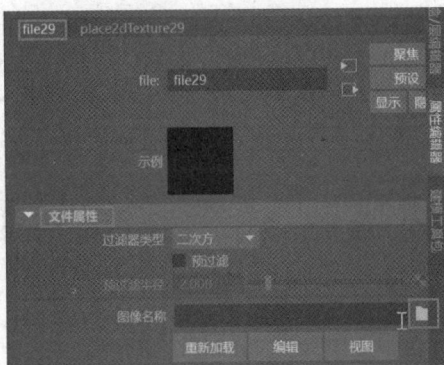

图 5-7　"file29"选项卡

图 5-8　"打开"面板

选择"Arnold"→"Lights"→"Area Light"命令，创建一个区域光，按 R 键，将其放大至可照射主体人物大小，按 E 键，将其旋转 90°，按 W 键，将区域光移动到主体人物的头顶上方，如图 5-9 所示。按住 Shift 键的同时拖动鼠标左键，复制出另外两个区域光，如图 5-10 和图 5-11 所示。

图 5-9　区域光的位置

图 5-10　复制区域光 1

图 5-11　复制区域光 2

选择复制的区域光，按 E 键，将其各旋转 45°，如图 5-12 所示。调整区域光的角度后，就可以调整区域光的参数了。

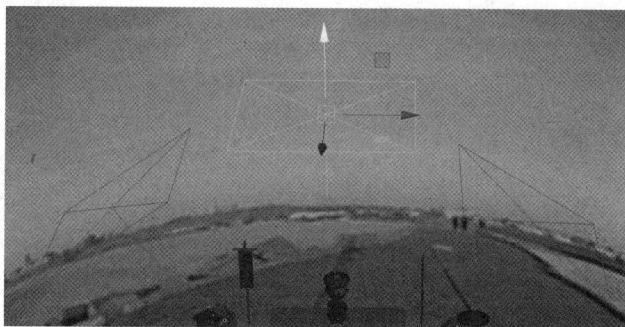

图 5-12　调整区域光的角度

单击"灯光编辑器"按钮，在弹出的"灯光编辑器"面板中，当分别选择"aiAreaLightShape1""aiAreaLightShape2""aiAreaLightShape3"时，可以在右侧对各个区域光的参数进行设置，将"Intensity"均改为"7.000"，"Samples"依次改为"2""3""3"，如图 5-13 所示。

图 5-13　调整区域光的参数

选择"aiSkyDomeLightShape1"，将"Intensity"改为"1.200"，"Samples"改为"3"，如图 5-14 所示。

选择"创建"→"灯光"→"平行光"命令，创建一个平行光，作为整个场景的辅助光源，如图 5-15 所示。

图 5-14　调整天空光的参数

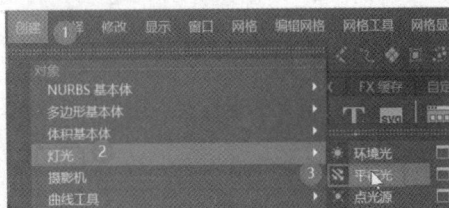

图 5-15　创建平行光

选择平行光，分别按 W 键、E 键和 R 键，对平行光的角度进行变换。最终变换的角度如图 5-16 所示。

图 5-16　最终变换的角度

3．调整渲染参数

单击"渲染设置"按钮，弹出"渲染设置"面板，如图 5-17 所示。

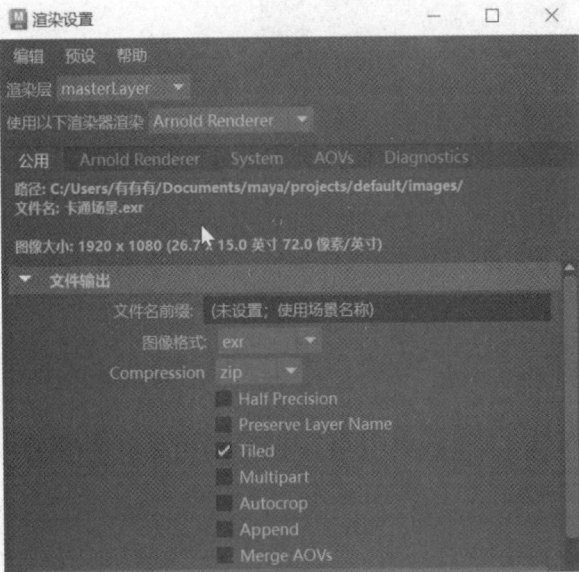

图 5-17　"渲染设置"面板

在"Arnold Renderer"选项卡的"Sampling"卷展栏中，将"Camera（AA）"改为"6"，"Diffuse"改为"4"，"Specular"改为"3"，"Transmission"改为"3"，"SSS"改为"6"，"Volume Indirect"改为"3"，如图 5-18 所示。

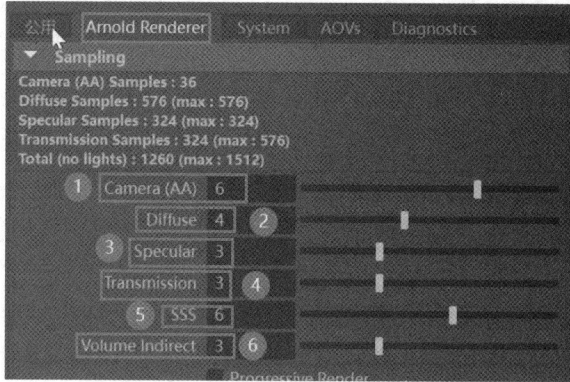

图 5-18 "Arnold Renderer"选项卡

在"公用"选项卡的"图像大小"卷展栏中，选择"预设"为"2k_Square"，如图 5-19 所示。在"可渲染摄影机"卷展栏中，选择"Renderable Camera"为"camera1"，如图 5-20 所示。

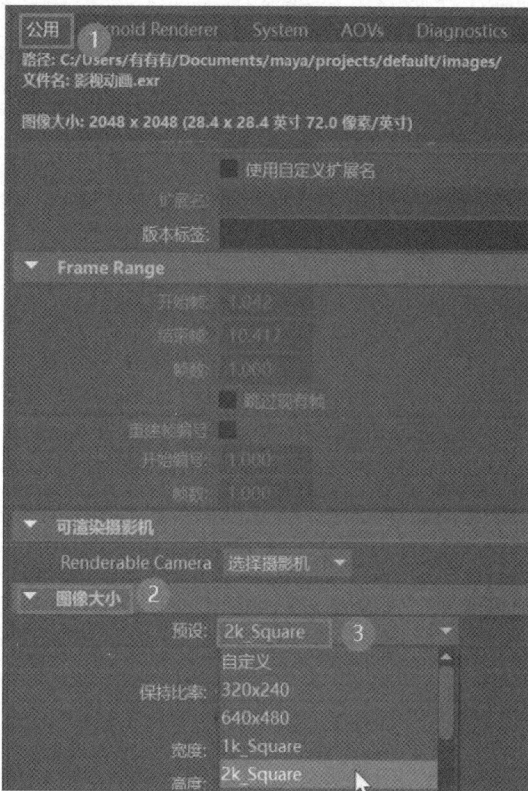

图 5-19 "图像大小"卷展栏

图 5-20 "可渲染摄影机"卷展栏

调整好整个场景的渲染角度，选择"Arnold"→"Render"命令，如图 5-21 所示。在弹出的"Arnold RenderView"面板中，选择"cameraShape1"选项，如图 5-22 所示。

图 5-21　选择"Render"命令

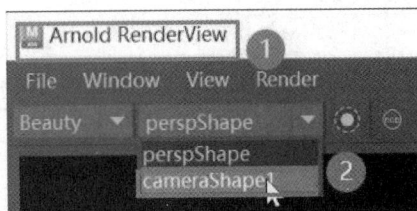

图 5-22　"Arnold RenderView"面板

单击"渲染"按钮开始渲染，等待渲染结束，如图 5-23 所示。最终渲染效果如图 5-24所示。

图 5-23　"Arnold RenderView"面板的工具栏

图 5-24　最终渲染效果

课后练习：制作下面作品夜晚的灯光照射效果，要求合理使用 Arnold 灯光和 Arnold Renderer，渲染输出的画面为 4K 尺寸，保存为 JPG 格式。

5.2 影视动画综合渲染（活动页 2 项目）

视频教程：影视
动画综合渲染

教学目标

　　基于前期制作的影视动画场景模型，下面将介绍影视动画场景灯光制作要求和镜头摆放技巧，以及如何巧妙地运用灯光布局，渲染出一个完美的影视动画场景。通过下面的学习，学生应熟练掌握如何使用 Maya 中的 Arnold 灯光和 Arnold Renderer。这部分内容将对接考取"1+X"证书的三维动画灯光渲染部分知识点。

教学重点和难点

　　（1）熟练掌握 Arnold 灯光和 Arnold Renderer 的使用技巧。
　　（2）熟练掌握如何采用三点布光。
　　（3）熟练掌握镜头语言的使用技能。

　　影视动画综合渲染效果展示如图 5-25 所示。

图 5-25　效果展示

1．三点布光

　　选择"创建"→"摄影机"命令，创建一个摄影机，如图 5-26 所示。选择"面板"→"透视"→"camera1"命令，如图 5-27 所示。按住 Alt 键的同时拖动鼠标左键，旋转视图，调整 camera1 的观察视角。调整好的"视图"面板如图 5-28 所示。

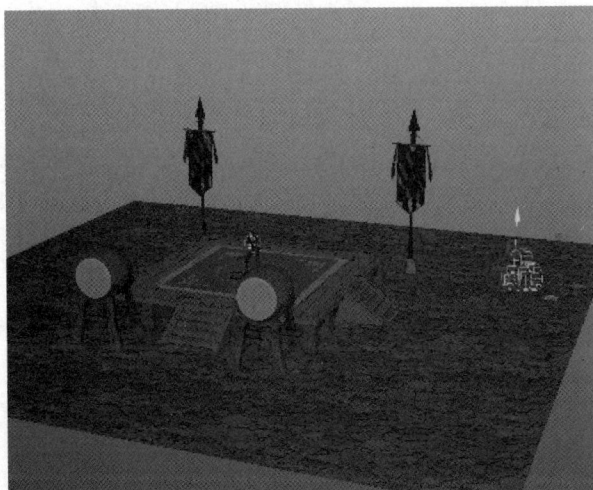

图 5-26　创建的摄影机

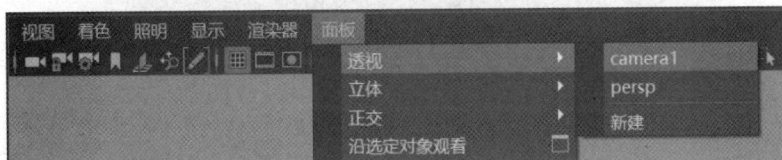

图 5-27　"视图"面板类型

图 5-28　调整好的"视图"面板

2. 创建 Arnold 灯光

选择"Arnold"→"Lights"→"Skydome Light"命令，创建一个天空光，如图 5-29 所示。按 R 键，将其放大至框住整个场景，如图 5-30 所示。选择"Arnold"→"Lights"→"Area Light"命令，创建一个区域光，按 R 键，将其放大至可照射主体人物大小，按 E 键，将其旋转 90°，按 W 键，将其移动到主体人物的头顶上方，如图 5-31 所示。

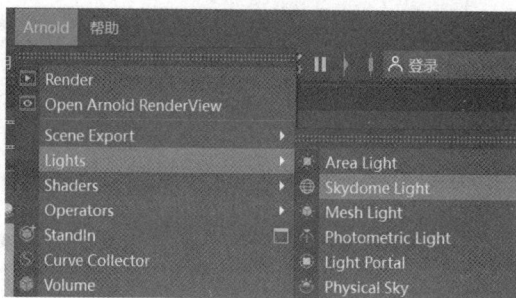

图 5-29 选择"Skydome Light"命令

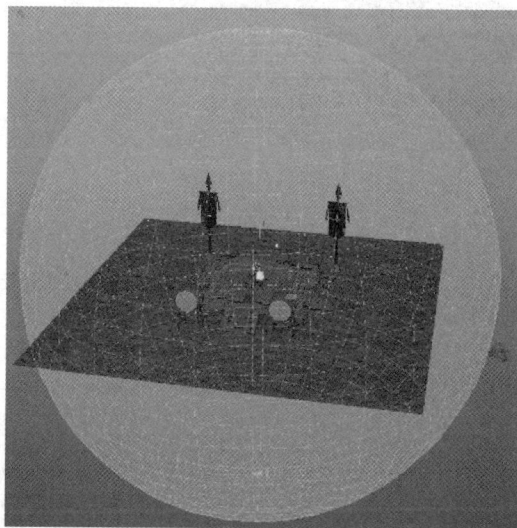

图 5-30 天空光控制范围

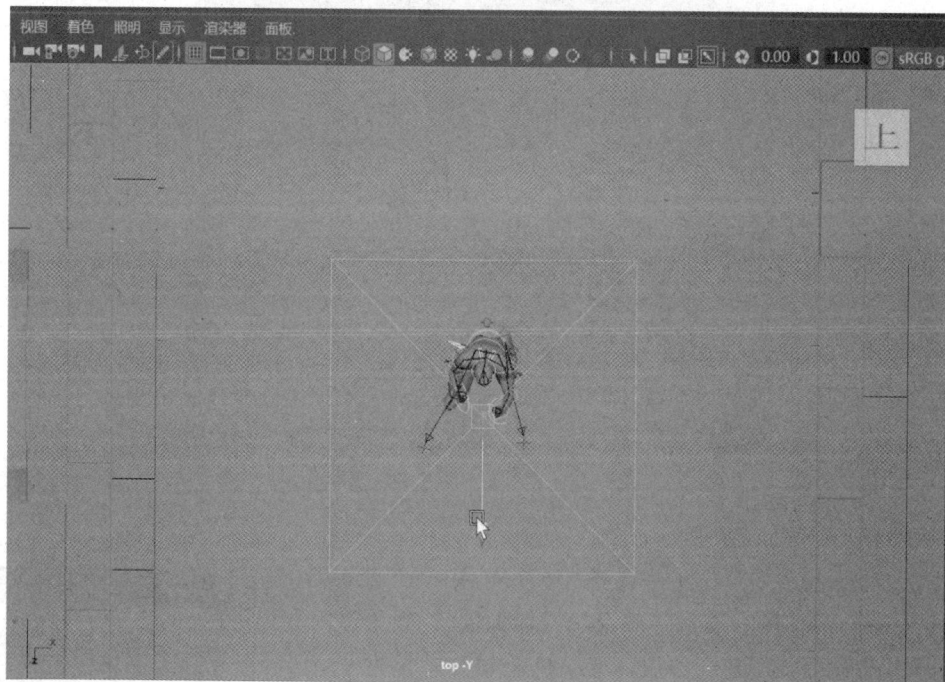

图 5-31 移动区域光

按住 Shift 键的同时拖动鼠标左键，复制出另外两个区域光，如图 5-32 所示。

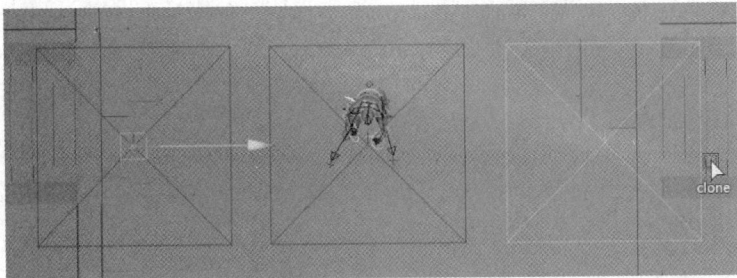

图 5-32　复制区域光

选择复制的区域光，按 E 键，将其各旋转 45°，如图 5-33 所示。

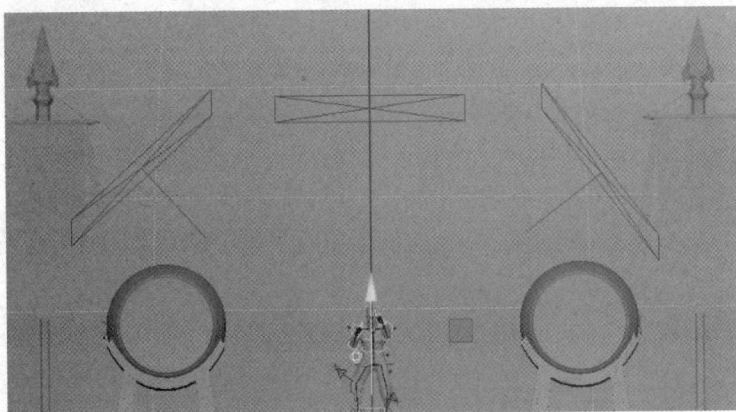

图 5-33　调整区域光的角度

3．调整 Arnold 灯光参数

选择天空光，在"属性编辑器"面板的"aiSkyDomeLightShape1"选项卡中，单击"SkyDomeLight Attributes"卷展栏中"Color"选项右侧的"棋盘格"图标。在弹出的"创建渲染节点"面板中，选择"文件"选项。

在"file14"选项卡中，单击"文件属性"卷展栏中"图像名称"文本框右侧的"文件夹"图标，如图 5-34 所示。在弹出的"打开"面板中，选择"天空光（HDR）.jpg"文件，单击"打开"按钮，如图 5-35 所示。

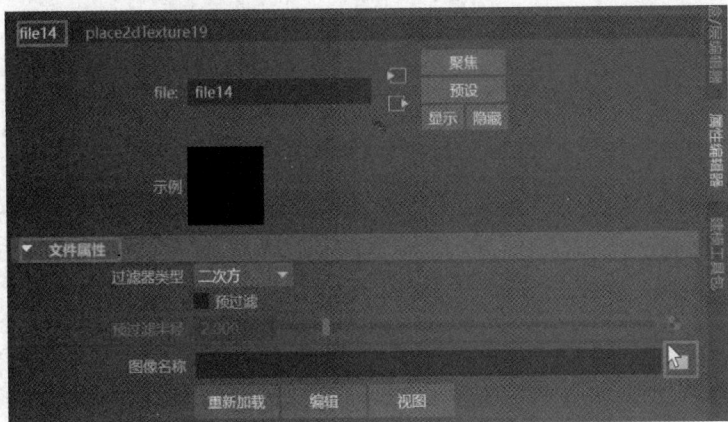

图 5-34　"file14"选项卡

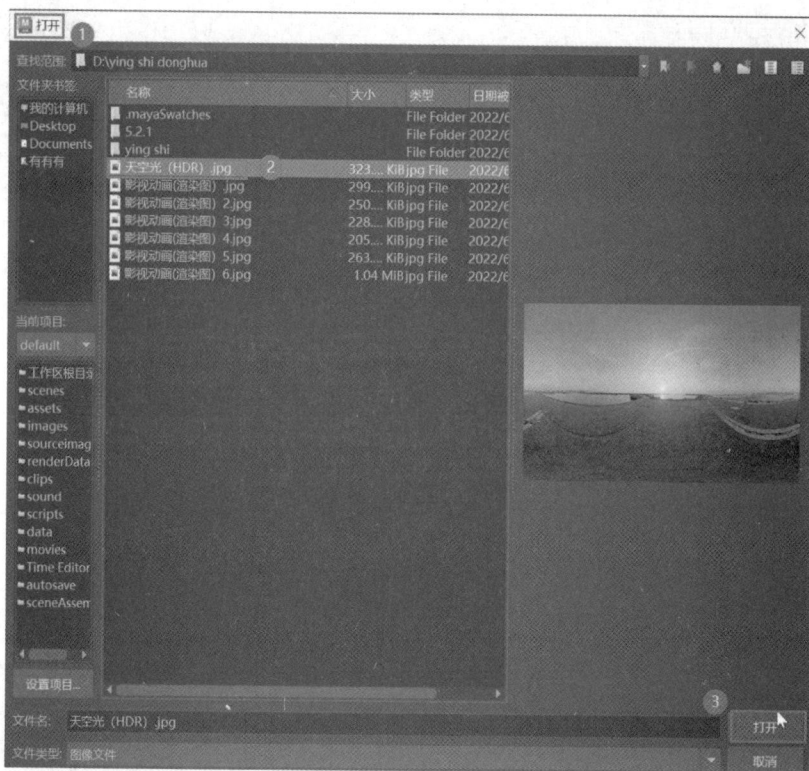

图 5-35 "打开"面板

至此，天空光材质球制作完成。最终效果如图 5-36 所示。

图 5-36 最终效果

4．调整渲染参数

选择"Arnold"→"Render"命令。在弹出的"Arnold RenderView"面板中，选择"cameraShape1"选项。在发现渲染角度不合适时，应及时进行调整。

单击"渲染设置"按钮，弹出"渲染设置"面板。

在"Arnold Renderer"选项卡的"Sampling"卷展栏中，将"Camera（AA）"改为"6"，"Diffuse"改为"4"，"Specular"改为"4"，"Transmission"改为"2"，"SSS"改为"5"，"Volume Indirect"改为"2"，如图 5-37 所示。

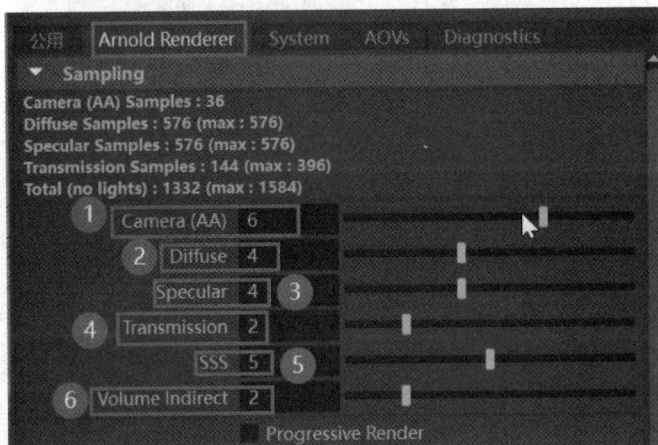

图 5-37　"Arnold Renderer"选项卡

在"公用"选项卡的"图像大小"卷展栏中，选择"预设"为"2k_Square"。在"可渲染摄影机"卷展栏中，选择"Renderable Camera"为"camera1"。

选择"创建"→"灯光"→"平行光"命令，创建一个平行光。分别按 R 键、W 键和 E 键，将平行光放到整个场景的右上方，如图 5-38 所示。

图 5-38　平行光的位置

单击"渲染"按钮开始渲染，等待渲染结束。最终渲染效果如图 5-39 示。

图 5-39　最终渲染效果

　　课后练习：制作下面作品正午时刻的灯光照射效果，要求合理设置 Arnold Renderer，渲染输出的画面为 4K 尺寸，保存为 JPG 格式。

5.3　影视动画 Arnold 灯光室内场景渲染

🕒 **教学目标**

　　基于前期制作的影视动画场景模型，下面将介绍影视动画室内场景灯光制作要求和镜头摆放技巧，以及如何巧妙地运用灯光布局，渲染出一个完美的室内场景。通过下面的学习，学生应熟练掌握如何使用 Maya 中的 Arnold 灯光和 Arnold Renderer。这部分内容将对接考取"1+X"证书的三维动画灯光渲染部分知识点。

（1）熟练掌握 Arnold 灯光和 Arnold Renderer 的使用技巧。

（2）熟练掌握室内场景中灯光设计要点。

（3）熟练掌握镜头语言的使用技能。

影视动画 Arnold 灯光室内场景渲染效果展示如图 5-40 所示。

图 5-40 效果展示

打开 Maya 卧室小场景，创建一个多边形球体模型，如图 5-41 所示。按 R 键，对多边形球体模型进行缩放，如图 5-42 所示。

图 5-41 创建多边形球体模型

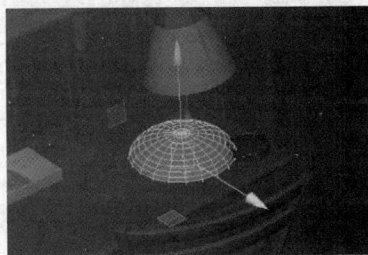

图 5-42 缩放多边形球体模型

先选择多边形球体模型，再选择"Arnold"→"Lights"→"Mesh Light"命令，如图 5-43 所示。把多边形球体模型当作点光源，生成模拟台灯的照明方式，选择"Arnold"→"Arnold RenderView"命令，如图 5-44 所示。

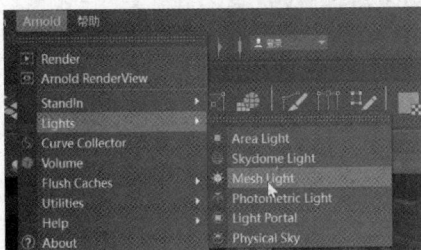

图 5-43 选择"Mesh Light"命令

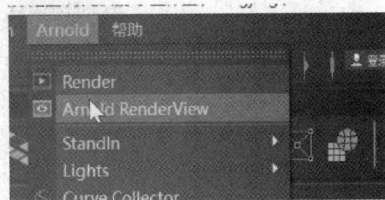

图 5-44 选择"Arnold RenderView"命令

基于模拟台灯照明的方式，对多边形球体模型的位置进行调整。台灯灯光位置如图 5-45 所示。

图 5-45　台灯灯光位置

选择网格灯光，在"属性编辑器"面板中的"Light Attributes"卷展栏中，设置"Color"选项的颜色属性，如图 5-46 所示，将"Exposure"改为"0.418"，如图 5-47 所示。台灯灯光的渲染效果如图 5-48 所示。

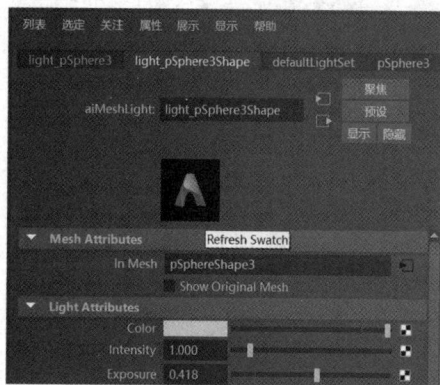

图 5-46　设置颜色属性

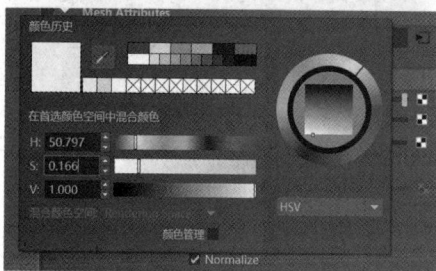

图 5-47　设置"Exposure"选项

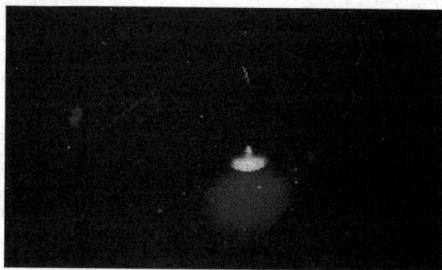

图 5-48　台灯灯光的渲染效果

下面创建一个区域光作为补光，选择"Arnold"→"Lights"→"Area Light"命令，创建一个区域光。将创建的区域光移动到整个场景的上方，如图 5-49 所示。

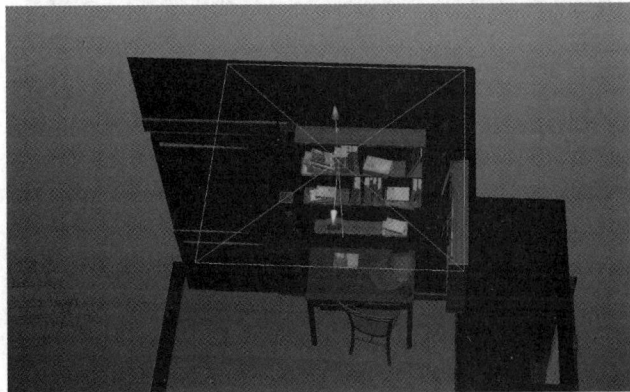

图 5-49　区域光的位置

选择区域光，在"属性编辑器"面板的"Arnold Area Light Attributes"卷展栏中，设置"Intensity"为"7.000"，"Exposure"为"0.600"，如图 5-50 所示。调整区域光参数后的渲染效果如图 5-51 所示。

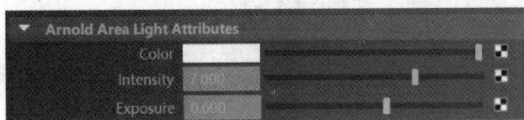

图 5-50　调整参数

图 5-51　调整区域光参数后的渲染效果

选择"创建"→"灯光"→"平行光"命令，创建一个平行光。平行光的位置如图 5-52 所示。

图 5-52　平行光的位置

选择平行光，在"属性编辑器"面板的"directionalLightShape1"选项卡的"平行光属性"卷展栏中，将"颜色"调整为"暖黄色"，"强度"调整为"4.814"，如图 5-53 所示。

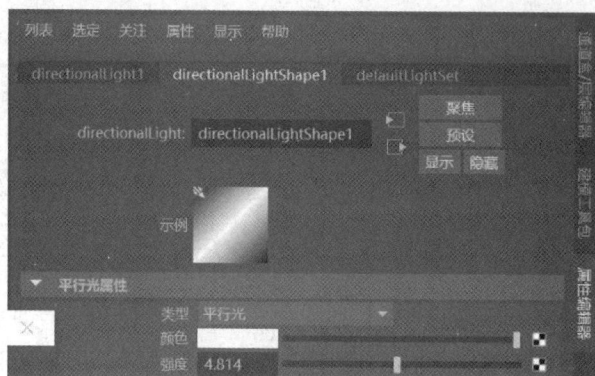

图 5-53　调整平行光参数

按快捷键 Ctrl+D，复制一个平行光，并将其移动到对面。平行光布局如图 5-54 所示。将这个平行光的"强度"调整为"1.000"，调整平行光参数后的渲染效果如图 5-55 所示。

图 5-54　平行光布局

图 5-55　调整平行光参数后的渲染效果

下面调整渲染参数。单击"渲染设置"按钮，弹出"渲染设置"面板，在"Arnold Renderer"选项卡的"Sampling"卷展栏中，设置"Camera（AA）"为"4"，"Diffuse"为"4"，"Specular"为"4"，"Transmission"为"3"，"SSS"为"2"，"Volume Indirect"为"2"，如图 5-56 所示。

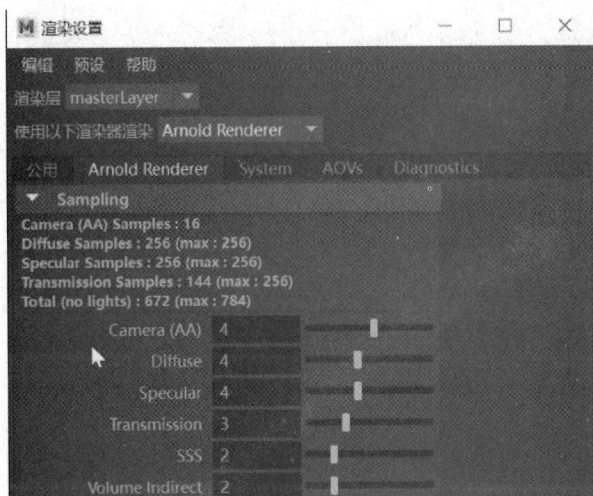

图 5-56　"渲染设置"面板

　　在"公用"选项卡的"可渲染摄影机"卷展栏中，选择"Renderable Camera"为"camera1"，在"图像大小"卷展栏中，将"宽度"改为"3064"，"高度"改为"2048"。单击"灯光编辑器"按钮，将两个平行光的"Samples"均改为"3"（见图 5-57），将区域光的"Samples"改为"3"（见图 5-58）。卧室小场景的最终渲染效果如图 5-59 所示。

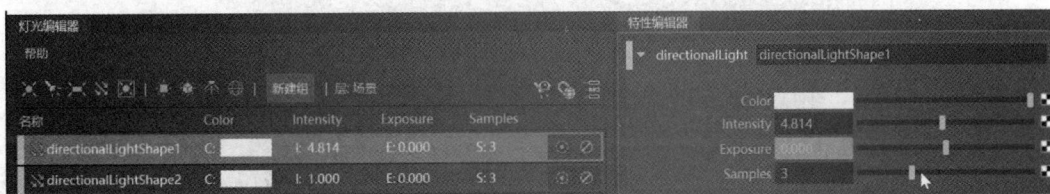

图 5-57　将两个平行光的"Samples"均改为"3"

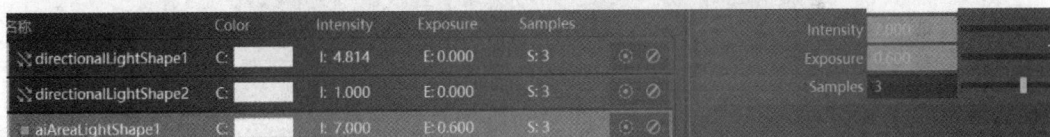

图 5-58　将区域光的"Samples"改为"3"

图 5-59　卧室小场景的最终渲染效果

知识与技能小结

通过本项目的学习，学生基本能够掌握如何在 Maya 中进行灯光设置，掌握布光原理，能够正确使用摄影机，对镜头的使用方法有一定的认识，能够熟练掌握 Arnold Renderer 渲染实操技能，能够输出完整的动画视频效果。本项目中的案例添加了课程思政元素，学生通过学习，可以深入了解民族文化，增强文化自信，树立良好的价值观。本项目中的案例还结合了考取"1+X"证书的部分知识点，学生通过课程内容的学习，不仅可以提升自身技能，而且可以提高考取"1+X"证书的通过率。

拓展任务

渲染下面作品 200 帧的动画视频，要求为正午时刻的灯光效果，画面表现清晰，合理利用摄影机景深，合理设置 Arnold Renderer，渲染输出的画面像素为 1920 像素×1280 像素，保存为 AVI 格式。